高寒民族地区城镇体系解读与重构

李巍　赵雪雁　王录仓　王生荣　著

Interpretation and Reconstruction of the Urban System
in the High-cold Minority Area

科学出版社
北京

图书在版编目(CIP)数据

高寒民族地区城镇体系解读与重构 / 李巍等著. —北京：科学出版社，2016.4
ISBN 978-7-03-047571-8

Ⅰ. ①高⋯ Ⅱ. ①李⋯ Ⅲ. 寒冷地区–民族地区–城镇–城市规划–研究–中国 Ⅳ. ①TU984.2

中国版本图书馆 CIP 数据核字（2016）第 046622 号

责任编辑：杨婵娟 吴春花 / 责任校对：蒋 萍
责任印制：吴兆东 / 整体设计：楠竹文化

联系电话：010-64035853 / 电子邮箱：houjunlin@mail.sciencep.com

科 学 出 版 社 出版
北京东黄城根北街 16 号
邮政编码：100717
http://www.sciencep.com

北京凌奇印刷有限责任公司 印刷
科学出版社发行 各地新华书店经销

*

2016 年 4 月第 一 版 开本：B5（720×1000）
2024 年 1 月第三次印刷 印张：19 3/4
字数：388 000
定价：**98.00元**
（如有印装质量问题，我社负责调换）

前　言

　　我国地域广袤，改革开放以来的高速城镇化在空间上表现出极大的差异，出现了诸多不同类型的城镇化区域。与东南沿海高度城镇化区域形成明显反差的是，我国西部地区依然存在较大面积的低度城镇化区域，尤以高寒民族地区最具代表性。高寒民族地区因海拔较高，气候寒冷，自然条件较差，少数民族聚集，贫困人口较多，扶贫任务艰巨，成为我国全面建设小康社会的"短板地区"；同时，这些地区生态环境脆弱但生态功能重要，产业形态以农牧业为主导，工业化和城镇化基础薄弱，发展与保护之间矛盾突出，成为我国"新型城镇化"战略实施的"难点地区"。当前，急需解读高寒民族地区城镇发展的历史轨迹、现状特征及支撑力，探索符合区情的城镇化路径，选择富有地域特色的城镇化模式，重构城镇体系，不断释放高寒民族地区的发展潜力。这不仅是推进主体功能区战略和新型城镇化战略的迫切要求，也是促进少数民族地区建设和谐社会、稳步走向"小康"的战略要求，更是确保国家生态安全、经济安全乃至战略安全的需求。

　　地处青藏高原东缘的甘南藏族自治州是典型的高寒民族地区，独特复杂的生态环境、丰富多样的资源禀赋、深远悠久的历史基础、神奇而富有浓郁民族特色的地域文化交融在一起，造就了该区独具特色的自然与人文环境。这种独特的自然与人文基底，奠定了甘南藏族自治州的重要生态地位、经济地位与文化地位，使其不仅成为黄河上游重要的水源补给区，更成为我国北方重要的绿色畜产品生产基地及青藏高原东缘重要的藏文化中心。然而，受特殊的自然环境、资源禀赋、历史文化及宏观政策等因素的影响，该区城镇数量少、规模小，城镇化水平低，城镇空间分布分散、职能分工不明确，缺乏吸引与辐射能力，城镇间经济联系微弱，尚未形成完善的城镇体系。在国家把推进新型城镇化作为实现现代化的必由之路、保持经济持续健康发展的强大引擎和解决"三农"问题重要途径的大背景下，以甘南藏族自治州为典型案例区，解读与重构高寒民族地区城镇体系具有特殊的重要性和紧迫性。

　　早在新石器时代，在三河一江（黄河、洮河、大夏河、白龙江）流域就有人类开发这块亘古荒原，随着历史的推进，逐渐形成了城镇雏形。历史时期，由于少数民族与汉族在宏观利益格局上的空间定位和差异，以及偏居一隅的地理特征和封闭、半封闭式的发展模式，甘南藏族自治州城镇发育较晚，但这并未阻碍其城镇化进程。相反，由于高寒地理环境的约束及多元文化的导引，其城镇发展表现出强烈的个性。基于此，解析甘南藏族自治州的区域特征与区域地位、追溯城镇发展的历史过程、辨识城镇发展的现状与特征、评估城镇发展的资源环境及社会经济支撑力，成为解读其城镇体系的重要切入点。

城镇体系是在一个相对完整的区域中，由不同职能分工、不同等级规模、联系密切、互相依存、分布有序的城镇构成的一个城镇群体。2014 年 9 月 28 日召开的中央民族工作会议指出，我国少数民族地区要紧紧围绕全面建成小康社会目标，加强基础设施、扶贫开发、城镇化和生态建设。民族地区推进城镇化，要与我国经济支撑带、重要交通干线规划建设紧密结合，与推进农业现代化紧密结合。同时，要重视利用其独特的地理风貌和文化特点，规划建设一批具有民族风情的特色村镇。鉴于此，在加快推进主体功能区战略及新型城镇化战略的新背景下，利用 RS（遥感）、GIS（地理信息系统）和 GPS（全球定位系统）等新技术，立足生态化与人文化理念，选择富有地域特色的城镇化路径与模式，优化城镇体系组织结构、塑造城乡一体化新格局、寻求空间管治新模式，成为重构甘南藏族自治州城镇体系的关键支撑点。

本书分为上、下两篇。上篇为解读篇，重点解读高寒民族地区城镇发展的基础条件，包括：①区域特征及区域地位；②城镇发展的历史基础；③城镇发展的现状与特征；④城镇发展的资源环境承载力；⑤城镇发展的社会经济支撑力。下篇为重构篇，重点探讨高寒民族地区城镇体系的重构，包括：①城镇化路径选择与模式重构；②城镇体系组织结构重构；③城乡一体化格局重构；④空间管治。

本书的出版得到了国家社会科学基金"国家主体功能区背景下的高寒民族地区城乡一体化机制研究"（NO. 14BSH029）、国家自然科学基金"高寒生态脆弱区农户对气候变化的感知与适应策略研究"（NO. 41361106）等项目的资助。撰写过程中，甘肃省建设厅、甘南藏族自治州州委、州政府及甘南藏族自治州七县一市的各职能部门在资料提供和调研方面给予了大力支持；兰州大学伍光和教授、西北师范大学石培基教授等专家提供了宝贵的学术指导和研究建议；西北师范大学地理与环境科学学院提供了优良的科研环境和硬件支持；科学出版社的杨婵娟老师在出版过程中更是付出了艰辛的劳动，在此致以诚挚的感谢！

由于研究内容涉及面广，虽力求完整准确，但限于作者的学术素养和知识水平，挂一漏万之处在所难免，不足之处，敬请各界同仁批评指正！

作　者
2015 年 10 月 30 日

目 录

/ 下篇　重构篇 /

解读篇

重点解读高寒民族地区城镇发展的基础条件，包括：①区域特征及区域地位；②城镇发展的历史基础；③城镇发展的现状与特征；④城镇发展的资源环境承载力；⑤城镇发展的社会经济支撑力。

第一章 区域特征及区域地位

地处青藏高原东缘的甘南藏族自治州是典型的高寒民族地区，独特复杂的生态环境、丰富多样的资源禀赋、深远悠久的历史基础、神奇而富有浓郁民族特色的地域文化交融在一起，造就了该区独具特色的自然与人文环境。这种独特的自然与人文基底，奠定了甘南藏族自治州的重要生态地位、经济地位与文化地位。

第一节 区域特征

一、自然地理特征

（一）地质与地貌

甘南藏族自治州地处青藏高原东北边缘，西邻青海省，南接四川省，东部逐渐向陇南山地过渡，北连甘肃中部黄土高原，以山地和高原为主要地貌类型。在地质构造上，甘南藏族自治州位于秦岭与昆仑两个地槽褶皱系的交接部位，大部分属秦岭地槽褶皱系，西南部属松潘－甘孜地槽褶皱系。境内山地与高原相间分布，高原面地势主要向北倾斜，大部分区域海拔在 3000～3600m，北部和东部边缘的深切河谷不足 2000m。秦岭地槽褶皱系西延部分在高原上形成了许多北西西－南东东走向的高山。根据地貌组合情况，可将全州划分为山原区、高山峡谷区和山地丘陵区三个地貌类型区。其中，山原区位于郎木寺—玛艾—甘加以西地区，主要包括玛曲县全境、碌曲县大部及夏河县部分地区，区内水流平缓，切割微弱，大部分地区地势平坦开阔，在山体与河谷交接处形成许多缓坡和滩地，呈典型的山原地貌；高山峡谷区位于洮河与白龙江分水岭以南，积石山、西倾山以东地区，以岷—迭山系和白龙江流域为主，包括迭部、舟曲两县全境，区内水流湍急，地形切割剧烈，坡陡壁峭，沟谷幽深，峰巅和谷底的相对高差多在 2000m 左右，形成显著的高山峡谷地貌类型；山地丘陵区位于境内积石山—西倾山原区以东，岷—迭高山峡谷区以北，包括临潭、卓尼两县全境及碌曲、夏河县部分地区，区内山体走向纵横交错，多被盆地、河谷及夷平面滩地分割，呈侵蚀构造的高原丘陵或中、高山地貌（图 1-1）。

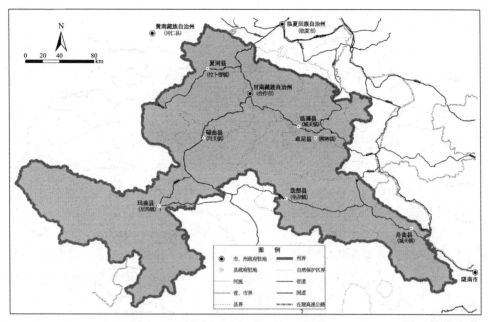

图1-1　甘南藏族自治州区位图

（二）气候与水文

　　甘南藏族自治州属于高原大陆性季风气候，大部分地区长冬无夏，高寒湿润，气温年温差小，日温差大，年平均气温普遍低于 3℃，≥ 10℃积温持续期一般仅有 2 个多月。年日照时数较少 (2200～2400h)，但太阳总辐射量大，大部分地区年太阳辐射量在 5800MJ/m² 以上，部分地区超过 6000MJ/m²。

　　该区年均降水量在 400～800mm，是甘肃省降雨量最多的地区之一。降水年内分布不均，主要集中在 7～10 月，降水梯度变化较大，属于甘肃省的降水丰富区。地处南部的玛曲县降水量最大，年均在 700mm 以上；北部的夏河县最小，年均在 400mm 左右。

　　该区包括黄河干流、洮河和大夏河三大水系。河流众多，水系发达，水资源丰富，年径流大于 $1.0 \times 10^8 m^3$ 的河流有 15 条之多，是黄河上游主要的水资源补给区。甘南黄河流域多年平均入境水资源量为 $133.1 \times 10^8 m^3$（其中，黄河干流 $130.4 \times 10^8 m^3$，洮河 $1.3 \times 10^8 m^3$，大夏河 $1.4 \times 10^8 m^3$），自产地表水资源量为 $65.9 \times 10^8 m^3$（其中，黄河干流 $25.3 \times 10^8 m^3$，洮河流域 $36.1 \times 10^8 m^3$，大夏河流域

$4.5 \times 10^8 m^3$），地表水资源总量为 $199.0 \times 10^8 m^3$。

（三）植被与土壤

甘南藏族自治州是中国植物区系分区系统的中国－日本、中国－喜马拉雅及青藏高原三个植物亚区的交汇区，也是我国北方鸟类和陆生脊椎动物多样性的"偏高值区"，其物种组成复杂多样，具有明显的区系过渡性，是我国西部生物多样性关键地区及高原生物多样性热点地区之一。该区西仓—郎木寺一线以西，切割轻微，地表坦荡，高原植物区系成分与唐古拉植物区系极为相似，属青藏高原植物亚区的唐古拉地区；而在东南部，山体陡峭，河谷深切，山地森林植物区系与横断山脉地区关系密切，区系组成上继承了中国西南亚热带山地植物区系成分中向北温带延伸的代表性属种。

植被类型以高山灌丛和草甸为主。其中，高山灌丛主要分布在海拔3700m以上的山地阴坡，共有高等植物140余种，分属28科、82属，以菊科、虎耳草科、豆科、杜鹃花科、玄参科和蔷薇科等为主；高寒草甸分布于海拔3300～3700m的广大高原面及山地阳坡，植物种类因地貌部位和土壤水分状况而异，丘陵、山麓及河流高阶地多为禾草、杂类草，河流低阶地与山间盆地则以禾草占优势，黄河河曲地带和尕海盆地等地为沼泽化草甸。

木本植物种类达580多种，区系成分也比较复杂，除青藏高原和喜马拉雅特有种外，海拔较低处还有暖温带甚至亚热带半干旱或半湿润地区的代表种。该区北部邻近黄土地区的一些干燥阳坡，则发育由短花针茅和甘青针茅等植物组成的草原群落。

与植被相适应，本区以高山和亚高山草甸土为主。在黄河河曲地带和尕海盆地有大片草甸土、沼泽土甚至泥炭土分布；洮河、大夏河、冶木河、羊沙河流域山地森林植被下发育灰褐土，而洮河上游谷地以北为黑钙土、栗钙土等草原土类。

二、资源禀赋状况

（一）生物资源丰富

1. 草地资源

甘南藏族自治州具有亚洲最优质的草原，自古就有"羌中畜牧甲天下"之称。草地面积达 $248.6 \times 10^4 hm^2$，占国土面积的81.32%，承担着重要的水源涵养、水土保持等功能。草地类型以高寒草甸和灌丛草甸为主，兼有大面积沼泽草甸和斑块状山地草甸，覆盖度在60%以上，生长植物多达947种，其中牲畜可食植物为789种，每公顷产鲜草4500kg以上的草场占52%，中上等草场占85%以上，是青藏高原和甘肃省天然草原中自然载畜能力较强及耐放牧性最大的草场。

2. 森林资源

甘南藏族自治州具有丰富的森林资源，以高寒针叶林的云杉和冷杉为主，林地面积达 $94.5 \times 10^4 hm^2$，约占甘南藏族自治州土地面积的 1/4，占甘肃省森林面积的 30%，森林蓄积约占甘肃省的 45%，是甘肃省仅次于陇南市的重要天然用材林产区。森林资源主要分布在白龙江流域和岷山山地、洮河流域的岷山北支迭山山地、太子山山地及大夏河上游山地。共有木本植物 400 余种，其中，白龙江流域有冷杉、云杉、铁杉、松、柏、栎、杨、椴等 115 种针叶和阔叶树种；洮河上游有竹类，西柯河有成片大果圆柏，玛曲黄河沿岸有柳树和沙棘。森林的垂直地带性明显，海拔 1000～1700m 为落叶阔叶林带，1700～2200m 为针阔叶混交林带，2200～3300m 为暗针叶林带，3200～3600m 为冷杉林带，3500～3800m 及以上为高山灌丛和高山草甸。

3. 野生动植物资源

甘南藏族自治州中药材、藏药材资源丰富，药材植物 643 种，主要有秦艽、党参、大黄、柴胡、赤芍、红芪、当归、羌活、贝母、红景天、冬虫夏草等品种；食用菌约有 254 种，其中产量较大、食用价值和商品开发价值较高的真菌近 200 种，如山中珍品、售价昂贵的羊肚菌、粗柄羊肚菌、小羊肚菌、猴头菌、木耳、茶银耳等，产量较高的干酪菌属、拟多孔菌属、喇叭菌属、牛肝菌属等；常见野生小果类果树有猕猴桃属、悬钩子属、沙棘属、东方草莓、毛樱桃、李子、蓝靛果等。天然沙棘灌丛面积达 $4.96 \times 10^4 hm^2$，年产沙棘果 1378t；野生花卉植物约 360 余种，其中木本 130 种，草本 230 种，花色花型多。

该区复杂多样的生境为诸多动物种群提供了栖息场所，有野生动物 231 种，其中鸟类 154 种，兽类 77 种。属于国家一级保护的野生动物有 13 种，如鹿科的梅花鹿、白唇鹿，猫科的雪豹，鹳科的黑鹳、鹰科的金雕、胡兀鹫、白肩雕，松鸡科的斑尾榛鸡，雉鸡科的虹雉所有种，鹤科的黑颈鹤、丹顶鹤、赤颈鹤等；二级保护的野生动物有 27 种，如熊科的黑熊、棕熊，鼬科的石貂、水獭，猫科的金猫、猞猁，麝科的林麝，鹿科的白臀鹿，牛科的藏原羚、岩羊、黄羊、苏门羚、盘羊，鹰科的苍鹰，鹤科的灰鹤，雉科的血雉、红腹角雉、蓝马鸡、雪鸡，隼科的红隼、猎隼、灰背隼、红脚隼等。

（二）水资源丰沛

甘南高原是黄河、长江两大流域的分水岭，甘南藏族自治州绝大部分地区属黄河流域，仅有岷山北支（迭山、光盖山）主分水岭以南和西倾山以东部分属长江上游二级支流白龙江水系。该区境内有一江三河（白龙江、黄河、大夏河和洮河）及120多条大小支流，年径流大于 $1.0 \times 10^8 \mathrm{m}^3$ 的河流有15条之多。全州水资源总量为 $254.1 \times 10^8 \mathrm{m}^3$，其中，自产地表水资源总量为 $101.1 \times 10^8 \mathrm{m}^3$，过境水资源总量为 $153 \times 10^8 \mathrm{m}^3$，是甘肃省水资源富集区之一。其中，甘南黄河水源补给区多年平均水资源总量为 $65.9745 \times 10^8 \mathrm{m}^3$，占甘南藏族自治州水资源总量的72.4%，年均产水模数为 $21.5 \times 10^4 \mathrm{m}^3/\mathrm{km}^2$。其中，地表水资源量为 $65.8614 \times 10^8 \mathrm{m}^3$，占水资源总量的99.8%；地下水降水入渗净补给量为 $0.1131 \times 10^8 \mathrm{m}^3$（山区降水入渗补给量为 $28.4413 \times 10^8 \mathrm{m}^3$，所形成的河川径流量为 $28.3282 \times 10^8 \mathrm{m}^3$），占水资源总量的0.2%。河源至玛曲地表水资源总量为 $17.2285 \times 10^8 \mathrm{m}^3$，占该区水资源总量的26.1%；玛曲至龙羊峡为 $8.0868 \times 10^8 \mathrm{m}^3$，占12.3%；洮河为 $36.1161 \times 10^8 \mathrm{m}^3$，占54.7%；大夏河为 $4.5431 \times 10^8 \mathrm{m}^3$，占6.9%（表1-1）。

表1-1　甘南黄河水源补给区水资源量

流域分区	计算面积/km²	天然年径流量/$10^8 \mathrm{m}^3$	山丘区地下水资源量/$10^8 \mathrm{m}^3$	地下水资源与地表水资源不重复量/$10^8 \mathrm{m}^3$	分区水资源总量/$10^8 \mathrm{m}^3$	产水模数/$(10^4 \mathrm{m}^3/\mathrm{km}^2)$
河源至玛曲	6 339	17.228 5	7.446 6	0.000 0	17.228 5	26.5
玛曲至龙羊峡	3 678	8.085 8	3.014 8	0.001 0	8.086 8	22.0
洮河	15 975	36.028 1	16.153 5	0.088 0	36.116 1	22.6
大夏河	4 578	4.519 0	1.826 4	0.024 1	4.543 1	9.9
合计	30 570	65.861 4	28.441 3	0.113 1	65.974 5	21.5

（三）湿地资源类型多样

湿地不仅具有削减洪峰、蓄纳洪水、调节径流的功能，还提供着丰富的旅游资源。甘南藏族自治州的湿地是青藏高原面积最大、最原始、最具代表性的高寒湿地，也是世界上保存最完整的自然湿地之一，被称为"黄河之肾"。主要包括河流湿地、湖泊湿地和沼泽湿地等类型，总面积达 $17.5 \times 10^4 \mathrm{hm}^2$。其中，河流湿地主要由黄河干流、洮河、大夏河及120多条河流组成，面积为 $2.77 \times 10^4 \mathrm{hm}^2$；湖泊湿地主要由大大小小的50多个湖泊组成，但湖泊面积普遍较小，最大的尕海湖湖面海拔3470m，面积曾经达35km²，到2001年萎缩为2km²。最北面的冶海，湖面海拔2700m，面积为1.2km²，水深在10m以上。其他的50多个湖泊，

面积达 $0.23 \times 10^4 hm^2$；沼泽类型独特，在玛曲黄河首曲、洮河和大夏河源头都有大面积的沼泽发育，总面积为 $13.8 \times 10^4 hm^2$，海拔一般在 $3200 \sim 3500m$，多数具有泥炭，地面一般积水较浅。

（四）旅游资源异彩纷呈

甘南藏族自治州是丝绸之路河南道和唐蕃古道的重要通道，是汉藏文化的结合部，是青藏高原自然、人文旅游资源的缩影，自然风光秀丽，文物古迹众多，民族特色浓郁，风土人情独特。该区不仅拥有高峻巍峨的名山奇峰、辽阔美丽的草原、挺拔丛生的原始森林、浩渺的湖泊和多姿多彩的雪山，还有浓郁古朴的安多藏族风情、悠久丰厚的藏传佛教文化，更有汉羌、唐蕃边塞重镇汉百石县旧址甘加八角城堡遗址、桑科古城、羊巴古城、明代城墙、华年古城、西哈岭王国天子珊瑚城遗址和砖瓦窑遗址，以及天险腊子口、俄界会议遗址等二十多处历史遗址。其中，尕海、则岔石林、冶木峡、莲花山、大峪沟等自然景观引人入胜；百余座藏传佛教寺院呈现出丰厚的藏传佛教文化底蕴，建于 1709 年的藏传佛教格鲁派六大寺院之一的拉卜楞寺、建于元初的禅定寺和位于甘川交界处的郎木寺更是享誉海内外；还有香浪节、晒佛节、采花节、花儿会、插箭节等几十种民俗节庆活动。

该区自然景观、人文景观地域分异明显，西部夏河、合作、碌曲、玛曲以草地、宗教文化类旅游资源为主，东部卓尼、临潭、舟曲、迭部以森林峡谷和民俗文化类旅游资源为主，富有地域特色的人文景观与秀美神奇的自然景观交相呼应，令世人叹为观止。

三、生态环境状况

（一）草地退化严重

近年来，甘南藏族自治州草地退化日益严重，中度以上退化草地占草地总面积的 50%，轻度以上退化草地占草地总面积的 70%。其中，玛曲县黄河沿岸的沙化线不断向纵深扩展，已出现沙化草地面积为 $5.0 \times 10^4 hm^2$，且以每年 10.8% 的速度扩展，受沙化影响的草地面积已达 $20.0 \times 10^4 hm^2$ 以上，加剧了黄河上游的环境恶化。据调查，甘南藏族自治州退化草地面积已从 20 世纪 80 年代初的 $1.6 \times 10^4 hm^2$ 增加到 2004 年的 $191.0 \times 10^4 hm^2$，20 年间增加了 120 倍，而每只羊单位占有的可利用草场却从 $0.38hm^2$ 减少到 $0.27hm^2$，使得草地植物群落结构发生了明显变化，优良牧草所占比例由 70% 下降到 45%；杂毒草由 30% 上升到

55%，牧草产量由 5610kg/hm² 下降到 4500kg/hm²，牧草产量下降了 35%；特别严重的地方牧草高度由 75cm 下降到 15cm，植被盖度由 95% 降至 75%，致使草场涵养水源、补给河流的功能降低，而且迫使一部分牧民前往高海拔的草地放牧，使人类活动的影响范围进一步扩大。

（二）水土流失加剧

草地、森林遭到严重破坏后，土壤的渗水能力和蓄水能力大幅下降，地表径流增加，造成大面积水土流失，20 世纪 80 年代初甘南藏族自治州水土流失面积为 8000km²，现已达 1.18×10^4km²，增加了 47.57%，占总面积的 26.2%。水土流失高度敏感区主要分布在大夏河流域、玛曲一带的丘陵区；中度敏感区主要分布在积石山、夏河盆地、碌曲盆地等；轻度敏感区主要分布在玛曲高原黄河沿岸、白龙江上游地区。河流年输沙量由记载的 34 700t/a 上升到目前的 34 860t/a，土壤侵蚀模数由 44t/km² 提高到 60t/km²，年土壤侵蚀量达 $69 \ 487 \times 10^4$t。白龙江、洮河和大夏河的流量在减少，但含沙量却在增加。20 世纪 80 年代与 20 世纪 60 年代相比，白龙江平均流量减少 20.6%，但含沙量增加了 12 倍；洮河平均流量减少 14.7%，含沙量增加 73.3%；大夏河平均流量减少 31.6%，含沙量增加 52.4%。

（三）水源涵养功能降低

甘南藏族自治州境内有一江三河及 120 多条大小支流，全州水资源总量为 254.1×10^8m³，其中自产地表水资源总量为 101.1×10^8m³，过境水资源总量为 153×10^8m³，不仅是甘肃省水资源富集区之一，更是黄河、长江的上游水源涵养区。

近年来，随着天然草地退化、湿地萎缩和林地面积减少，加之降水量逐年下降，导致该区地表径流明显减少，水源涵养能力下降，20 世纪 80 年代以来，玛曲段补给黄河的水量减少了 15% 左右，洮河径流量减少了 14.7%，大夏河减少了 31.6%。玛曲县境内的 28 条黄河支流，已有 11 条干涸，还有不少成为季节性河流，数百个湖泊水位明显下降。水文资料显示，20 世纪 80 年代，黄河玛曲段的年平均产流量为 38.5×10^8m³，90 年代减少为 25.4×10^8m³，而到 21 世纪初的 5 年，年平均产流量仅为 13.8×10^8m³，较 20 世纪 80 年代减少了 64.2%。碌曲县的尕海湖，素有"高原水塔"之称，是洮河的重要水源地，近年来连创枯水历史的最高纪录，曾 4 次干涸见底。位于夏河县桑科以西的吉合浪塘，原是大夏河在甘肃省的源头，现已成为无水之源，造成河道缩短 3km。

（四）湿地面积锐减

20 世纪 80 年代初，甘南藏族自治州湿地面积达 $42.7 \times 10^4 hm^2$，而目前保持原貌的沼泽湿地仅有 $13.8 \times 10^4 hm^2$，其他绝大部分已干涸，变成了植被稀疏且草质很差的半干滩，有些地方已出现严重的"草丘化"或"黑土滩"；干旱缺水草场面积已扩大到 $44.7 \times 10^4 hm^2$，占该区可利用草地面积的 17.4%。被誉为"黄河蓄水池"的玛曲湿地的干涸面积已达 $10.2 \times 10^4 hm^2$，原有的 $6.6 \times 10^4 hm^2$ 沼泽湿地已缩小到不足 $2.0 \times 10^4 hm^2$。玛曲县南部的"乔可曼日玛"湿地，面积曾达 $10.7 \times 10^4 hm^2$，与四川若尔盖湿地连成一片，构成了黄河上游水源最主要的补充地，但 1997 年以来，沼泽逐渐干涸，湿地面积不断缩小。

（五）生物多样性丧失

草地退化，特别是中度退化后，就会造成大量植物物种在群落中消失。据测定，甘南亚高山草甸在未退化时，植被覆盖度为 80%～95%，多样性为 29.1 种 $/m^2$。而目前，中度退化的草地植被覆盖度为 45%～65%，多样性为 22 种 $/m^2$；重度退化的草地植被覆盖度小于 45%，多样性仅为 8.7 种 $/m^2$。草地植物组成也发生明显变化，草场建群种、优势种由 1981 年的 30 种减少到 1997 年的 21 种，优良牧草比例下降 45%，禾本科牧草减少 25%，毒、杂草类比例却由 20 世纪 60 年代的 20% 上升到现在的 70%～80%。20 世纪 50～60 年代甘肃贝母、红景天等药用植物在亚高山草甸随处可见，目前这些物种几乎绝迹。天然草地的退化也导致了依草地而生的动物区系种群陷入危机，动物区系简单化，物种分布区缩小，野生动物种群大量消失，生物多样性受到严重破坏，很多高原珍稀野生动物的栖息环境不断恶化，国家保护的许多动物濒临灭绝。据统计，20 世纪 70 年代玛曲县境内有各类珍稀野生动物 230 种，目前仅存 140 种。

四、社会经济特征

（一）以藏族为主的人口结构

甘南藏族自治州是一个藏族为主的多民族聚居区域，是全国 10 个藏族自治州之一。区内有藏族、汉族、回族、土族、蒙古族等 24 个民族，人口在 100 人以上的有藏族、汉族、回族、土族、撒拉族、满族、东乡族和蒙古族 8 个民族。2013 年该区藏族人口达 40.81 万人，占总人口的 62.31%，其中，纯牧区藏族人口达 20.42 万人，占纯牧区总人口的 74.90%，玛曲、碌曲县该比重更高达 93.58%、88.18%；半农半牧区、农区藏族人口比重分别为 74.70%、25.31%（表 1-2）。

表1-2 甘南藏族自治州人口民族构成（2013年）

区域	总人口/人	少数民族人口比重/%	藏族		回族		土族		蒙古族		其他少数民族	
			人数/人	占总人口比重/%	人数/人	占总人口比重/%	人数/人	占总人口比重/%	人数/人	占总人口比重/%	人数/人	占总人口比重/%
纯牧区	272 641	83.04	204 231	27.39	20 440	2.74	224	0.03	195	0.03	1 321	0.18
半农半牧区	170 424	76.19	127 304	17.07	1 477	0.20	778	0.10	41	0.01	242	0.03
农区	302 615	35.82	76 590	10.27	31 415	4.21	154	0.02	55	0.01	193	0.03
全州	745 680	62.31	408 125	54.73	53 332	7.15	1 156	0.15	291	0.05	1 756	0.24

（二）以农牧业为主的经济结构

甘南藏族自治州是甘肃省重要的畜牧业基地，形成了以传统农牧业为主的经济结构。其中，玛曲、碌曲、夏河、合作以自然放牧、游牧经营为主，属于纯牧区；迭部、卓尼属于半农半牧区；舟曲、临潭属于农区。2013年，该区畜牧业产值达169 132万元，占农林牧渔业产值的69.50%，占GDP的15.53%，比2005年增加317.22%，年均增长35.25%；2013年年末各类牲畜存栏380.96万头（只），出栏164.20万头（只），分别比2005年增加26.68%、68.98%；肉类总产量6.54万t，牛奶产量8.71万t，分别比2005年增加75.8%、35.94%。但该区第一产业生产条件落后，抵抗自然灾害的能力差，多样化水平较低，其第一产业多样化指数虽然高于甘肃省，但与全国平均水平相比仍有一定差距。

畜牧业作为甘南藏族自治州的主导产业，是农牧民收入的主要来源。2013年该区牧业从业人员占乡村从业人员的25.90%，农牧民人均纯收入为4090元，牧业收入占其收入的31.49%。其中，纯牧区农户主要从事畜牧业，牧业从业人员占乡村从业人员的60.76%，农民人均纯收入为4622元，牧业收入占其收入的52.05%；农区与半农半牧区农户主要从事种植业，农民人均纯收入分别为3904元、3917.5元，种植业从业人员分别占乡村从业人员的54.03%、51.67%，种植业收入分别占其年收入的23.64%、32.46%，畜牧业收入仅分别占9.36%、23.36%。但受品种单一、草畜矛盾、经营方式落后等因素的制约，畜牧业发展受限（表1-3）。

表1-3 甘南藏族自治州第一产业多样化指数（2013年）

地区	农业/%	林业/%	牧业/%	渔业/%	多样化指数
全国	58.20	4.50	24.20	10.30	2.44

续表

地区	农业/%	林业/%	牧业/%	渔业/%	多样化指数
甘肃省	72.77	1.48	16.70	0.13	1.79
甘南藏族自治州	23.39	9.07	66.33	0.01	1.99

（三）农村贫困问题严重

甘南藏族自治州经济发展水平较低，2013年人均国内生产总值为15 658元，仅为甘肃省平均水平的63.47%，居全省14个地州市的第10位；城镇居民人均可支配收入为15 065元，为甘肃省平均水平的79.44%，居全省第13位；农牧民人均纯收入为4090元，仅为全省平均水平的80.07%，居全省第11位。

《中国农村扶贫开发纲要(2011～2020年)》将甘南藏族自治州列入我国扶贫攻坚连片特困地区中的四省藏区范围，将该区贫困问题列入"特殊类型贫困问题"，给予特殊政策和措施进行扶贫开发。在全州七县一市中，列入国家扶贫重点县的有临潭县、卓尼县、舟曲县、夏河县、合作市五县（市），迭部县为甘肃省比照国家重点县扶持县，碌曲县、玛曲县虽未列入，但是两县有11个乡被列入重点扶持乡。全州有87个乡（镇）被列入扶贫重点乡（镇），占乡镇总数的87.88%；有524个行政村被列入扶贫重点村，占行政村总数的78.92%（表1-4）。

表1-4 2010年甘南藏族自治州贫困人口分布情况

区域	乡镇数/个	扶贫重点乡镇数/个	扶贫重点乡镇所占比例/%	总人口/万人	贫困人口/万人	贫困人口比例/%
合作市	10	6	60.00	9.13	0.32	3.50
玛曲县	8	6	75.00	5.14	0.34	6.61
夏河县	13	10	76.92	8.73	2.00	22.91
卓尼县	15	15	100.00	10.78	2.12	19.67
碌曲县	7	5	71.43	3.51	0.47	13.39
临潭县	16	16	100.00	15.44	5.47	35.43
迭部县	11	10	90.91	6.08	1.01	16.61
舟曲县	19	19	100.00	13.98	3.50	25.04
全州	99	87	87.88	72.79	15.23	20.91

第二节　区域地位

一、黄河上游重要水源补给区

（一）生态区位

"十二五"期间，国家明确提出要建构以"两屏三带"为主体的生态安全战略格局，即构建以青藏高原生态屏障、黄土高原–川滇生态屏障、东北森林带、北方防沙带和南方丘陵山地带及大江大河重要水系为骨架，以其他国家重点生态功能区为重要支撑，以点状分布的国家禁止开发区域为重要组成的生态安全战略格局。其中，青藏高原生态屏障要重点保护好多样、独特的生态系统，发挥涵养大江大河水源和调节气候的作用（图 1-2）。

甘南藏族自治州位于我国地势第一阶梯向第二阶梯的过渡地带，是青藏高原生态屏障的重要组成部分，与三江源草原草甸湿地、若尔盖草原湿地、甘南黄河重要水源补给生态功能区 3 个国家重点生态功能区相邻，对维系黄河流域生态安全具有重要作用，生态区位非常重要。然而，该区森林、草地、湿地等生态系统脆弱，自我恢复能力差，自然恢复周期长，一旦破坏极难修复。此外，该区还分布着国家禁止开发区 7 处，总面积约 $74.1 \times 10^4 hm^2$，占区域总面积的 21.91%（表 1-5）。

表1-5 青藏高原国家重点生态功能区

区域	范围	面积/ km²	人口/ 万人	类型	综合评价	发展方向
三江源草原草甸湿地生态功能区	青海省：同德县、兴海县、泽库县、河南蒙古族自治县、玛沁县、班玛县、甘德县、达日县、久治县、玛多县、玉树县、杂多县、称多县、治多县、囊谦县、曲麻莱县、格尔木市唐古拉山镇	353 394	72.3	水源涵养	长江、黄河、澜沧江的发源地，有"中华水塔"之称，是全球大江大河、冰川、雪山及高原生物多样性最集中的地区之一，其径流、冰川、冻土、湖泊等构成的整个生态系统对全球气候变化有巨大的调节作用。目前草原退化、湖泊萎缩、鼠害严重，生态系统功能受到严重破坏	封育草原，治理退化草原，减少载畜量，涵养水源，恢复湿地，实施生态移民
若尔盖草原湿地生态功能区	四川省：阿坝县、若尔盖县、红原县	28 514	18.2	水源涵养	位于黄河与长江水系的分水地带，湿地泥炭层深厚，对黄河流域的水源涵养、水文调节和生物多样性维护有重要作用。目前湿地疏干垦殖和过度放牧导致草原退化、沼泽萎缩、水位下降	停止开垦，禁止过度放牧，恢复草原植被，保持湿地面积，保护珍稀动物
甘南黄河重要水源补给生态功能区	甘肃省：合作市、临潭县、卓尼县、玛曲县、碌曲县、夏河县、临夏县、和政县、康乐县、积石山保安族东乡族撒拉族自治县	33 827	155.5	水源涵养	青藏高原东端面积最大的高原沼泽泥炭湿地，在维系黄河流域水资源和生态安全方面有重要作用。目前草原退化、沙化严重，森林和湿地面积锐减，水土流失加剧，生态环境恶化	加强天然林、湿地和高原野生动植物保护，实施退牧还草、退耕还林还草，牧民定居和生态移民

（二）主体功能

甘南藏族自治州独特的地理环境使其成为黄河上游重要的水源补给区。黄河重要支流洮河、大夏河都发源于此地。其中，黄河干流经青海省久治县进入玛曲县，形成黄河首曲，玛曲境内黄河干流流程长达 433km，年平均径流量为 450m³/s，流域面积为 $1.039 \times 10^4 km^2$，年径流量由吉迈段的 $38.9 \times 10^8 m^3$ 增至

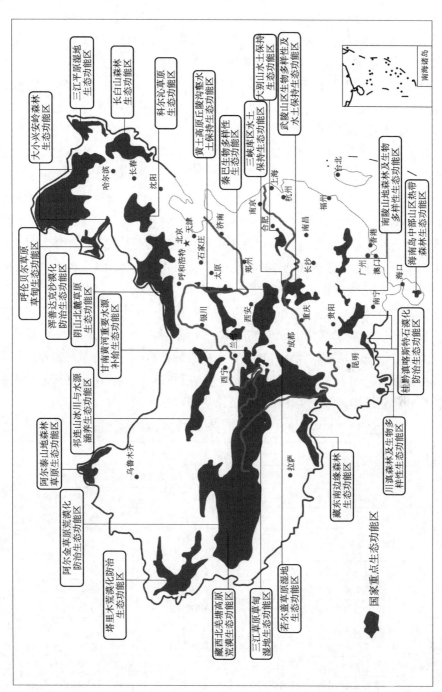

图1-2 国家重点生态功能区示意图

$147.2 \times 10^8 m^3$，黄河水量在玛曲段年净增水为 $108.1 \times 10^8 m^3$，占黄河源区总径流量 $184.13 \times 10^8 m^3$ 的 58.7%；黄河的一级支流洮河，发源于西倾山北麓，从青海省河南蒙古族自治县进入碌曲县境内，流经碌曲、临潭、卓尼三县，甘南境内流程长 420km，流域面积为 $1.598 \times 10^4 km^2$，多年平均径流量达 $36.1 \times 10^8 m^3$；另一条一级支流大夏河发源于大不勒赫卡山，自青海省同仁县南部进入夏河县，境内流程长 104km，流域面积为 $0.42 \times 10^4 km^2$，多年平均径流量为 $4.5 \times 10^8 m^3$。三条河流在甘南黄河水源补给区的流域面积达 $3.057 \times 10^4 km^2$，产水模数达 $21.5 \times 10^4 m^3/km^2$，远高于黄河流域 $7.7 \times 10^4 m^3/km^2$ 的平均水平，多年平均补给黄河水资源量为 $65.9 \times 10^8 m^3$，以 4.0% 的流域面积补给了黄河总径流量的 11.4%，从而使该区不仅成为黄河上游最重要的水源补给区，也成为青藏高原"中华水塔"的重要水源涵养区，其蓄水补水功能对整个黄河流域水资源调节起到关键作用。

　　为了提高黄河水源涵养能力，促进该区社会经济可持续发展，国家发展和改革委员会（简称国家发改委）于 2007 年 12 月 4 日正式批复了《甘南黄河重要水源补给生态功能区生态保护与建设规划》（表 1-6），总投资为 44.51 亿元，主要实施生态保护与修复工程、农牧民生产生活基础设施、生态保护支撑体系三大类项目，旨在通过全面封禁保护、退牧还草、灭鼠等综合治理措施，实现草畜平衡，恢复林草植被，增强水源涵养功能，提高水源补给能力，为黄河流域的可持续发展提供强有力的生态安全保障。同时，加快科技推广与应用，促进经济增长方式转变和产业结构升级，实现社会经济结构转型。

表1-6　甘南黄河重要水源补给生态功能区生态保护功能区划

一级区划	二级区划			资源特点
功能区名称	名　称	行政区域	面积/hm²	
重点保护区 1 353 154hm² （Ⅰ）	阿尼玛卿山草原生态系统保护小区（Ⅰ1）	玛曲县	230 566	草原、森林
	首曲湿地生态系统保护小区（Ⅰ2）	玛曲县	375 084	湿地
	尕海-则岔国家级自然保护区（Ⅰ3）	碌曲县	247 431	森林、草原、湿地
	洮河森林生态系统保护小区（Ⅰ4）	卓尼县、临潭县、合作市	452 770	森林
	大夏河源头草原生态系统保护小区（Ⅰ5）	夏河县	47 303	草原
恢复治理区 1 551 029hm² （Ⅱ）	阿尼玛卿山草原生态恢复治理小区（Ⅱ1）	玛曲县	375 721	草原
	西倾山生态恢复治理小区（Ⅱ2）	碌曲县	109 172	草原、湿地
	阿木去乎草原生态恢复治理小区（Ⅱ3）	夏河县、碌曲县	371 986	草原
	加茂贡-洮砚生态恢复治理小区（Ⅱ4）	合作市、卓尼县、临潭县	258 809	草原、森林
	佐盖多玛湿地生态恢复治理小区（Ⅱ5）	合作市	56 326	湿地
	甘加-佐盖曼玛草原恢复治理小区（Ⅱ6）	夏河县、合作市	379 028	草原、森林、湿地

续表

一级区划	二级区划			资源特点
功能区名称	名　称	行政区域	面积/hm²	
经济示范区 152 834hm² （Ⅲ）	玛曲县经济示范小区（Ⅲ1）	玛曲县	57 877	
	碌曲经济示范小区（Ⅲ2）	碌曲县	24 241	
	临潭–卓尼经济示范小区（Ⅲ3）	临潭县、卓尼县	14 014	
	夏河–合作经济示范小区（Ⅲ4）	夏河县、合作市	56 702	

二、西北重要的多民族文化交汇区

（一）以藏族为主的多民族地区

甘南藏族自治州是一个多民族聚居区，除藏族外，尚有汉族、回族、土族、东乡族、蒙古族、撒拉族、满族等民族。2013年，甘南藏族自治州少数民族人口达46.47万人，占总人口的62.31%。其中，藏族人口为40.81万人，占总人口的54.7%，占少数民族人口的87.82%；回族人口为5.33万人，占总人口的7.15%，占少数民族人口的11.47%；其他少数民族人口为208人，占总人口的0.03%，占少数民族人口的0.05%。

甘南藏族自治州的藏族是由当地土著民族、青海及陕甘来的羌人、氐人、鲜卑人、吐谷浑人、党项人，以及康藏来的羌人、吐蕃人经过长时间的交融、混血、繁衍而形成；该区境内很早就有汉族人活动，西汉时在夏河设置白石县，屯田垦荒，因当时以军屯为主，所以汉族人多为军士，北魏、唐时均有汉兵到达过夏河。宋代，在夏河设茶马司。明代为了解决军需粮秣的供应，除了军屯外，还将应天府(南京)、凤阳、定远(安徽)一带的居民迁到甘南作"民屯"；该区回族主要来源于屯田者、移民戍边者及避难逃荒者，尤以传教、经商者及避难逃荒者为多，明代兴起的"茶马互市"也为回族进入藏区提供了便利条件。

甘南藏族自治州拥有多种宗教资源，如历史时期甘南羌族信仰的原始宗教、吐谷浑信仰的原始宗教与佛教、汉族信仰的汉传佛教与道教等，藏族信仰的苯教、藏传佛教，回族、东乡族等民族信仰的伊斯兰教。总体来看，该区的宗教格局呈藏传佛教一枝独秀、其他宗教同生共存的多元状态。

（二）多民族文化交汇区

甘南藏族自治州是多元文化的交汇融合区，该区文化呈现边缘性和互融性，形成了多元文化互相联系与制约的地域文化系统。

从社会生产方式看，甘南藏族自治州是农耕文化、游牧文化和商业文化的交汇区，其中，藏族以牧业经济文化为主，在高寒环境下建立和发展的畜牧经济文化具有很强的稳定性；汉族以农耕文化为主，具有延河川、谷地发育并溯源而上的特色；回族则以商业经济文化为主，在农业与畜牧业分工过程中较好地发挥了商业活动和文化传播的功能。

从宗教哲学体系看，该区是儒教、道教、佛教、伊斯兰教、藏传佛教的交汇区。从民族类别看，该区是藏族文化、汉族文化及回族文化等的交汇区，其中，安多藏文化圈（甘南高原、青藏高原东南部、川西北高原、青海东部高原）的中心拉卜楞寺就位于该区，该寺自创建以来的 3 个世纪中，对安多藏区乃至西藏地区的藏族、蒙古族政治、经济、文化都产生过极为深刻的影响，它与西藏甘丹寺、色拉寺、哲蚌寺及青海的塔尔寺齐名，为西藏之外最大的格鲁派寺院和西北地区藏传佛教最高学府。除藏族外，回族在本区也广泛分布，且相对集中于洮夏谷地，回族文化影响在该区也十分突出。

三、汉藏经济文化交流的前沿地区

在长期的民族利益冲突整合过程中，古代中国基本上形成了核心区（以中原汉民族为主）—边远区（以周边各少数民族为主）的地缘政治与经济格局。甘南藏族自治州地处青藏高原东北边缘甘青川三省交界处，西接藏区，东连汉地，正好位于核心区与边远区的交界过渡地带，并以边缘性为主。这一边缘性赋予了该区特殊的战略、政治功能，使其成为中原民族向西扩张和高原民族挥师东进的跳板。历史上，青藏高原各部落向东拓展，总是在河曲草原休整繁衍和积蓄力量，黄河河曲成为这些游牧部落前进的基地。青藏高原以外的民族，也多数以黄河河曲为头站。

历史上，甘南藏族自治州既是汉族、藏族、羌族、吐谷浑、吐蕃等民族反复争夺的地区，也是汉藏经济、文化交流的前沿地区，向称"汉藏走廊"。中原地区先进的农耕技术和文化就是从这一区域传入藏区的。历代拉卜楞寺嘉木样活佛与河南亲王的友好关系及汉藏间的经济文化交流就说明了这一点。在与中原和内蒙古高原交流的同时，该区藏族同西藏及南亚等佛教信仰区联系也十分密切。这种特殊的文化圈叠置接触区对我国青藏高原的开发和藏区社会经济建设将发挥先导作用和带动作用。

第二章 城镇发展的历史基础

城镇的起源与形成是一个极其复杂而漫长的过程，是地理环境、资源禀赋、经济活动、地域文化、国家政策等多种要素积累凝聚、从量变到质变的过程。受地理环境、资源禀赋、民族贸易、民族宗教文化、政治军事等因素的影响，甘南藏族自治州城镇起源晚、数量少、规模小、职能单一、分布离散，且城镇的延续性和继承性差。

第一节 城镇发展的历史过程

一、城镇孤立发展期

一般来说，我国古代的地方城镇，在奴隶制社会时期主要是公、侯、贵族统治的据点，封建制社会时期则主要是中央政府下属各级地方行政建置的驻地，也就是郡（州）、县治所在地。

由于特定自然地理环境的约束，甘南藏族自治州历史时期为少数民族游牧之地，其中不少地区为无人区。据文献记载，远在尧、舜时代，羌人的祖先徙居河陇，深入到甘青区域以游牧为主，逐水草而居。

夏、商、周时期，天下分为九州，甘南藏族自治州分属雍州、梁州和羌人聚居区，杂居地区大部属雍州，南部属梁州。春秋战国时期，本区属秦地。秦代，本区的东部、北部部分地区属秦陇西郡临洮县辖，其余为羌人驻牧区。

直到西汉时期，本区才出现正式的治所城镇。该时期本区分属金城郡、陇西郡、羌人驻牧区，有4个治所城镇，即金城郡白石县（治所在今夏河县甘加乡八角城，后迁至今夏河县麻当乡境内）、陇西郡羌道县（治所在今舟曲县坪定乡境内）、羌人驻牧区西哈岭王国天子珊瑚城（城址在今玛曲县采日玛乡）、喀尔科岭王国天子荼城（遗址在今玛曲县欧拉秀玛乡境内）。

东汉时期，本区分属于凉州刺史部的陇西郡、武都郡和羌人驻牧区。其中，陇西郡辖今合作市、夏河县、临潭县、卓尼县3县部分地区，武都郡辖今舟曲县西北部地区，先零羌、钟存羌、当煎羌、烧当羌辖今碌曲县、玛曲县及夏河县南部地区，参狼羌辖今迭部县及舟曲县大部分地区。该时期，本区有2个治所城镇，即陇西郡白石县（治所在今夏河县麻当乡境内）、武都郡羌道县（治所在今舟曲县西北）。

三国时期，本区分属曹魏雍州陇右郡、蜀汉益州阴平郡、武都郡和羌人驻牧区。其中，陇右郡辖今临潭县、卓尼县、合作市、夏河县的东北部，阴平郡辖今迭部县东部，先后属魏、蜀两国的武都郡辖今舟曲县大部分地区，境内其余地区为羌人驻牧区。该时期，本区有1个治所城镇和1座军城，即陇右郡白石县（治所在今夏河县麻当乡境内）、军事城池洮阳城（疑为今临潭县古战乡古战村北的牛头城）。

西晋时期，本区分属凉州金城郡、秦州陇西郡、武都郡、阴平郡和羌人驻牧区。其中，凉州金城郡金城县辖今合作市、夏河县北部，秦州陇西郡临洮县辖今临潭、卓尼大部分地区，秦州武都郡辖今舟曲县东部地区，秦州阴平郡辖今迭部县东部地区，羌人驻牧区包括今玛曲县、碌曲县及夏河县南部地区。晋惠帝时，改易郡县，今夏河北部属凉州晋兴郡永固县（汉白石县）辖，临潭、卓尼大部属狄道郡洮阳县辖。该时期，本区有2个治所城镇，即陇西郡的永固县（治所在今夏河县麻当乡境内）和洮阳县（治所在今临潭县西南）。

东晋十六国时期，纷争割据，朝代更替较快，本区隶属随朝代更替而频繁变化。前赵时期，本区东部归陇西郡临洮县，夏河东北部属枹罕护军统领，舟曲东部属武都郡。后赵时期，本区东部属秦州陇西郡临洮县，东南部属武都郡。前秦时期，今舟曲县属南秦州武都郡武都县，今临潭县、卓尼县属河州陇西郡临洮县，夏河东北部属河州晋兴郡枹罕郡。后秦时期，今临潭、卓尼部分地区属陇西郡临洮县，今舟曲县属南秦州仇池郡宕昌县，今夏河县北部地区属枹罕郡。前凉时期，凉州晋兴郡枹罕、永固2县辖今夏河县北部地区，秦州陇西郡辖今临潭、卓尼地区，并置候和护军（在今临潭新城）、石门护军（疑在今临潭石门乡境内）、甘松护军（在今迭部县东部）、漒川护军（在今碌曲县境）。后凉时期，今夏河东北部归晋兴郡枹罕、白石2县，今临潭、卓尼部分地域属陇西郡临洮县。南凉的晋兴郡永固县辖今夏河县东北部。西秦时期，今舟曲、迭部、碌曲部分地区属漒川郡（领白石县）、甘松郡，今夏河北部地区属金城郡永固县，临潭、卓尼仍归陇西郡临洮县。仇池立国后，据有今舟曲县东南部，鼎盛时统有整个舟曲县，其后扩展到迭部县东部。该时期，本区有治所城镇2个，军事城池4个。

南北朝时期，北魏的南秦州武都郡辖舟曲县，河州洪和郡（今临潭新城）水池、蓝川等县及临洮郡石门县辖今临潭县。西魏的河州枹罕郡辖今合作市、夏河北部，临洮郡辖今临潭县大部，岷州同和郡辖今临潭县北部。北周河州枹罕郡辖今合作市、夏河县北部，洮州洮阳郡美相、洮阳 2 县及岷州同和郡水池县辖今临潭及卓尼部分地域。北周武帝设宕州宕昌郡（治所在舟曲县境内）、西诸戎设叠州西疆郡（领合川、乐川 2 县，其辖地包括今迭部县西部及碌曲县南部地区）、旭州通义郡（疑在今夏河县吉仓乡境）、广恩郡（郡治在今碌曲县东）。此时期，本区共有 5 个治所城镇。

隋朝初期，本区分属枹罕郡、临洮郡、浇河郡、河源郡等。其中，枹罕郡枹罕县辖今夏河县北部，临洮郡美相县（郡县同治，治所在今临潭旧城）及枹罕郡水池县辖今临潭及卓尼县部分地域；临洮郡叠川、合川、乐川 3 县辖今迭部县西部及碌曲县南部；洮源县辖今碌曲县部分地区；归政县辖今夏河吉仓乡一带。其后，郡县改易，临潭（本名汜潭，废址在今卓尼县卡车乡羊巴村）、当夷（今临潭新城）等县辖今临潭及卓尼县大部分地域，宕昌郡怀道、封德 2 县辖今舟曲县，常芬县（废址在今迭部县达拉沟口）辖今迭部县以东地区，河源郡辖今玛曲县，浇河郡辖今夏河县沙沟寺以西地域。该时期，本区有 3 个治所城镇。

总体来看，唐代以前甘南藏族自治州境内城镇处于初步形成期，城镇数量少，且缺乏分工联系，城镇发展呈孤立状态。直到公元六七世纪，甘南境内城镇才逐渐具备了民族贸易功能，起初这种功能仅在部分城镇（如军事城堡）周围出现，且多不定期、不定点，后来逐渐转移到人口较多的城镇内部，并在某些城镇固定下来。到了隋代，甘南境内已出现具有一定规模的民族贸易集市。

二、城镇体系孕育期

唐朝时期，以道统州，以州辖县，甘南藏族自治州境内行政建置常有变动，但总体分属陇右道、剑南道和羌人弥药部。今夏河县王格尔塘、卓尼县麻路、迭部县以东属陇右道，迭部县岷山以南属剑南道，碌曲县、玛曲县、夏河县西部属吐谷浑及当地羌人弥药部。其时，今夏河北部属河州安乡郡凤林县，临潭、卓尼及迭部一带的党项部落属洮州，舟曲大部分地区属宕州怀道郡。陇右道在本区的属州有洮州（与临洮县州县同治，治所在今临潭新城镇）、叠州（治所初在今迭部县电尕镇然闹村，后移至今迭部县益哇乡卜岗山巅）、宕州（与怀道县州县同治，治所在今舟曲县西部）。其中，洮州在本区的属县有临潭（治所在今临潭县新城镇），叠州在本区的属县有常芬县（治所在今迭部县境内），宕州在本区的属县有怀道县（治所在今舟曲县西部）。唐代，为保边疆安全在本区置军多处，主要有合川郡守捉（驻地在今迭部县境内）、莫门军（驻地在今临潭县境内）、神策军（驻地在卓尼县扎古录乡迭当什台地），并在距洮阳城 160km 处设广恩镇（在今碌曲县西仓乡一带）。该时期，本区有 4 个治所城镇、3 个军事驻地及 1 个军事镇。

唐高宗上元二年之后，今州境内的芳州、叠州、宕州皆陷吐蕃，至代宗广德元年洮州亦陷，甘南全境皆失。吐蕃占领洮州后，将原州治改为临洮城，本区无治所城镇。五代十国时期，本区仍属吐蕃属地，没有治所城镇。

北宋时期，在行政区划上实行路、府州（监制、军制）、县三级行政区划，本区分属秦凤路河州、熙州、洮州、岷州、阶州及吐蕃属地，河州辖今合作市、夏河县北部，熙州辖今临洮县北部、卓尼县北部地区，洮州辖今临潭县南部、卓尼县南部及迭部县大部分地区，岷州辖今舟曲县，阶州辖今迭部县西北部，其余属吐蕃属地。北宋时期，本区内的治所城镇有洮州城（城址在今临潭县境内），军事城镇有循化城（城址疑在今夏河县甘加乡境内）、怀羌城（城址在今夏河县麻当乡境内）、讲朱城（城址在今夏河县麻当乡境内、大夏河东岸）、叠州城（城址在今迭部县境内）、通岷寨（在今临潭县新城）、沙滩寨（在今舟曲县境内）、武平寨（在今舟曲县境内）、峰贴峡寨（在今舟曲县境内）等，共有9个城镇。

南宋时期，本区为金国属地，分属临洮路、利州西路和吐蕃诸部。临洮路的积石州怀羌县辖今夏河县西北部；河州辖今夏河县东北部，洮州辖今临潭、卓尼、碌曲东部、夏河东部、岷县北部、漳县西部、迭部西部等地；利州西路的西和州福津县辖今迭部东部及舟曲；其余地区属吐蕃诸部。南宋时期，本区内仅有洮州城（洮州治所所在地，在今临潭县境内）、循化城（疑在今夏河县甘加乡境内）2个城镇。

元朝在全国设行中书省，行省下设路、州、府、县。忽必烈至元初年（1264年）在朝廷设总制院（后改宣政院）掌管藏区军政事务，下辖藏区各宣慰司、万户府等地方行政机构，本区属宣政院吐蕃等处宣慰司元帅府管辖，其中河州辖今合作市、夏河县境，洮州辖今临潭县西部、卓尼县及碌曲县等，铁州辖今临潭东部地区，岷州辖今舟曲县境，松潘宣抚司之叠州、潘州辖今迭部县境。元朝时期，本区内仅有洮州治所所在地（在今卓尼县境内）、叠州城（在今迭部县境内）2个城镇。

明代，改行省为布政使司，下领府、州、县，本区属陕西都司临洮府、洮州卫、岷州卫。其中，临洮府辖今合作市、夏河县拉卜楞镇以北的地区；洮州卫辖今临潭、卓尼、碌曲及玛曲黄河以北，迭部岷山以北，临潭西湾壕以西，陇关以南的地区；岷州卫辖今舟曲县及迭部县南部地区。明朝时期，本区共有6个城镇，其中住所城镇2个，即洮州卫治所（在今临潭县新城）、西固城守御军民千户所（在今舟曲县境内）；戍军（城堡）城镇4个，即旧洮州寨（在今临潭县境内）、着泥寨（在今卓尼县境内）、平定关（在今舟曲县境内）、花石关（在今舟曲县境内）。

清朝时期，实行省、府、州、县、镇5级行政区划，本区分属甘肃省和青海省管辖。其中，甘肃省的兰州府循化厅辖今合作市、夏河县北部地区，巩昌府洮州厅辖今临潭县、卓尼县、碌曲县、迭部县全境，阶州辖今舟曲县，青海省土南前旗辖今玛曲县。清朝时期，本区有 10 个城镇，其中治所城镇 2 个，即洮州厅治所（在今临潭县新城）、卓尼司治所（在今卓尼县境内）；依托寺庙形成的城镇 2 个，即拉卜楞寺、沙沟寺（在今夏河县达麦乡境内）；军事城镇（城堡）7 个，即旧洮州堡（在今临潭县境内）、太平寨（在今卓尼县境内）、平定关、化石关、武都关、西固堡、峰贴峡寨。

民国时期，废府、州、厅的建置，代之以省、道、县制。当时，甘肃省辖今临潭、舟曲、夏河及卓尼县（包括迭部、舟曲部分地区），其中临潭县属兰山道，舟曲县属渭川道，夏河县属西宁道。民国时期，本区有临潭县、西固县、夏河县和卓尼设治局，形成了三县一局的行政区划格局。该时期，甘南城镇格局以拉卜楞为代表发生了巨大变化，在卓尼、黑错、郎木寺、土门关、桥沟、陌务等地出现了新的城镇居民点（表 2-1）。

表2-1 甘南藏族自治州不同时期郡县设置和城镇发展状况

县	城镇建制及扩展
夏河县	十六国时为吐谷浑属地，后为吐蕃占据。北宋属河州地，1927年析导河、临潭、循化三县置拉卜楞设治局，驻今拉卜楞镇
临潭县	三国魏在今城关镇筑洮阳城，在今新城筑侯和城
舟曲县	西汉置羌道，治今县城东南白龙江北岸，属陇西郡
卓尼县	清置卓尼司，治今柳林镇，属巩昌府
迭部县	北周置合川县，治今县城以西，为西疆辖地；置常芬县，治今电尕寺西南之达拉曲西岸，为恒香郡治
碌曲县	北周置金城、广恩县，金城县治今县东南，属通义郡；广恩县治今双岔乡，属广恩郡
玛曲县	北周置滨河郡，治今县境黄河北岸

总体来看，唐至民国时期，甘南藏族自治州境内城镇数量逐渐增加，孕育了以州城—县城—郡城为基础的城镇体系，城镇间出现了简单的职能分工。

三、城镇体系形成期

新中国成立后，随着民族生产力的解放和民族区域自治政策的逐步实施，甘南藏族自治州社会经济有了较快发展，城镇发展进入新的历史时期。新中国成立初期，今甘南藏族自治州分属岷县专署、临夏专署和武都专署，其中临潭、卓尼属岷县专署，夏河属临夏专署，西固属武都专署。1953 年 10 月 1 日甘南藏族自治区成立，11 月 21 日甘肃省政府将原省直辖的夏河、卓尼及临夏专区所辖的临潭划入甘南，并接收西固所辖的城关区、武坪藏族自治区、峰迭联合区、阳山自治乡、武都坪牙藏族自治乡、岷县洛大直属乡、官鹅乡、大河坝乡、西尼沟、会川新堡 4 个藏族区乡、宕昌 4 个乡一并划入甘南。1954 年，碌曲、玛曲、舟曲行政委员会成立，次年建立碌曲县、玛曲县、舟曲县。1955 年 7 月，甘南藏族自治区改为甘南藏族自治州，辖夏河、碌曲、玛曲、舟曲、临潭、卓尼 6 县。1956 年州府由拉卜楞镇迁至合作镇。1959 年行政区划调整，碌曲、玛曲县合并为洮江县，撤销卓尼县，并入临潭县，舟曲县与卓尼县的下迭区组建为龙迭县，夏河县改为德乌鲁市。1962 年 1 月恢复原有建置，增设迭部县，自治州辖夏河县、碌曲县、玛曲县、临潭县、卓尼县、舟曲县和迭部县 7 县，67 个乡，5 个镇和 40 个人民公社。

1984 年国家颁布了新的建制镇设置标准，放宽了边远地区、少数民族地区城镇的建制标准，部分条件稍好的集镇在政策激励下破格升级为建制镇，该区城镇数量快速增长。同时，由于改革开放的进一步深化，也形成了一些新的城镇。1984 年人民公社一律改为乡，甘南藏族自治州共有 104 个乡；1996 年 5 月经国务院批准，从夏河县划出卡加道、卡加曼、佐盖多玛、佐盖曼玛、加茂贡、勒秀、那吾 7 个乡、1 个合作镇成立合作市，1998 年 1 月 1 日合作市正式成立。1999 年合作市撤销合作镇，成立当周、伊合昂、坚木克尔、通钦 4 个街道办事处。2002 年全州 7 县 12 个乡撤乡建镇，夏河县九甲乡并入拉卜楞镇。2013 年全州共设 1 市、7 县、95 个乡镇和 4 个街道办事处（表 2-2）。

表2-2　甘南藏族自治州行政区划（2013年）

区域	乡镇数	乡镇（街道办事处）名称
合作市	10	卡加道乡、卡加曼乡、佐盖多玛乡、佐盖曼玛乡、那吾乡、勒秀乡、当周街道、伊合昂街道、坚木克尔街道、通钦街道
夏河县	13	阿木去乎镇、拉卜楞镇、王格尔塘镇、桑科乡、甘加乡、达麦乡、曲奥乡、扎油乡、吉仓乡、科才乡、博拉乡、唐尕昂乡、麻当乡
碌曲县	7	玛艾镇、郎木寺镇、尕海乡、西仓乡、拉仁关乡、双岔乡、阿拉乡
临潭县	16	城关镇、新城镇、冶力关镇、初布乡、古战回族乡、卓洛回族乡、长川回族乡、羊永乡、流顺乡、店子乡、三岔乡、洮滨乡、王旗乡、石门乡、羊沙乡、八角乡
迭部县	11	电尕镇、益哇乡、卡坝乡、达拉乡、尼傲乡、旺藏乡、阿夏乡、多儿乡、桑坝乡、腊子口乡、洛大乡
舟曲县	19	城关镇、大川镇、曲瓦乡、巴藏乡、大峪乡、立节乡、憨班乡、峰迭乡、坪定乡、江盘乡、东山乡、南峪乡、果耶乡、八楞乡、武坪乡、插岗乡、拱坝乡、曲告纳乡、博峪乡
玛曲县	8	尼玛镇、欧拉乡、欧拉秀玛乡、阿万仓乡、木西合乡、齐哈玛乡、采日玛乡、曼日玛乡
卓尼县	15	柳林镇、木耳镇、扎古录镇、刀告乡、尼巴乡、纳浪乡、洮砚乡、藏巴哇乡、申藏乡、恰盖乡、康多乡、勺哇乡、阿子滩乡、完冒乡、喀尔钦乡

此时期，甘南藏族自治州境内行政变更频繁，致使城镇数量起伏波动较大，但已初步形成了以合作市为中心城市、以县城镇为中心镇、以一般镇为基础的等级规模较明显，具有一定分工协作关系的城镇体系。

第二节 历史时期城镇发展的特征

一、城镇起源晚、数量少

历史上，最初形成的市场是商品市场，商品市场的最初形态是集市，在此基础上，形成了城邦、城镇和后来出现的城市。正是基于市场的优越性，城市才具有了对交易者、商品及要素的引力和内聚力。可以说，市场功能是城市聚集与发展的强大引擎，它的强弱决定着城镇的兴衰，改变着城镇的演进轨迹。

早在商朝，随着生产力水平的提高，商业从手工业中分离出来，出现了中国历史上的第三次社会大分工，这促进了西亳（城址在今河南省洛阳市偃师市西洛河北岸的尸乡沟一带）、湖北黄陂盘龙城（城址在今湖北省武汉市黄陂区盘龙湖畔）等早期城镇的形成。但由于甘南境内高寒阴湿的自然条件、封建农奴制度的延续和残存、偏居一隅的地理特征，以及封闭、半封闭的少数民族发展模式限制了市场的发育与繁荣，加之传统游牧业的迁徙性，使得该区不仅缺乏城镇繁衍的市场环境，而且缺乏促使人口聚集的自然背景，导致甘南境内城镇形成较中原地区晚，直到西汉时期才在非经济因素的强烈干预下出现了城镇雏形，此后城镇发育也非常缓慢、城镇数量少，虽然清代该区城镇数量达到了历史上的最高峰，但包括军城（堡）在内也仅有 11 个城镇（表 2-3），远低于中原地区。

表2-3 甘南藏族自治州历史时期的城镇设置情况

历史时段	临潭县	卓尼县	舟曲县	迭部县	玛曲县	碌曲县	夏河县	合计
西汉			1		2		1	4
东汉			1				1	2
三国	1						1	2
西晋	1						1	2
东晋	2		1	1		1	1	6
南北朝	1		1	1		1	1	5
隋代	1	1		1				3
唐代	2	1		3		1	1	8

历史时段	临潭县	卓尼县	舟曲县	迭部县	玛曲县	碌曲县	夏河县	合计
北宋	2		3	1			3	9
南宋	1						1	2
元代		1		1				2
明代	2	1	3					6
清代	2	2	5				2	11

二、城镇的延续性和继承性差

历史上，政权更替引发的利益格局变动与重组、民族迁徙中出现的文化碰撞与融合、资源开发广度与深度的变化等都会影响城镇的兴衰。尤其随着军事技术的不断进步，战争的破坏力和杀伤力迅速增长，从而使"争城以战，杀人盈城；争地以战，杀人盈野"现象更加严重。兼并战争不仅毁灭了一批已有的城市，也新建了一批军事重镇，频繁的战争致使早期城镇体系不稳定。

甘南地处中原政权中心与藏区政权中心的双重边缘地带，加之民族构成多样，使该区既成为各政权争相抢夺的战略要地，也成为频繁遭受打击的"脆弱地带"。历史上，该区兼并战争不断，从而不断有旧城消失，也有新城出现，城镇频繁迁徙，如阿诺木藏城（在今临夏西南）、踏白城（在今河州之北）、洮州城（在今临潭以西）均为吐蕃所置，为当时吐蕃王朝的东方政治军事中心，至宋朝时被王韶军所破；此外，该区在历史上一直实行部落制度，各部落之间由于草山纠纷等引起的武装冲突和仇杀，几乎连年不断，严重影响了社会经济的持续发展，致使部分城镇难以延续与继承下来。更为重要的是，该区自然条件恶劣，传统经济体系难以承受自然灾害的破坏，传统经济不稳定，加之城镇的生产功能很弱，城乡联系仅仅维系在简单的民族产品交换上，城镇难以发挥后援和保障作用。游牧业一旦受到灾害性的打击，城镇也随之失去了最基本的生存资料而沉没在历史的遗迹中。故而，该区城镇的延续性与继承性较差，城镇体系发展不稳定，城镇数量起伏较大，城镇数量从西汉时期的 4 个波动性增加到北宋时期的 9 个，随后又波动式减少到明代的 6 个（表 2-3）。

三、城镇等级较低，职能较为单一

历史上，甘南境内多为游牧部落驻牧地，如碌曲县就有吉仓讷合日部、阿拉 5 部、三木察农牧 6 部等部落（表 2-4）。逐水草而牧、逐水草而居的生产生活方式使甘南境内人口分布具有较大的游离性和明显的分散性，城镇对人口集聚的拉动力较弱，致使城镇人口规模较小、等级较低。历史时期，甘南地区的行政级别较低，致使境内的城镇也多处于行政级别体系的最底层。其中，二级行政区城镇只在西汉时期和唐代出现过，其余历史时期多以三级及更低级行政区城镇为主，尤以戍、堡、军、寨等最低等级的城镇为主（表 2-5）。同时，由于地处中原汉族和西北少数民族交接的重要地带，甘南成为中原政权和西北少数民族争夺的战略要地，从而使本区城镇形成了以军事攻防、行政管理为主的单一职能结构。

表2-4　碌曲县部落隶属关系

部落	主要分布地	所辖部落（村落）名称
吉仓讷合日部落	阿拉乡	该部由郭、勒洮、苏科塘、扎咱、加热等6部落组成
阿拉5部	阿拉乡	5部包括13个村落和13个氏族，4个兵翼。阿拉5部为：①博拉部，由博拉和拉牙儿两村组成。②吾察部（吾乎扎部），由吾察（吾乎扎）和加克尔两村组成。③牙日部，由牙日、麻、巴察（巴尔扎）、加吾岗4个村组成。④宗钦部（九青部），由宗钦（九青）和卡尔格囊两村组成。⑤勒切部（立池部），由勒切（立池）和麻卡两村组成。 13个部落为：博拉、拉牙儿、加卡尔、吾察、牙日、麻、巴尔察、加吾岗、宗钦（该寨据传是吐蕃时期建立的十三大兵马寨堡垒之一）、卡尔格囊、勒切、章吉高、麻卡村落。分布在以上各村中的13个部族为：博拉措哇、达措措哇、麻卡措哇、牙高措哇、麻高措哇、傲去乎措哇、加牙日当措哇、贡果措哇、卡若措哇、哇果儿措哇、巴克措哇、热强措哇、拉索克措哇。阿拉的4个兵翼为：宁巴兵翼、牙日兵翼、宗钦兵翼、勒切兵翼
三木察农牧6部（亦称赛赤部落）	双岔、尕海、郎木寺3乡（镇）	共辖11个小部落，其中牧区4个部落，即卡细、文巴、尕尔娘、斯日卡哇，半农半牧定居部落共7个，即尕尔玛、仁尕玛、加科、加尔布、加尔布哇尔玛、吉库河、麦加
宁巴部落		由加热布、盖尔当、年托、姜等部族和村落组成。盖尔当与青海热贡地区的盖尔当是同一氏族。年托与热贡地区的年托也是同一氏族，从热贡年托迁徙至此。姜与松巴部落所辖的姜氏同属一族
双岔部落	牧区部落分布于今尕海一带	下辖6个中间层部落33个小部落，双岔农区：宁巴、石巴、旺仓3部（下辖16个小部落）；牧区宁巴、石巴、旺仓3部（下辖17个小部落）。 农区：①"宁巴"（下辖根地、加若布、九尼、年托合4个小部落）；②"石巴"下辖毛曰、电塘、散木岔、洛措、多松多、尕丁果6个小部落；③旺仓部落下辖安衣、吉尼、贡去乎、依拉、尕尔加、二地6个小部落 牧区三部亦称宁巴、石巴、旺仓，牧区部落因逐着游牧生活，居住拆迁携带方便的帐篷而称为帐房部落，属于帐房的共有17个小部落。①宁巴部落牧区宁巴部落辖安木措、阿斯木、九尼、加热布、根地、豆畦6个小部落。②石巴部落牧区石巴部落下辖郭尔果、秀哇、根尔卡、那色、早巴、波海、洛措、贡巴8个小部落。③旺仓部落牧区旺仓部落下辖加仓、依拉、斯日卡哇3个小部落

续表

部落	主要分布地	所辖部落（村落）名称
西仓部落（又称青科12部落或阿仲青科12部落）	西仓乡 拉仁关乡	西仓部落（又称青科12部落或阿仲青科12部落），由西仓、拉仁关两部分组成，共辖12个中层部落（青科、压仓、拉德卡斯木、加格、西仓、吾宝措斯木等），39个小部落。 西仓部落：①"青科"部落由吾宝、甘贡两个小部落组成。②压仓部落由麦日、扎塘、热日、迭部、尕高、尼傲、知化7个小部落组成。③拉德卡斯木部落由尕果、乎(霍)尔、唐龙多、曹沟、尖板等村落组成。④加格部落由藏果尔、欠巴、厄3个部落组成。⑤西仓部落由尼傲（今红科1队）、藏果尔（玛艾3队）、卡不秀、尖巴4个小部落组成。⑥吾宝措斯木部落由今双岔乡的恰日村、拉仁关乡的玛日村和西仓乡的多拉村组成。 拉仁关部落：①拉仁关部落由尕秀、适合地、多哇、唐科4个小部落组成。②玛艾部落由玛艾、霍尔吉、阿洒3个小部落组成。③华格部落由尕秀和讷合日两部分组成。④小阿拉部系从阿拉中分离出定居于此。⑤则岔部落由贡去乎、尕尔玛、郭哇3个小部落组成。⑥麦日部落，以前由4个小部落组成，后剩两个即尼傲和措莽玛。

表2-5 甘南藏族自治州历史时期的城镇数量与级别

时期	全国城镇等级体系	甘南藏族自治州城镇等级及数量				
		二级	三级	四级	五级	六级
两汉	都城—州城—郡城—县城	2	1	1		
魏晋南北朝	都城—州城—郡城—县城		3	7	5	
隋代	都城—郡城—县城		3			
唐代	都城—州（郡）城—县城	3	1	4		
北宋	都城—道城—府、州城—县城—镇			1	9	
南宋	都城—路城—府城—县城—镇—市		1		1	
元代	都城—省城—路城—府（州）城—县城			4		1
明代	都城—省城—府（州）城—镇			2		4
清代	都城—省城—府（州）城—县城—镇	2		2		7

四、城镇分布北密南疏，空间差异显著

甘南藏族自治州位于青藏高原东缘，高寒阴湿的自然地理环境不仅决定了其地域经济类型和地域文化单元，而且影响着城镇分布的基本区位指向和人居环境模式。由于自然条件恶劣、人口分散、交通落后、生产力水平低下，阻碍了族际、区际之间的文化、经济交流，长期以来形成了相对封闭的社会经济系统，虽然以藏族为主体的藏文化圈和以回族为主体的伊斯兰文化圈在历史上时有碰撞与接触，但由于民族特性（生产、生活、心理等）的局限与内聚，较少发生民族间

的强烈融合与交流。加之，逐水草而居的生产生活方式与城镇发展要求难以切合，致使该区城镇分布空间差异显著，海拔在 2000～3000m 的农业区和农牧交错区、生境条件相对较好的河谷地带和山麓地带，往往成为汉族和少数民族杂居、交流最活跃的地区，因而成为城镇的主要分布区，如河湟谷地、洮岷谷地、大夏河谷地、岷江谷地等区域。总体上，甘南境内城镇分布呈现北密南疏，农区与半农半牧区多、牧区少的显著特征，历史上舟曲、临潭和夏河的城镇数量较多，而玛曲、碌曲的城镇很少。

第三节　历史时期城镇发展的动力机制

历史时期，甘南藏族自治州城镇兴起和发展的动力主要来自于外部中央行政建制和军事据点的设置，而非城镇内部社会经济自我发展。就单个城市而言，民族文化、民族宗教与民族贸易的亲和关系和响应力，是城镇成长的主要推进剂。

一、政治军事驱动

甘南藏族自治州地处陇右，汉藏聚合、农牧过渡，是历史上"北蔽河湟，西控番戎，东济陇右"的边塞要地，扼守唐蕃古道的要冲地段，故成为我国历代中原政权和西北少数民族必争的军事要地。在历史时期的民族利益冲突整合过程中，甘南正好处于中原政权和西北少数民族交接的过渡地带，这一特殊的地缘、经济区位赋予了该区特殊的战略、政治功能，使其既是中原政府设郡置县，开疆拓土、有效控制所谓"蛮夷之地"的战略要地，又是青藏地区少数民族获取、扩展生存空间的前沿地带，从而处于频繁的军事攻防和建制变革中，双方对此地的占领和管辖，推动了以军事攻防和行政管理为主要职能的城镇的形成和发展。例如，前凉时期该区设置了侯和护军、石门护军、甘松护军、漒川护军 4 座军事城池；唐代设置了唐代合川郡守捉、莫门军、神策军及广恩镇 3 个军事驻地及 1 个军事镇；北宋时期设置了循化城、怀羌城、讲朱城、叠州城、通岷寨、沙滩寨、武平寨、峰贴峡寨等军事城镇。

二、民族贸易驱动

自汉武帝张骞出使西域开始，民族贸易已初具规模，历史时期形成了草原路、大丝路和青海道 3 条西北贸易干道。随着中央王朝统治区域的不断扩大与农垦区的逐渐固定，中央王朝与周边少数民族之间的贡赐贸易演变为绢马贸易。唐宋时期中国对外贸易空前发展，民族之间的"茶马互市"或边茶贸易取代了"绢马互市"，明朝时期茶马互市进入鼎盛，互市制度化，设置茶马司。

甘南地处汉藏民族的交接地带，是汉民族与少数民族地区进行贸易交往的桥头堡，是农耕经济与游牧经济相接的地区。历史上一直是陇右汉藏聚合、农牧过渡、东进西出、南联北往的门户和唐蕃古道的要冲地段。由于民族生产、消费习惯的巨大差异，致使其地域经济表现出强烈的互补性，直接推动了民族贸易的发展。民族贸易的发展带动了本区绢马、茶马互市的形成与发展，使该区成为我国历史时期西北重要的"茶马互市"地，明万历年间在该区设置了河（临夏）、洮（临潭）、岷（岷山）、甘（甘州）、西宁、庄浪 6 个茶马司，互市地点遂成为民族经济交往的主要渠道。与此同时，专门服务于不同民族进行贸易交往的城镇也逐渐成长起来，使城镇开始从单纯的行政中心向兼具商业贸易职能转型，传统贸易路和驿道的形成更进一步加强了城镇之间、城镇与区域之间的联系，在汉藏茶马互市的主要商路上，随着民间民族贸易被官营贸易的逐步取代和普遍发展，产生了一些较大的商镇，沿"青海道"兴起了今甘南藏族自治州的拉卜楞、洮州（临潭）等商镇。其中，如临潭县旧城（城关镇）的发展就得益于历史时期民族贸易的推动，宋、金、元、明时期临潭旧城一直是"茶马互市"汉藏贸易的重要商埠和集散地，经营牲畜、皮货、药材、木材，与外地商业联系广泛，使其成为历史时期汉藏交界地带的商贸重镇。总体来看，繁荣的民族贸易不仅直接推动了该区城镇的兴起和发展，更为重要的是改变了原有城镇的单一消费性质，使主要城镇间由于有了商业往来而强化了联系，区域城镇体系雏形逐渐形成。

三、民族宗教文化亲和力驱动

最初发生于不同民族之间的商业贸易，往往与不同民族之间的文化传播、融合联为一体。少数民族之间的商品交换常常伴随着民族的集会、庆典、祭祀及宗教活动的开展而兴盛起来。由于民族宗教的亲和力和多功能特征，促成民间财富和社会购买力逐渐向寺院集中，从而使每个重要的藏传佛教寺院周围成为商品交易的市场，商品经济的聚集又推动了城镇的发展。

公元 10～11 世纪之交，吐蕃信仰的佛教逐渐实现了民族化，形成了具有本民族特色的藏传佛教，随后达到了全民信仰的程度。13 世纪中叶，元朝统一西藏，萨迦派八斯巴被尊为"帝师"，统辖西藏政教大权，从而形成了政教合一行政管理模式。15 世纪后宗喀巴创立格鲁派在藏区占有统治地位，各地佛教寺院纷纷建立。民族地区社会发展需要比较便利的商品交换网络，在历史时期经济集聚力不足的状态下，宗教缔结的公共交往功能和寺院提供的公共交往空间，就成了商业网络利用和渗透的对象，依靠宗教活动的亲和力和凝聚力，生产要素和人口向宗教寺院周围聚集，宗教寺院"政教合一"的体制和"寺院经济"的形成，自发地起到了商业交流与联系的功能，促进了当地城镇的发展及其网络体系的形成。例如，夏河拉卜楞，自汉以来，由于其东连内地、西通藏卫、南达川境、北绾青海的枢纽地位，而成为藏汉民族的物资交流中心，但其成为真正的商镇，却始于清康熙四十九年(1710年)拉卜楞寺建成以后，其时僧众达3000余人，管辖13个庄10个旗。由于政教合一的特性和仅次于拉萨藏传佛教的影响力，因而吸引了境内外的汉藏民众，依附于寺院的"塔哇"住户不断增多，逐渐形成村落，同时出现了作为交易市场的"从啦"，拉卜楞寺周围的藏汉民族趁一年一度或数度的朝寺拜佛机会，进行民族贸易，使拉卜楞逐渐从普通村落演变为重要的商城。

又如，临潭旧城，早在唐朝时，临潭已置县，但由于交通所限，直至清以前的漫长时期内，民族贸易并不繁荣。光绪十七～十八年，西道堂（为临潭县一带伊斯兰教的派别名称）创立，遂使这一宗教组织成为一个有组织的商业集团，经营羊毛、皮张、木材、名贵药材、百货、布匹、金银等，联系范围北至太子寺、临夏、西宁、玉树、果洛、保安、兰州；西至冶力关、郎木寺；南至松潘、成都、阿坝、甘孜、康定，并与新疆、西藏、上海、南京、汉口等地有密切联系。正是民族宗教这种非经济因素对经济因素的超常亲和力，使临潭旧城成为丝绸之路上的重要商城。

四、宏观政策驱动

新中国成立后，国家宏观政策对甘南藏族自治州城镇化进程有着极为深刻的影响，该区城镇化在很大程度上取决于国家政策导向，政府成为促进城镇发展的主体，政策因素对城镇发展具有很强的导向作用。但是，新中国成立后国家市镇发展政策和标准多变，城镇的设立和发展受政府支配，从而使城镇化带有明显的人为推进或滞阻特征，呈现较强的不稳定性。1955年6月国务院颁布了《中华人民共和国关于设置市镇建制的决定和标准》，建制镇被规定为经省、自治区、直辖市批准的镇，其常住人口在2000人以上，其中非农业人口占50%。1958年8月中共中央发布了《关于在农村地区建立公社问题的决议》，实行"镇社合一"，一些建制镇被撤销。1965年国家鼓励发展"五小企业"促进了县城和一些人民公社驻地集镇的发展。1979年9月中共中央通过的《关于加快农业发展问题的决定》，提出了要有计划地发展小城镇政策。1984年国务院批转民政部《关于调整建制镇标准的报告》，放宽了对少数民族地区建制镇的标准，提出在少数民族地区，非农人口虽然不足2000人，但确有必要，都可建镇。2001年7月，民政部、中央机构编制委员会办公室、国务院经济体制改革办公室、建设部、财政部、国土资源部及农业部七部门联合下发了《关于乡镇行政区划调整工作的指导意见》，部署了全国的乡镇行政区划调整工作。2002 年甘肃省开展了"撤乡并镇"的工作，实行"小乡并大镇"。受国家宏观政策变化的影响，甘南藏族自治州城镇数量也呈现出波动性，其城镇数量由 1962 年的 5 镇减少为 1997 年的 4 镇，再增加到的 1999 年的 1 市 4 镇、2002 年的 1 市 15 镇。

2007 年，国家发改委正式批复了《甘南黄河重要水源补给生态功能区生态保护与建设规划》，2009 年甘南藏族自治州正式下发《关于甘南黄河重要水源补给生态功能区生态保护与建设规划实施意见》，自该项目实施以来，甘南藏族自治州政府积极引导游牧民采取县城集中、乡镇集中、公路沿线集中等方式定居，这进一步推动了人口的空间聚集，为城镇发展奠定了人口基础。

2008 年，国务院发布了《关于支持青海等省藏区经济社会发展的若干意见》，提出要强化藏区生态保护和建设，加快建立生态补偿机制，切实解决好转产转业农牧民的长远生计；要加大扶贫开发力度，切实改善农牧区生产生活条件，增加农牧民收入。加快发展生态畜牧业和高原特色农业，加快解决农牧区饮水难、行路难、用电难、通信难等突出问题；要大力发展社会事业，提高公共服务能力；要加强基础设施建设，提高区域发展支撑能力；要促进优势特色产业发展，培育新的经济增长点，发展特色旅游业和商贸服务业，扶持高原特色加工业发展，严格限制污染企业向藏区转移。该意见的实施不仅促进了甘南藏族自治州产业转型及主体功能的实现，更改善了该区城镇基础设施，加快了城镇化进程。

2010 年，《国务院办公厅关于进一步支持甘肃经济社会发展的若干意见》则强调"两州（甘南藏族自治州、临夏回族自治州）两市（定西市、陇南市）"要大力推进扶贫开发，加快脱贫致富步伐，大幅度提高基本公共服务水平；提出要"实施甘南重要水源补给区生态恢复与保护。全面启动甘南黄河重要水源补给区生态保护和建设规划，进一步加大退牧还草、牧区水利、暖棚养殖、饲草料基地、草原鼠害防治和游牧民定居等综合治理项目的实施力度。研究建立甘南湿地自然保护区，加强湿地保护，恢复水源涵养功能。支持白龙江流域水土流失治理和地质灾害防治工作"。同时，要"抓紧引洮济合、引洮入潭、青走道水电站、石门河引水等工程前期工作，尽早开工建设。积极发展高原草原旅游、回藏风情旅游，打造九色甘南香巴拉旅游品牌"。该意见进一步明确了甘南藏族自治州的产业发展导向，促进了非农产业的发展，奠定了城镇发展的产业基础。

总体来看，新中国成立后的宏观政策构成了甘南藏族自治州城镇发展的外部变量，奠定了城镇发展的产业基础与人口基础，加快了新型城镇化进程，促进了城镇体系的完善。

第三章 城镇发展的现状与特征

城镇化是近现代人类社会发展的主旋律，城镇作为区域发展的中心、重心、向导和动力，对整个区域具有"领衔主演"的作用。然而，受特殊的自然环境、资源赋存条件、历史文化传统及国家宏观政策的影响，高寒民族地区城镇化进程缓慢、城镇化水平低下、城镇分布分散、职能分工不明确、城镇竞争力与可持续发展能力较低，对广大牧区缺乏强劲的辐射带动作用。

第一节 城镇化水平

一、城镇化历程

（一）城镇化发展的阶段性

1.城镇化发展的阶段论

城镇化发展的阶段性是各国城镇化进程中普遍遵循的规律，与经济发展规律相对应。超越经济发展阶段或滞后于经济发展阶段的城镇化进程都是不健康的城镇化进程，不利于城镇的健康发展。

1975年美国地理学家诺瑟姆（Ray M.Northam）通过研究世界各国的城镇化轨迹，把城镇化进程概括为一条稍被拉平的S形曲线，并将城镇化进程分为三个阶段。

城镇化初期阶段：城市化水平低于30%，也称城镇化起步发展阶段，对应于工业化初期发展阶段。

城镇化中期阶段：城镇化水平为30%～70%，也称城镇化加速发展阶段，对应于工业化中期阶段。

城镇化后期阶段：城镇化水平大于70%，也称城镇化成熟发展阶段，对应于工业化后期。

城镇化发展的三阶段性规律已经被大多数学者所接受，但方创琳等认为将这条S形曲线划分为三大阶段过于粗略，进而提出了城镇化发展的四阶段论，即在认同城镇化进程遵循一条被拉平的 S 形曲线总体演进规律的前提下，充分考虑其与经济增长阶段和经济发展阶段的对应关系，将这条 S 形曲线划分为四大阶段，即城镇化初期阶段（城镇化水平为 1%～30%，为起步阶段）、城镇化中期阶段（城镇化水平为 30%～60%，为成长阶段）、城镇化后期阶段（城镇化水平为 60%～80%，为成熟阶段）、城镇化终期阶段（城镇化水平为 80%～100%，为顶级阶段）。

城镇化初期阶段：对应于工业化初期和经济增长的起步阶段，为低速城镇化阶段。城镇化水平较低，一般在 1%～30%，城镇化发展速度缓慢，年均增长速度不超过 1%，农业人口和农业经济占绝对主导地位，第一产业产值比重高于 70%，第一产业就业比重超过 50%，工业化率低于 30%，工业化是城镇化的主要推动力。城镇数量少、规模小、城镇空间呈现出零星的"点状"结构。

城镇化中期阶段：对应于工业化中期和经济增长的成长阶段，为快速城镇化阶段。城镇化水平开始迅速提高，可达到 30%～60%，城镇化发展速度加快，年均增长速度在 1%～2%，城镇人口与工业经济逐步占主导地位，第一产业产值比重下降至 30% 以下，第二、第三产业就业比重不断增加，工业化率逐步提高到 30%～70%，工业化是城镇化的主要推动力，第三产业也成为城镇化的又一推动力。城镇数量迅速增多，规模不断扩大，城镇空间结构呈现出连续的"带"状或"面"状结构。

城镇化后期阶段：对应于工业化后期阶段和经济增长的成熟阶段，为减速城镇化阶段。城镇化水平继续提高，可达到 60%～80%，城镇化年均增长速度开始减慢，但仍可保持 0.5%～1%，城镇人口与工业经济逐步占绝对主导地位，第一产业产值比重下降至低于 20%，第三产业产值比重上升到 35%～45%，工业化率开始由高到低下降至 30%～40%，第三产业发展成为城镇化最主要的推动力，工业化对城镇化推动力逐渐减弱。城镇数量继续增多，规模进一步扩大，城镇空间结构呈现出连续的"网"状结构。

城镇化终期阶段：对应于后工业化阶段和经济增长的顶级阶段，为极慢或零速城镇化阶段。城镇化水平提高至极限，可达到 80%～100%，城镇人口的增长越来越缓慢甚至停滞不前，城乡差别近于消除，并出现郊区化和逆城镇化现象。城镇化发展速度几乎为零，城镇人口占绝对主导地位，第一产业比重下降至低于 10%，但不能低于 5%，第三产业产值比重上升到 60% 以上，工业化率进一步下降到 30% 以下，第三产业发展成为城镇化最主要的推动力，城镇空间结构呈现均衡网状结构。

2. 城镇化发展阶段

新中国成立后，甘南藏族自治州人口城镇化进程可分为三个阶段。

（1）起步阶段（1949～1978年）

这一阶段主要受政策指令驱动，也可称为政策指令导向型发展阶段。该阶段的非农业人口变动主要表现为三个高潮。1949～1959年，随着甘南藏族自治州各级政权组织的建立和资源开发力度的加大，国家选派大批外地干部到甘南藏族自治州行政事业单位工作，同时在州内招工、招干，并随迁家属，吸收大量农牧民、农村人口向城镇转移，形成了甘南藏族自治州城镇化的第一个高峰。1950年甘南藏族自治州净迁入人口37 218人，平均每年迁入3700多人，约占全州人口的10%；1960～1963年，为了度过严重的自然灾害和经济困难，甘南藏族自治州精简职工队伍、动员城镇居民返回农村，大量人口外迁，1961～1963年共精简非农业人口23 195人，迁出人口55 630人，甘南藏族自治州人口城镇化水平呈下降态势；1964～1978年，随着国民经济的恢复和发展，甘南藏族自治州城镇人口不断增加，城镇化水平由1964年的7.19%增长到1978年的12.16%。

（2）低速发展阶段（1979～1997年）

十一届三中全会后，出现了一个农村人口迁往城镇的高潮期，该时期也可称为自主流动发展阶段。1984年，国务院发出《关于农民进入集镇落户问题的通知》，虽然对农村人口进入城镇仍有诸多限制，但打破了多年的规定，第一次为农村人口进入城镇敞开了通道。20世纪80年代中后期，随着城乡商品经济的发展，人口向城镇迁移、聚居速度加快，该区城镇容量增大，城镇化水平有了较大提升，1992年甘南藏族自治州的城镇化水平达到15.78%。

总体来看，改革开放后随着甘南藏族自治州人口的迅速增加，城镇人口和城镇化水平也逐年稳步提高，城镇人口和城镇化率从1978年的5.86万人和13.99%，提高到1998年的6.22万人和19.70%，年均增长率为0.29%。

（3）快速稳定发展阶段（1998年至今）

社会主义市场经济制度确立及户籍制度逐渐宽松为城镇化发展提供了良好的制度平台。1997年合作市成立，更促进了甘南藏族自治州城镇化水平的稳步提高，城镇化水平从1998年的19.70%提高到2013年的27.39%，年均增长率为2.4%。

虽然甘南藏族自治州城镇化水平稳步提高，但其城镇化率仍远低于全国和甘肃省平均水平，且与甘肃省及全国的差距不断拉大（图3-1）。甘南藏族自治州城镇化水平从 1978 年的 13.9% 提高到 2013 年的 27.39%，城镇化水平年均增长率为 2.7%，远小于同期甘肃省的年均增长率 3.0% 及全国的年均增长率 2.93%，城镇化水平与全国、甘肃省的差距也分别从 1978 年的 5.49 个百分点和 0.3 个百分点，扩大到 2013 年的 25.98 个百分点和 12.74 个百分点。

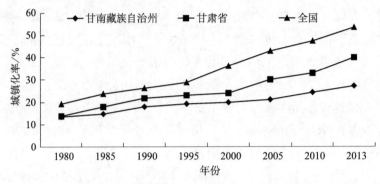

图3-1　甘南藏族自治州城镇化水平变化趋势

（二）城镇化发展历程的特征

1. 地区差异性

新中国成立以来，甘南藏族自治州城镇化发展水平存在明显的地区差异性，而且这种差异性在 2000 年以前相对较小，2000 年以后伴随着地方经济和社会发展差距的不断拉大，城镇化发展水平的地区差异性也在不断扩大。

改革开放以前，甘南藏族自治州经济发展较为落后，城镇化进程缓慢，城镇化水平由 1964 年的 7.19% 增长到 1978 年的 12.16%；改革开放后到 2000 年，该区经济发展水平得到了稳步提升，但相比甘肃省其他市州，发展仍较缓慢，与东部沿海地区相比差距巨大，该时期城镇化水平保持在 16% 左右；2000 年以后，受国家西部大开发战略、国家扶贫开发项目等的影响及市场经济体制的推动，该区经济发展速度明显加快，城镇化水平明显提高，各县（市）的城镇化水平均有不同程度的提升，但地区之间的差距明显拉大（图 3-2）。

合作市作为甘南藏族自治州州府所在地，也是全州政治、经济、文化、科技和金融中心，城镇化水平最高，同时也是带动整个地区城镇化进程稳步提升的关键。其城镇化水平由 2000 年的 45% 增加到 2014 年的 60% 左右，增加约 15 个百分点；其余六县近 10 年增加幅度均在 1~2 个百分点，变化较小，但从整个区域城镇化水平来看，地区之间的差距明显拉大。

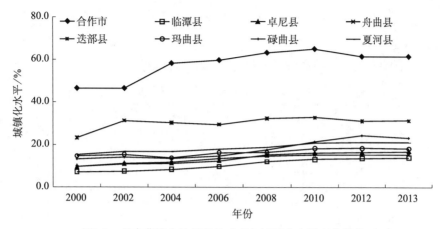

图3-2 甘南藏族自治州各县（市）城镇化水平变化趋势

2. 不平衡性

城镇化发展的地区差异性是由地理区位、人口增长、社会经济发展水平等因素决定的。采用城镇化不平衡指数，可进一步分析甘南藏族自治州各县（市）的城镇人口与其他因素之间的不平衡状况。城镇化不平衡指数用来比较某一地区的城镇人口在全国（全省）城镇人口中所占比重与其他指标在全国（全省）中所占比重的关系。计算公式如下：

$$I_a = \sqrt{\frac{\sum_{i=1}^{n}\left[\frac{\sqrt{2}}{2}(Y_i - X_i)^2\right]}{n}} \quad (i = 1, 2, \cdots, n) \tag{3-1}$$

式中，n 为区域个数；Y_i 为 i 区域城镇人口占全国（全省）人口比重；X_i 为 i 区域某一指标（如各地区面积）占全国同类指标的比重；I_a 为城镇人口相对于某一指标的不平衡指数值。I_a 值越大，说明城镇人口相对于某一指标的不平衡性越显著；当 I_a 趋于 0 时，表明城镇人口相对于该指标呈平衡分布。

以 X_i 为横坐标、Y_i 为纵坐标绘制城镇化不平衡指数散点图，如果 i 区域点位落在对角线上方，则表明纵坐标大于横坐标，即该区域城镇化发展超前于参与比较指标的发展，点位距对角线的垂直距离越远，则超前量越大；反之，位于对角线下方的地区，其城镇化发展则滞后于参与比较指标的发展；点位落在对角线附近（$-\sqrt{2}/2 < d_i < \sqrt{2}/2$），则表明该区域城镇化发展与参与比较指标的发展大致平衡。设点位至对角线的距离为 d_i，则

$$d_i = \frac{\sqrt{2}}{2}(Y_i - X_i) \tag{3-2}$$

根据式（3-1）和式（3-2），以甘南藏族自治州各县（市）为单元，计算2013年各县（市）城镇化水平相对于其面积、总人口、地区生产总值、农业总产值、工业总产值及第三产业总产值的不平衡指数（表3-1）。

表3-1 2013年甘南藏族自治州城镇化不平衡指数（I_a）

地区	城镇化水平/%	城镇人口占甘肃省人口比重/%	点位至对角线的垂直距离					
			面积	总人口	地区生产总值	农业总产值	工业总产值	第三产业总产值
合作市	52.09	0.52	−0.05	0.13	0.08	0.37	0.03	−0.11
临潭县	27.78	0.41	0.05	−0.06	0.13	0.28	0.22	0.06
卓尼县	22.85	0.25	−0.66	−0.10	0.04	0.17	0.04	0.04
舟曲县	21.48	0.31	−0.25	−0.15	0.08	0.20	0.17	0.06
迭部县	22.23	0.13	−0.71	−0.06	−0.01	0.09	0.03	−0.01
玛曲县	20.40	0.12	−1.50	−0.05	−0.07	0.09	−0.17	−0.05
碌曲县	27.45	0.11	−0.75	−0.02	−0.02	0.08	−0.03	0.01
夏河县	22.36	0.21	−0.83	−0.07	−0.01	0.15	−0.01	−0.03
I_a			2.12	0.26	0.19	0.57	0.33	0.15

资料来源：《甘南统计年鉴 2013》

从各县（市）城镇化水平相对于其面积、总人口、地区生产总值、农业总产值、工业总产值及第三产业总产值的不平衡指数来看，甘南藏族自治州城镇化水平与其面积的不平衡指数最大，I_a 值高达 2.12，主要原因在于该区各县（市）城镇密度均较小，尤其玛曲、夏河及碌曲，地广人稀，城镇人口规模非常低；城镇化水平与其农业总产值的不平衡性次之，I_a 值为 0.57，且 d_i 值均大于零并接近于零，说明城镇人口相对于农业总产值的不平衡性较显著；而城镇化水平与其他几个指标的不均衡性均较小，且 I_a 值接近于零。

3. 滞后性

城镇化是工业化发展的产物。著名经济学家 H. 钱纳里和 M. 塞尔昆在 1975 年提出了城镇化与工业化的"发展模型"。该模型认为城镇化与工业化的关系为正相关关系。根据钱–塞发展模型，工业化与城镇化发展历程是一个由紧密到松弛的发展过程。发展之初的城镇化是由工业化推动的。在工业化率与城镇化水平共同达到 13% 左右的水平以后，城镇化开始加速发展并明显超过工业化。到工业化后期，制造业占 GDP 的比重逐渐下降，工业化对城镇化的贡献作用也由此开始表现为逐渐减弱的趋势（表 3-2）。也就是说，人均 GDP 越高，工业化水平越高，城镇化水平也越高。

表3-2 钱–塞发展型式的城镇化与工业化的关系

级次	人均GNP	城市人口占总人口比重/%	制造业占GDP比重/%	工业劳动力份额/%
1	<100	12.8	12.5	7.8
2	100	22.0	14.9	9.1
3	200	36.2	21.5	16.4
4	300	43.9	25.1	20.6
5	400	49.0	27.6	23.5
6	500	52.7	29.4	25.8
7	800	60.1	33.1	30.3
8	1000	63.4	34.7	32.5
9	>1000	65.8	37.9	36.8

资料来源：钱纳里和塞尔昆，1998

注：人均 GNP 折合为 1964 年美元

甘南藏族自治州的城镇化发展相比钱–塞提出的城镇化发展模式有其特殊性，从图 3-3 可见，该区城镇化水平与工业化水平基本保持一致，但在 2009 年之后，城镇化水平略高于工业化水平。甘南藏族自治州作为一个典型的高寒民族地区，经济发展较为滞后，各产业集中度偏低，且经济发展以农、林、牧、旅游业为主，工业发展缓慢，以水电产业为主，结构单一，这也是整个地区城镇化水平始终较低的主要原因。从产业结构变化趋势来看（图 3-4），甘南藏族自治州第一、第二、第三产业的产值比重由 2000 年的 45.7：20.7：33.6 转变为 2013 年的 22.3：26.2：51.5，工业化水平得到了稳步提升，但上升速度相对缓慢，14 年间仅上升 5.5 个百分点，而第一产业比重下降达 23.4 个百分点，第三产业比重增加达 17.9 个百分点。可见，带动整个地区城镇化水平提高的关键是第三产业的飞速发展。但是，二者的发展速度差距较大，城镇化水平增速为 0.76%/a，而非农化水平增速为 1.74%/a，且两者差距呈不断扩大趋势。

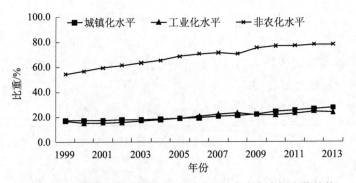

图3-3　甘南藏族自治州城镇化、工业化及非农化水平变化趋势

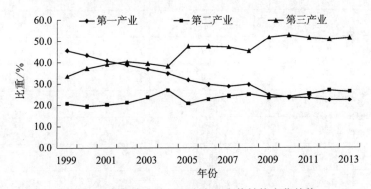

图3-4　甘南藏族自治州三次产业产值结构变化趋势

　　从城镇人口增长率与 GDP 增长率的变动趋势来看，2000 年以来甘南藏族自治州 GDP 的增长率起伏较大，但城镇人口增长率变化相对平稳，并未随 GDP 的快速增长而增长（图 3-5）。2000～2013 年，城镇人口年均增长率为 0.4%，而 GDP 和人均 GDP 的年均增长率分别达到 0.89% 和 0.82%，相当于城镇人口年均增长率的 2 倍多。尤其在 2009 年城镇人口增长率仅为 4.23%，但 GDP 增长率高达 32.94%，城镇人口增长率落后于 GDP 增长率 28.71 个百分点。

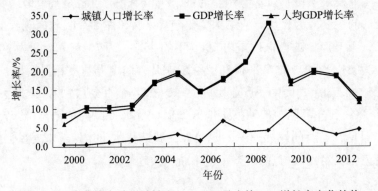

图3-5　甘南藏族自治州城镇人口、GDP及人均GDP增长率变化趋势

二、城镇竞争力

城镇竞争力是指一个城镇在竞争和发展过程中所具有的吸引、争夺、拥有、控制和转化资源,并实现资源优化配置,以创造价值和财富,提高城镇居民生活水平和可持续发展的能力。

(一)研究方法

1.指标体系的建立

本书从甘肃省域层面进行甘南藏族自治州城镇竞争力的比较分析。遵循主体性、实用性、综合性、潜能性原则,构建了综合评价的指标体系(表 3-3)。

表3-3 城镇竞争力评价指标体系表

类别	选取指标
经济实力	地区生产总值、人均地区生产总值、固定资产投资额、社会消费品零售总额、财政收入、人均财政收入
基础设施	每万人拥有公共汽/电车、每千人拥有医院床位数、邮电业务总量、人均铺装道路面积、每百人拥有电话数
人力资源	年末单位从业人员数、科研技术人员数、科研技术人员占从业人员的比重、科技经费支出
开放程度	货运总量、客运总量、旅游外汇收入、进出口总额
产业结构	第二产业比重、第三产业比重、第二产业从业人员比重、工业企业总产值
环境质量	城市园林绿地面积、建成区绿化覆盖率、城市人均绿地面积
居民生活质量	职工平均工资、居民人均可支配收入、人均住房使用面积、人均生活用水量

资料来源:甘肃省年鉴编纂委员会,2013

2.评价分析模型的构建

运用主成分分析方法对甘肃省域内的城市竞争力状况做出分析,利用 SPSS 软件求得主成分分值及载荷矩阵,最后根据确定的权重,计算综合评价值 $\sum F$ 。

$$\sum F = W_1F_1 + W_2F_2 + \cdots + W_mF_m \qquad (3\text{-}3)$$

式中,W_i 为权重;F_i 为主成分值。

(二)城镇竞争力分析

具体计算结果见表 3-4 和表 3-5,该过程采取 KMO 法对数据进行检验,看其是否可进行主成分分析,并用相关性矩阵抽取主成分因素。在数据分析过程中，用最大方差法对相关矩阵进行正交变换，使数据信息重叠性达到最小。根据累计贡献率大于85%的原则，确定前4个主成分（前4个主成分累计贡献率为88.288%）代表原来的30个变量来反映甘肃省内14个地市的综合特征。

表3-4 旋转方差载荷值

主成分	初始特征值		
	合计	方差的百分比/%	累计贡献率/%
1	14.975	49.918	49.918
2	7.678	25.592	75.510
3	2.320	7.732	83.242
4	1.514	5.046	88.288

表3-5 甘肃省城市竞争力得分

序号	区域	主成分1得分	主成分2得分	主成分3得分	主成分4得分	综合得分	排名
1	兰州	3.375	0.159	−0.254	0.299	1.721	1
2	嘉峪关	−0.520	2.631	0.597	0.349	0.477	2
3	金昌	−0.309	1.675	−1.599	−1.013	0.099	4
4	白银	0.074	0.189	−0.442	−0.540	0.024	5
5	天水	0.256	−0.725	0.961	−0.972	−0.033	6
6	武威	−0.193	−0.690	0.372	−0.111	−0.250	10
7	张掖	−0.289	−0.287	0.431	0.931	−0.137	8
8	平凉	−0.260	−0.307	0.580	−0.255	−0.176	9
9	酒泉	−0.057	0.290	2.279	−0.272	0.208	3
10	庆阳	−0.268	−0.191	−0.633	2.278	−0.117	7
11	定西	−0.350	−0.740	−0.479	−0.513	−0.427	12
12	陇南	−0.289	−0.795	−1.123	−1.577	−0.514	14
13	临夏	−0.491	−0.635	−1.022	1.244	−0.424	11
14	甘南	−0.678	−0.573	0.332	0.151	−0.452	13

从表3-5可以看出，甘南藏族自治州城镇竞争力低下，居于甘肃省第13位，这主要是由于该区城镇规模小，功能单一，基础设施薄弱、总体规划滞后，城镇

化水平低，且城镇体系结构不合理，缺乏产业支撑。

综上分析，无论是从城镇化水平来看，还是从城镇竞争力来看，甘南藏族自治州城镇化进程均较缓慢，城镇发展能力弱，难以有效地带动广大牧区的发展。

第二节　城镇体系的等级规模结构

一、等级规模结构的发展阶段与类型

城镇体系是一定地域范围内职能各异、规模不等的一系列城镇，在经济上互相联系、生产上分工协作、发展上相互协调，是形成地域经济综合体的核心部分，也是地域内外自然、经济、社会和政治多种因素综合作用的结果，其形成与发展是一个历史的动态过程。地域城镇体系的组织结构主要包括等级规模结构、职能类型结构、地域空间结构及网络系统结构。其中，城镇体系等级规模结构是指一个国家或区域中城镇人口规模的层次分布，它通过城镇体系中每个城镇的位序和规模之间从大到小的关系，来体现一个国家或区域内城镇规模集中或分散的分布特征。

（一）城镇等级规模的发展阶段

地域城镇体系布局实质上是地域城镇化进程的客观反映。洛斯托夫（W. W. Rosetow）综合世界各先进国家经济成长过程，将区域经济增长划分为传统社会、准备"起飞"、"起飞"、成熟、高消费和追求生活质量 6 个阶段。瑞斯曼（L. Reissman）则又根据上述区域经济成长过程，将城镇化进程划分为 4 个阶段 13 个时期。

E. Shaks 于 1972 年提出了一个经济发展规模分布的城镇动态模式，试图将城镇规模分布与不同的经济发展阶段联系起来。他认为位序 – 规模分布是与社会不均衡发展相联系的，这种均衡是在经济发展起飞前和发展后产生的；首位分布是社会不均衡发展造成的，这种不均衡是在经济发展过程中形成的。按此模式，一个国家或区域，在经济起飞前属于均衡状态，是位序 – 规模分布的；在经济大发展过程中，均衡状态被集中发展的几个经过选择的大城镇所动摇，城镇规模呈首位分布；随着时间推移，经济发展渐渐从大城镇转向中小城镇，城镇系统的均衡状态又逐渐恢复，在新的基础上，再现位序 – 规模分布。

（二）等级规模结构类型

根据地域城镇体系的等级规模结构，可将其城镇体系分为弱核型城镇体系、首位城镇型城镇体系及均衡型城镇体系。

1. 弱核型城镇体系

弱核型城镇体系中城镇数量少，且城镇规模也相当小，城镇发展的初级阶段往往属于这种城镇体系类型。

2. 首位城镇型城镇体系

首位城镇型城镇体系又可分为单核体系与强核体系。其中，强核体系的核心城市首位度高、吸引力巨大。

3. 均衡型城镇体系

随着高速交通设施和通信走廊的发展，均衡型城镇体系成为目前最主要的城镇体系类型。它又可划分为单心多核体系与多心多核体系。

二、等级规模结构特征

（一）研究方法

1. 位序－规模法则

位序－规模法则从城镇的规模和城镇规模位序的关系来考察城镇体系的规模分布。1913 年奥尔巴赫（F. Auerbach）通过对实际城市人口资料分析，最早发现城市规模和位序的乘积为常数。即符合下列关系：

$$P_i R_i = K \tag{3-4}$$

式中，P_i 为一国城市按人口规模从大到小排序后第 i 位城市的人口数；R_i 为第 i 位城市的位序；K 为常数。

1925 年罗特卡（A. J. Lotka）发现实际研究的数据符合公式：

$$P_i R_i^q = K \tag{3-5}$$

罗特卡的贡献在于对位序变量允许有一个指数，即通常所谓的 q 值。现在被广泛使用的实际上是罗特卡模式的一般化公式：

$$\lg P_i = \lg P_1 - q \lg R_i \tag{3-6}$$

式中，q 为常数；P_1 为首位城市的人口规模。这样，位序－规模分布图解点表示在双对数坐标图上就成为一条直线，可根据 q 判断城市体系的位序－规模特征，一般以 $q=1$ 为理想状态，$q<1$ 为分散状态，$q>1$ 为集中分布。

2. 规模等级结构指数计算方法

表征城镇规模等级结构的指数主要有首位度指数、集中指数和空间分维值。

（1）首位度指数

一般认为城市首位度指数应该包括二城市指数、四城市指数和十一城市指数。其公式如下：

$$S_2 = P_1 / P_2$$
$$S_4 = P_1 / (P_2 + P_3 + P_4) \qquad (3\text{-}7)$$
$$S_{11} = 2P_1 / (P_2 + P_3 + \cdots + P_{10} + P_{11})$$

式中，S_2、S_4、S_{11} 分别为二城市、四城市、十一城市指数；$P_1 \sim P_{11}$ 为位序 $1 \sim 11$ 的城市非农业人口。按照城市位序 – 规模的原理，正常的四城市指数和十一城市指数都为 1，距 1 越大表示首位分布越明显；二城市指数为 2，同样与此值差异越大表示首位分布越明显。

（2）集中指数

集中指数反映规模等级城市分布的均衡程度，采用洛伦兹曲线中计算集中指数的公式求得：

$$S = \frac{\sum_{i=1}^{n} X_i - 50(n+1)}{100n - 50(n+1)} \qquad (3\text{-}8)$$

式中，S 为集中指数；n 为划分的等级；X_i 为各规模等级城市人口的比重从小到大排序后第 i 级的累计百分比。S 一般在 $0 \sim 1$，越接近于 1 表示越不均衡。

（3）空间分维值

城镇体系规模分布具有自相似性，即满足分形的特征。对于一个区域的城镇体系，若给定一个人口尺度 r 去度量，则人口大于 r 的城镇数 $N(r)$ 与 r 的关系满足公式：

$$\ln N(r) = A - D \ln r \qquad (3\text{-}9)$$

式中，D 为分维数；A 为常数。一般来说，D 值的大小具有明确的地理意义，直接反映了城镇体系等级规模结构。当 $D<1$ 时，表示该区域的城镇体系等级规模结构比较松散，人口分布差异程度较大，首位城市的垄断性较强；当 $D=1$ 时，表示该区域首位城市与最小城市的人口规模之比恰好为区域内整个城镇体系的城镇数目；当 $D>1$ 时，表示该区域城镇等级规模分布比较集中，人口分布比较均衡，中间位序的城镇数目较多。

空间关联维数用来表征城镇体系空间分维特性，其基本模型如下：

$$D = \lim_{x \to 0} \frac{\ln N(r)}{\ln r} \quad\quad （3-10）$$

$$\ln r = \frac{1}{N^2} \sum_{i,j=1}^{n} H(r - d_{ij}) \quad\quad （3-11）$$

式中，$H(r - d_{ij})$ 为 Heaviside 函数，即 $d_{ij} < r$ 时，$H(r - d_{ij})$ 为 1，$d_{ij} > r$ 时，$H(r - d_{ij})$ 为 0；D 为关联维数；r 为距离标度；d_{ij} 为两城镇间的直线距离。D 值均在 0～2，越接近于 0 表明城市体系空间结构越分散，越接近于 2 表明城市体系空间结构越集中。在实际操作中，可利用 GIS 的空间分析功能测算城市两两之间的距离，如给定距离 r 去度量，则人口小于 r 的城镇数 $N(r)$ 与 r 满足：$\ln N(r) = A + D \ln r$（A 为常数）。

（二）等级规模结构指数

1. 城镇规模

城镇规模，通常用城镇人口规模、城镇用地规模和城镇经济规模来反映，本书主要用城镇人口规模来反映。甘南藏族自治州的城镇规模小，只有一个城镇（合作市）人口达到 2.5 万～6.0 万人，人口在 1.2 万～2.5 万人的城镇有两个（夏河县拉卜楞镇、迭部县电尕镇），人口在 0.2 万～1.2 万人的城镇有六个（舟曲县城关镇、临潭县城关镇、卓尼县柳林镇、玛曲县尼玛镇、碌曲县玛艾镇、临潭县新城镇），其他都是人口在 0.2 万人以下的建制镇。甘南藏族自治州城镇体系规模等级结构现状如表 3-6 和图 3-6 所示。

表3-6　甘南藏族自治州城镇人口规模分布

等级	规模/万人	城镇数目	城镇名称及人口数量
Ⅰ	2.5～6.0	1	合作市（56 159人）
Ⅱ	1.2～2.5	2	夏河县拉卜楞镇（12 919人）、迭部县电尕镇（12 290人）
Ⅲ	0.2～1.2	6	舟曲县城关镇（11 211人）、临潭县城关镇（9613人）、卓尼县柳林镇（9509人）、玛曲县尼玛镇（6825人）、碌曲县玛艾镇（4013人）、临潭县新城镇（2138人）
Ⅳ	<0.2	7	临潭县冶力关镇（1626人）、卓尼县扎古录镇（845人）、舟曲县大川镇（681人）、卓尼县木耳镇（631人）、夏河县王格尔塘镇（359人）、碌曲县郎木寺镇（219人）、夏河县阿木去乎镇（163人）

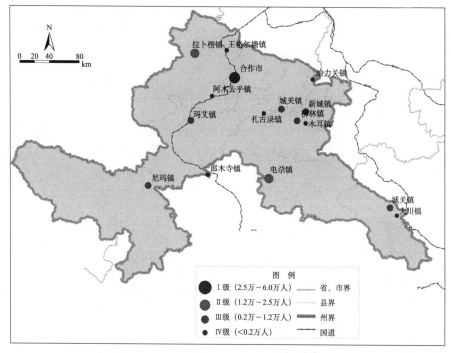

图3-6 甘南藏族自治州城镇规模等级结构现状

2.城镇体系的首位度

国际上把区域城镇体系的二城市指数（通常所说的首位度）、四城市指数和十一城市指数统称为首位度指数，因为这三个指数都是以最大城市为基础进行的前二位、前四位、前十一位城市的人口规模比较。

甘南藏族自治州城镇体系的二城镇指数、四城镇指数、十一城镇指数分别为

二城镇指数：$S_2 = P_1/P_2 = 3.89 > 2$

四城镇指数：$S_4 = P_1/(P_2 + P_3 + P_4) = 1.38 > 1$

十一城镇指数：$S_{11} = 2P_1/(P_2 + P_3 + P_4 + P_5 + P_6 + P_7 + P_8 + P_9 + P_{10} + P_{11}) = 1.46 > 1$

3.城镇体系的位序-规模

利用罗特卡模式一般化模型 $P_i = P_1 \times R_i^{-q}$（其中，$P_i$ 是第 i 位城市的人口，P_1 是理论最大的城市人口，R_i 是第 i 位城市的位序，q 是待定系数）对甘南藏族自治州城镇进行位序-规模分析。

首先，对罗特卡模型进行双对数处理，模型转化为：$\ln P_i = \ln P_1 - q\ln R_i$；然后，对甘南藏族自治州各城镇按规模进行排序，进行双对数处理后，用SPSS软件进行一元线性回归，可得出拟合模型为（图3-7）

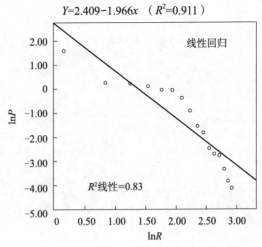

图3-7 甘南藏族自治州城镇位序–规模图

（三）等级规模结构特征

1. 典型的首位分布型城镇体系

（1）州域城镇体系呈首位分布

从回归方程和图3-7可以看出，系数 $q > 1$，说明甘南藏族自治州城镇体系的等级规模呈首位分布，这与二、四、十一城镇指数的分析结果一致。按照位序–规模原理，正常的四城镇指数和十一城镇指数都应该是1，而二城镇指数应该是2，但甘南藏族自治州的二、四、十一城镇指数均大于临界值，说明其城镇首位度比较大。通常认为，首位度大于3，即为首位分布，甘南藏族自治州城镇体系二城镇指数高达3.89，说明该区属于典型的首位分布型城镇体系。

（2）县域城镇体系也呈首位分布

甘南藏族自治州人口大于5000人的城镇均为各县县城，在各县域的城镇体系中，它们均处于非常突出的首位地位。除临潭县由于第二位城镇——新城镇规模较大，城镇首位度为4.50以外，其他县域的城镇首位度均大于10，其中玛曲县除县城尼玛镇外，全县没有其他的建制镇（表3-7）。

表3-7 合作市及各县城镇首位分布情况

县（市）名	首位城镇	第二位城镇	全县（市）非农人口/人	首位度	首位比
夏河县	拉卜楞镇	王格尔塘镇	14 430	35.99	89.53
迭部县	电尕镇	—	16 575	—	74.15
舟曲县	城关镇	大川镇	18 525	16.46	60.52

续表

县（市）名	首位城镇	第二位城镇	全县（市）非农人口/人	首位度	首位比
临潭县	城关镇	新城镇	16 095	4.50	59.73
卓尼县	柳林镇	扎古录镇	13 738	11.25	69.22
碌曲县	玛艾镇	郎木寺镇	4 943	18.32	99.07
玛曲县	尼玛镇	—	7 423	—	54.06
合作市	合作市	—	50 253	—	100.00

2. 县辖镇规模小，城镇规模等级不均衡

首先，将甘南藏族自治州城镇体系中的 16 个城镇（市）分为 4 个等级（表 3-8)，然后将各等级人口累计百分比代入式（3-8)，可得到甘南藏族自治州城镇集中指数 S=0.32，说明甘南藏族自治州城镇等级规模体系不均衡。

表3-8　城镇规模等级集中指数

等级	非农人口累计数/人	累计百分比/%	集中指数
Ⅰ	50 253	40.76	
Ⅱ	75 462	61.20	S=0.32
Ⅲ	118 771	96.33	
Ⅳ	123 295	100.00	

从表 3-8 可以看出，Ⅰ～Ⅳ级城镇非农人口各占 40.76%、20.44%、35.13%、3.67%，前三级城镇非农人口累计数为 96.33%，可见，非农人口大部分集中于合作市和各县县城，而各县辖镇非农人口规模很小，仅占 3.67%，这在一定程度上说明各县辖镇发育不足。这种规模结构无疑将影响到城镇体系整体功能的发挥，导致城镇辐射能力受限。

3. 不同层次城镇的分布形式变化显著

将甘南藏族自治州城镇位序 – 规模图（图 3-7）中的前 2 个点连成第一段，第 2～5 个点连成第二段，其余的点连成第三段，分段进行拟合可进一步了解城镇分布特征。回归方程分别为

$$Y=1.610-1.975x \quad (R=1.0)$$

$$Y=0.508-0.312x \quad (R=0.936) \qquad （3-12）$$

$$Y=6.630-3.765x \quad (R=0.981)$$

从回归方程的斜率可以判断出城镇分布形式的变化，其中，第一段呈首位分布；第二段为低级均衡分布，这五个城镇为各县县城所在地，人口规模变化不大；第三段为显著首位分布，除尼玛镇、玛艾镇为两个纯牧区县的县城所在地外，其余城镇均为各县的下辖城镇，城镇分布不均匀。可见，甘南藏族自治州城镇规模分布具有明显的三级结构，说明了州域和县域城镇发育均处于初级阶段。

第三节　城镇体系的职能结构

城镇职能是指一个城镇在区域的政治、经济、文化生活中所承担的任务和作用。在地域城镇体系中，各城镇职能不仅反映了各城镇在国家和地区政治、经济、文化中所具有的地位和担负的作用，而且通过城镇职能的有机组合，共同构成具有一定特色的地域综合体。不同的地域发展条件、发展基础和发展过程，使得城镇体系内城镇职能类型组合存在地域差异，各城镇职能有机组合而成的职能结构决定着等级规模结构和地域空间结构的总体特征和本质属性。城镇体系的职能结构是否合理，直接影响城镇体系整体效益的发挥。

一、城镇职能的分类方法

（一）城市经济活动

1. 城市经济活动的类型

城市的经济活动按照服务对象可分为两部分：一部分是为本城市的需要服务的；另一部分是为本城市以外的需要服务的。为外地服务的部分，是从城市以外为城市所创造收入的部分，它是城市得以存在和发展的经济基础，这一部分活动称为城市的基本活动部分，它是导致城市发展的主要动力，基本活动的服务对象都在城市以外，包括离心型的基本活动（例如，城市生产的工业产品或城市发行的书刊报纸运到城市以外销售）与向心型的基本活动（例如，外地人到城市来旅游、购物、求学等）；满足城市内部需求的经济活动，随着基本部分的发展而发展，也被称为非基本活动部分，包括为了满足本市基本部分的生产所派生的需要及为了满足本市居民正常生活所派生的需要。

城市经济活动的基本部分是城市发展的主导力量，如果一个城市基本活动部分的内容和规模日渐发展，将会有效地促进城市发展；反之，如果城市的基本活动部分由于某种原因而衰退，且没有新的基本活动发展起来，则城市势必走向衰落。但当城市的条件发生变化，促进新的基本部分萌发时，衰落的城市还会复兴。通常，城市的基本和非基本活动是相互依存的，非基本部分和基本部分应该保持必要的比例，当比例不协调时，就会阻碍城市的运转。

2. 城市经济活动的划分方法

划分城市基本和非基本活动的方法有普查法、参差法、区位商法、正常城市法和最小需要量法等方法。其中，区位商法和最小需要量法运用范围较广。

（1）区位商法

汤普森（W.R.Thompson）和马蒂拉（J.M.Mattila）提出了区位商法。该方法的实质是全国行业的部门结构是满足全国人口需要的结构，因此，各个城市必须有类似的劳动力行业结构才能满足当地的需要。低于这一比重的部门，城市需从外地输入产品获取服务。当城市某部门比重大于全国比重时，则认为此部门除满足本市需要外还存在基本活动部分。大于全国比重的差额即该部门基本活动部分的比重，把各个部门和全国平均比重的正差额累加，就是城市中的基本部分。

其数学表达式为

$$L_i = \frac{e_i / e_j}{E_i / E_j} \quad (i=1, 2, 3, \cdots, n) \tag{3-13}$$

式中，L_i 为区位商；E_i 为全国 i 部门职工数；E_j 为全国总职工数；e_i 为城市中 i 部门的职工人数；e_j 为城市中总职工数。L_i 大于 1 的部分是具有基本活动部分的部门。

区位商法的优点是简化了城市基本功能和非基本功能的区分过程；缺点是该方法假设没有进出口贸易，且全国每个城市都有相同的生产率和消费结构，这不符合实际情况。

（2）最小需要量法

厄尔曼（E.L.Ullman）和达西（M.F.Dacey）在 1960 年提出了最小需要量法。他们认为城市经济的存在对各部门的需要有一个最小劳动力的比例，这个比例近似于城市本身的服务需求，一个城市超过这个最小需要比例的部分近似于城市的基本部分；把城市分成规模组，分别找出每一规模组城市中各部门的最小职工比重，以这个比重值作为这一规模组所有城市对该部门的最小需要量。一城市某部门实际职工比重与最小需要量之间的差，即城市的基本活动部分，把城市各部门的基本部分加起来，得到整个城市的基本部分。

虽然该方法比区位商法和正常城市法向前跨出一步，但仍不完善。后来，穆尔（C.L.Moore）进一步发展和完善了该方法。把城市按规模分成连续的 14 个等级，从每一个规模级的城市样本中，找出每个部门的最小职工比重和中位城市的规模。然后，将两者进行回归分析，利用回归方程可求出任何规模城市某部门相应的最小需要量。

其数学表达式如下：

$$E_i = a_i + b_i \ln P \qquad (3\text{-}14)$$

式中，E_i 为 i 部门 P 规模城市的最小需要量；a_i、b_i 为参数，可用下式求得：

$$E_{ij} = a_i + b_i \ln P_j \qquad (3\text{-}15)$$

式中，E_{ij} 为第 j 规模级别城市中第 i 部门实际找到的最小职工比重；P_j 为第 j 规模级别城市的人口中位数。

（二）城镇职能的分类方法

城镇职能的分类方法主要有一般描述、统计描述、统计分析、城市经济基础、多变量分析等方法。其中，应用较广泛的有统计分析法、城市经济基础法和多变量分析法。

1. 统计分析法

1955 年，纳尔逊（H.J.Nelson）采用统计分析法对美国城市职能分类进行研究。采用此方法时，第一，把要普查城镇的行业进行归类，作为划分城市职能类别的基础；第二，分别计算每个城镇的劳动力结构；第三，计算所有城镇每类活动的职工百分比的算术平均值和标准差，并以高于平均值加一个标准差作为城镇主导职能的标准，以高于平均值以上几个标准差来表示该职能的强度；第四，按照上述标准确定主导职能，并进行分类；第五，用代号列出每个城市的职能类别，并对每一类城市的地理分布作简要说明。纳尔逊统计分析方法于过去相比有三点进步：分类建立在比较客观、统一的统计推导的方法论基础上；一个城市可以有几个主导职能，属于几个城市类，较能反映实际的城市职能状况；可以反映城市主导职能的专门化程度。

2. 城市经济基础法

阿列克山德逊认为城市职能分类应该扣除掉城市非基本部分以后，在城市基本部分的结构基础上来进行。另一位研究者麦克斯韦尔（J.W.Maxwell）在加拿大的城市分类研究中借用了此方法。该方法首先用厄尔曼和达西最小需要量法计算出城市不同经济部门职工的最小需要量，在总职工结构中扣除掉城市的非基本职工，得到每个城市基本部分的职工结构；然后，用城市的优势职能、突出职能和专业化指数 3 个指标来分析城市的职能特点。其中，城市的优势职能根据城市基本职工构成中比重最大的部门来确定；城市的突出职能用纳尔逊的平均职工比重加标准差的方法来确定；城市专业化指数的计算沿用了由厄尔曼和达西建立的方法，其公式为

$$S = \sum [(P_i - M_i)^2 / M_i] / [(\sum P_i - \sum M_i)^2 / \sum M_i] \qquad (3\text{-}16)$$

式中，S 为专业化指数；i 为各经济活动部门；P_i 为 i 部门职工在总职工中的百分比；M_i 为 i 部门的最小需要量。

3. 多变量分析法

随着统计资料越来越丰富，除劳动力以外的社会、经济、文化领域的各种城市统计资料也日益齐备。同时，由于计算机技术的发展，人们依据大量的复杂变量进行城镇职能客观分类成为可能。该方法常用的分析技术是主成分分析和聚类分析。

二、城镇的基本职能与职能强度

采用区位商法与纳尔逊统计分析相结合的方法对甘南藏族自治州城镇基本职能和职能强度进行分析。在《国民经济行业分类》（2011 年）的基础上，保留农林牧渔业、采矿业、建筑业、交通运输仓储及邮政业 4 个部门，将相关性高、性质同一的部门进行合并。其中，将批发零售业、住宿和餐饮业归并为商业；将信息传输、计算机服务、软件业，金融业，房地产业，租赁和商业服务业，居民服务及其他服务业 6 个行业归并为服务业；将制造业、电力、燃气及水的生产和供应业归并为工业，将科学研究，技术服务，教育、卫生、社会保障业，文化、体育和娱乐业 4 个行业归并为科教文卫行业，将公共管理、社会保障和社会组织、水利、环境公共设施管理业合并为行政业；旅游业是一项重要的城市职能，但因缺少相关的统计资料，且旅游业不仅涉及商业职能（如餐饮住宿)，还涉及服务职能，故没有单列出来。最终，分为农业、采矿业、工业、建筑业、交通、商业、科教文卫、行政和服务业 9 个行业。

（一）基本职能

以甘南藏族自治州为背景，利用区位商分析各县（市）的职能，可为各城镇职能定位提供依据。区位商虽可反映一个城市的基本活动和非基本活动，但它表达的仅仅是一个比率，因而仅用区位商不足以确定城市的职能。例如，在某个区

域中，一个小城市某部门的区位商虽然大于一个大城市某部门的区位商，但它在区域中的作用却不可能大于大城市，因此在确定城市职能时，还需要综合考虑城市规模。

1. 各部门的区位商

1）在农、林、牧、渔业中，卓尼县、舟曲县、迭部县的第一产业比重分别为 30.76%、30.70%、26.13%，从事农、林、牧、渔业服务的职工人数相对较多，故区位商较大。

2）在交通运输、仓储及邮政业中，合作市区位商比较高。究其原因，主要在于合作市既是甘南藏族自治州的行政中心，也是全州的物资集散、交通服务、旅游服务中心。

3）在建筑业中，合作市区位商较高。2013 年合作市城镇化率为 52.09%，城镇化正处于加速期，城市建设规模相对较大，故建筑业职能突出。

4）在采矿业中，区位商较高的是玛曲县。玛曲县的有色金属采选（金矿）在全县工业中所占比重较高，采矿业规模相对较大，但与该县所承担的生态服务功能有一定的冲突。

5）在工业中，区位商较高的分别为合作市、临潭县、玛曲县、碌曲县、夏河县。其中，合作市的主要工业部门为食品制造业和和医药制造业（乳制品及中成药），玛曲县为有色金属冶炼及压延加工业（黄金）、食品制造业（鲜冻畜肉），碌曲县为有色金属冶炼及压延加工业（黄金），夏河县为非金属矿物制造业（水泥及水泥熟料）及食品制造业（鲜冻畜肉），临潭县为非金属矿物制造业（水泥及水泥熟料）。从工业部门对区域的辐射带动作用来看，合作市的食品制造业和医药制造业（乳制品及中成药）、玛曲县与夏河县的食品制造业（鲜冻畜肉）相对较好。

6）在批发和零售住宿餐饮业中，区位商较高的分别是合作市、碌曲县、夏河县。其中，合作市是全州的商业中心，故商业职能较为突出；夏河县、碌曲县则因旅游业的快速发展带动了其批发和零售住宿餐饮业的发展。

7）在服务业中，区位商较高的是合作市和碌曲县。其中，合作市的服务业等级较高，信息传输、计算机服务和软件业及金融业从业人员较多，故区位商较高。

8）在科教文卫行业中，临潭县、舟曲县、碌曲县、夏河县占的比重较高。

9）在公共管理和社会组织业中，区位商较高的是临潭县、玛曲县、碌曲县、夏河县（表 3-9）。

表3-9 甘南藏族自治州各部门的区位商

行业	合作市	临潭县	卓尼县	舟曲县	迭部县	玛曲县	碌曲县	夏河县
农业	0.19	0.25	2.21	1.62	2.77	0.33		0.24
建筑业	3.92							
交通	3.92							
采矿业						12.43		
工业	1.11	1.38	0.30	0.34	0.28	1.01	1.47	3.11
商业	1.88	0.29	0.92	0.89	0.31	0.31	1.20	1.32
服务业	1.62	0.97	0.37	0.81	0.76	0.75	1.34	0.93
科教文卫	0.96	1.47	0.81	1.15	0.59	0.81	1.24	1.07
行政	0.97	1.13	0.92	0.85	0.78	1.22	1.37	1.14

2. 各县（市）的区位商

1）合作市除农业和采矿业区位商较低以外，其他7个部门的区位商普遍较高。其中，区位商大于1的部门有建筑业、交通、工业、商业、服务业，属于综合性城市，这与合作市在全州的中心地位相符。

2）临潭县区位商较大的部门有工业、服务业、科教文卫、行政等。其中，区位商大于1的只有工业、科教文卫、行政等部门，工业以非金属矿物制造业（水泥及水泥熟料）为主，与腹地的产业关联度小，带动力弱，城镇职能以行政服务为主。

3）卓尼县区位商较大的部门有农业、商业、科教文卫、行政等。其中，大于1的只有农业，城镇职能以农业服务和行政服务为主。

4）舟曲县区位商较大的部门有农业、商业、服务业、科教卫文、行政等，区位商大于1的只有农业和科教文卫。该县人口较多，县城（包括峰迭新区）是全县的商业和服务业中心。

5）迭部县区位商较大的部门有农业、服务业、科教文卫、行政等。其中，区位商大于1的只有农业（主要是林业管理从业人员较多）。

6）玛曲县区位商较大的部门有采矿业、工业、服务业、科教文卫、行政等。其中，区位商大于1的部门为采矿业、工业、行政，工业以有色金属冶炼及压延加工业（黄金）、食品制造业（鲜冻畜肉）为主。

7）碌曲县区位商大于1的部门有工业、商业、服务业、科教文卫、行政。其中，工业以有色金属冶炼及压延加工业（黄金）为主，近年来旅游业的快速发展带动了该县商业、服务业的发展。

8）夏河县区位商较大的部门有工业、商业、服务业、科教文卫、行政。其中，工业以非金属矿物制造业（水泥及水泥熟料）为主，食品制造业（鲜冻畜肉）也有一定的发展；旅游业的迅速发展也带动了该县商业、服务业的发展。

（二）职能强度

采用纳尔逊 (H.J.Nelson) 统计分析法来度量城镇的主导职能，并利用职能专门化系数（S_j）测度各城镇职能的专门化程度。其中，$0.5<S_j<1$ 为一般专业化强度；$1<S_j<2$ 为中等专业化强度；$S_j>2$ 为较强专业化强度。

城镇职能专门化系数的计算步骤如下：

1）确定研究对象的经济活动部门，作为划分城镇职能类别的基础。

2）计算所有城镇每一种经济活动的职工百分比，并求出其算术平均值 (M_j) 和标准差 (S_d)，以平均值加一个标准差作为城镇主导职能标准，以高于平均值以上几个标准差来表示该职能的强度。如该城市没有一个部门的职工比达到平均值加一个标准差，则归入综合性城镇类。

具体计算方法如下：

$$M_j = \frac{1}{n}\sum_{i=1}^{n} X_{ij} \tag{3-17}$$

$$S_d = \sqrt{\frac{\sum_{i=1}^{n}\left(X_{ij} - M_j\right)^2}{n}} \tag{3-18}$$

式中，i 为第 i 个城镇；j 为第 j 个部门；X_{ij} 为 i 城镇 j 部门就业人口占该城镇总就业人口的百分比；M_j 为各城镇 j 部门就业人口百分比的平均值；S_d 为各城镇 j 部门就业人口百分比的标准差（表 3-10）。

3）进行城镇职能专业化程度测算，其表达式为

$$S_j = \left(X_{ij} - M_j\right)/S_d \tag{3-19}$$

式中，S_j 为第 j 个城镇职能部门的专门化系数。S_j 值越大，表示 j 职能专业化程度越高（表 3-11）。

表3-10 甘南藏族自治州各县（市）的就业结构　　　　（单位：%）

县（市）名	合作市	临潭县	卓尼县	舟曲县	迭部县	玛曲县	碌曲县	夏河县
农业	3.39	4.64	40.34	29.63	50.53	5.95	0.00	4.30
建筑业	6.05	0.00	0.00	0.00	0.00	0.00	0.00	0.00
交通	11.02	0.00	0.00	0.00	0.00	0.00	0.00	0.00
采矿业	0.00	0.00	0.00	0.00	0.00	19.17	0.00	0.00
工业	6.88	8.56	1.84	2.12	1.72	6.25	9.08	19.26
商业	3.22	0.49	1.57	1.51	0.53	0.52	2.05	2.25
服务业	9.07	5.41	2.09	4.50	4.24	4.19	7.46	5.17
科教文卫	28.81	44.05	24.22	34.43	17.68	24.21	36.93	31.87
行政	31.57	36.85	29.94	27.81	25.31	39.71	44.49	37.15

表3-11 甘南藏族自治州各行业的专门化系数

县（市）名	合作市	临潭县	卓尼县	舟曲县	迭部县	玛曲县	碌曲县	夏河县
农业			1.28	0.68	1.84			
建筑业	2.64							
交通	2.65							
采矿业						2.65		
工业		0.29					0.39	2.27
商业	1.85		0.06				0.58	0.79
服务业	1.90	0.07					1.09	
科教文卫		1.76		0.53			0.85	0.21
行政		0.45				0.92	1.71	0.50

　　基于纳尔逊统计分析法计算结果及各行业的专门化系数，可确定出甘南藏族自治州各城镇职能专业化强度（表 3-12）。

表3-12 甘南藏族自治州城镇职能专业化强度

县（市）名	主导职能个数	专业化强度一般	专业化强度中等	专业化强度较高
合作市	4		商业、服务业	建筑业、交通
临潭县	1		科教文卫	
卓尼县	1		农业	

续表

县（市）名	主导职能个数	专业化强度一般	专业化强度中等	专业化强度较高
舟曲县	2	农业、科教文卫		
迭部县	1		农业	
玛曲县	2	行政		采矿业
碌曲县	4	商业、科教文卫	服务业、行政	
夏河县	3	商业、行政		工业

甘南藏族自治州各县（市）各行业的专业化程度存在差异。其中，合作市的建筑业及交通、玛曲县的采矿业、夏河县的工业等行业的专业化程度较高；合作市的商业与服务业、临潭县的科教文卫、卓尼县与迭部县的农业、碌曲县的服务业与行政等行业的专业化程度中等；舟曲县的农业与科教文卫、玛曲县的行政、碌曲县的商业与科教文卫、夏河县的商业与行政等行业的专业化强度一般。总体来看，除合作市专业化强度较高的行业（建筑业、交通、商业和服务业）较多以外，其余各县专业化系数大于1的行业主要为行政服务及农业，职能等级普遍较低。

三、城镇职能结构

（一）城镇行政职能结构

甘南藏族自治州地处甘、青、川交界处，历史上该区是各政权争相抢夺的战略要地，因此早期的城镇只具有军事和行政管理职能，到了清代才形成具有商贸职能的重要城镇——夏河县拉卜楞镇和临潭县旧城。新中国成立后，特别是改革开放以来，随着甘南藏族自治州社会经济的发展，其城镇职能也开始出现了分异。

甘南藏族自治州城镇行政职能包括三类，第一类为州域中心城市（合作市），是全州的政治、经济、文化、旅游、商务和物流中心；第二类是县政府所在地，是县城的政治、经济、文化和服务中心，包括舟曲县城关镇（含峰迭新区）、迭部县电尕镇、碌曲县玛艾镇、夏河县拉卜楞镇、临潭县城关镇、卓尼县柳林镇、玛曲县尼玛镇7个城镇，是县域联系广大乡村的纽带，具有商品集散与行政管理的作用，城镇人口规模不大、基础设施不完善，用地结构单一，且与乡村连成一片，其非农产业多为农副产品加工业和为农牧村服务的服务业；第三类为一般建制镇，是镇域行政、工（农）贸易中心，包括舟曲县大川镇、碌曲县郎木寺镇、夏河县王格尔塘镇、夏河县阿木去乎镇、临潭县新城镇、临潭县冶力关镇、卓尼县木耳镇、卓尼县扎古录镇 8 个城镇（表 3-13）。

表3-13 甘南藏族自治州城镇行政职能结构

行政职能类型	特点	城镇名称
州域中心城市	州域政治、经济、文化、旅游、商务和物流中心	合作市
县城所在地	县域政治、经济、文化和服务中心	舟曲县城关镇（含峰迭新区）、迭部县电尕镇、碌曲县玛艾镇、夏河县拉卜楞镇、临潭县城关镇、卓尼县柳林镇、玛曲县尼玛镇
一般建制镇	镇域行政、工（农）贸易中心	舟曲县大川镇、碌曲县郎木寺镇、夏河县王格尔塘镇、夏河县阿木去乎镇、临潭县新城镇、临潭县冶力关镇、卓尼县木耳镇、卓尼县扎古录镇

（二）城镇经济职能结构

1. 中心城市及县城的经济职能结构

甘南藏族自治州合作市、各县县城分别是州域及各县域的中心城市（镇），也是区域经济职能的主要承担者。基于各县（市）的基本职能、职能专业化强度及实际调研结果，可确定各县城（市区）的经济职能。其中，合作市是全州的商业服务中心、旅游服务中心、区域交通枢纽，以建筑业、交通运输业、商业服务业、食品制造业和医药制造业为主；临潭县城关镇、卓尼县柳林镇、舟曲县城（包括峰迭新区）、迭部县电尕镇分别是临潭、卓尼、舟曲、迭部等县的商业贸易中心，以商业、服务业为主；卓尼县柳林镇是该县的商贸中心，以商业、服务业为主；玛曲县尼玛镇是该县的商贸中心，以矿业加工、食品制造业、商业、服务业为主；碌曲县玛艾镇是该县的商贸中心、旅游服务中心，以旅游服务业、商业、服务业为主；夏河县拉卜楞镇是该县的商贸中心、旅游服务中心，以旅游服务业、商业、服务业、食品制造业为主。

2. 一般建制镇的经济职能结构

除各县县城外，甘南藏族自治州的一般建制镇包括舟曲县大川镇、碌曲县郎木寺镇、夏河县王格尔塘镇与阿木去乎镇、临潭县新城镇与冶力关镇、卓尼县木耳镇与扎古录镇等。其中，郎木寺镇、冶力关镇具有较强的旅游职能；新城镇作为临潭县原政府所在地，商贸业发展基础良好，具有较强的商贸职能；舟曲县大川镇、夏河县王格尔塘镇与阿木去乎镇、卓尼县木耳镇与扎古录镇 5 个城镇的人口规模较小、基础设施不完善，用地结构单一，目前仅具有商品集散与行政管理功能。

将上述各城镇的行政职能和经济职能结合起来，即可确定甘南藏族自治州城镇体系的职能结构现状（表3-14）。

表3-14 甘南藏族自治州城镇体系的职能结构

职能等级	职能类型	数量	城镇名称	主要产业
中心城市	综合型	1	合作市	以建筑业、交通运输业、商业、服务业、食品制造业和和医药制造业为主
县域中心镇	旅游型	1	夏河县拉卜楞镇	以旅游服务业、商业、服务业、食品制造业为主
	综合型	6	临潭县城关镇	以商贸业、服务业为主
			迭部县电尕镇	以商贸业、服务业为主
			玛曲县尼玛镇	以矿业加工、食品制造业、商业、服务业为主
			碌曲县玛艾镇	以农畜产品加工、旅游服务业为主
			舟曲县城关镇	以商贸业、服务业为主
			卓尼县柳林镇	以商贸业、服务业为主
一般镇	旅游型	2	夏河县冶力关镇	以生态旅游业、小型商贸业为主
			碌曲县郎木寺镇	以藏传佛教旅游、商贸业为主
	农贸型	6	夏河县王格尔塘镇	以小型商贸业为主
			夏河县阿木去乎镇	以小型商贸业为主
			卓尼县扎古录镇	以小型商贸业为主
			卓尼县木耳镇	以小型商贸业为主
			舟曲县大川镇	以小型商贸业为主
			临潭县新城镇	以商贸服务业、建材业为主

四、城镇职能特征

（一）中心城市职能地位较突出

合作市是甘、青、川交界藏区唯一一个县级市，作为甘南藏族自治州的中心城市，与州域内其他城镇和青海省的黄南藏族自治州、果洛藏族自治州、四川阿坝藏族羌族自治州的城镇相比，中心城市职能地位较突出。其依托华羚乳品集团公司、燎原乳业有限责任公司、佛阁藏药有限公司、合作太子山矿业开发有限公司、峡村水电站等企业，形成了以畜产品、药材等初加工为主的工业结构；依托境内的米拉日巴九层佛阁、当周草原等旅游资源，加之与夏河县拉卜楞寺、碌曲县郎木寺等景区距离较近，交通便利，因而成为甘南藏族自治州主要的旅游服务基地、旅游中转站和游客集散地，旅游服务职能突出。州域内的第二位城镇——夏河县拉卜楞镇的非农人口占总人口的59.47%，其主要职能为旅游、商贸等服务业；而其他建制镇（除县城外），综合实力均较差，这种等级断层在玛曲县和迭部县尤为突出。

（二）城镇职能单一、分工不明确、行政职能突出

甘南藏族自治州产业发展水平低、缺乏竞争力。第一产业产值占国内生产总值的22.35%；第二产业以水电、采矿、建材、农畜产品加工等行业为主，但这些行业大都散布于资源地；第三产业中，虽依托夏河县拉卜楞寺、冶力关、郎木寺等景区，旅游业有一定的基础，但商贸流通业普遍较弱，没有形成大规模的商品集散地，使得城镇经济职能集中在农畜产品加工、商贸流通、旅游业服务、社会服务等方面，且城镇间职能分工不明确，特色不突出。总体来看，郎木寺镇、冶力关镇的旅游基础较好，具有明确的旅游职能，但其余城镇的职能主要集中于行政管理和社会服务方面。

（三）职能空间分异较明显，城镇间的联系弱而不匀

甘南藏族自治州境内城镇职能空间分异明显，北部（合作市、夏河县、临潭县、卓尼县与碌曲县）城镇数量较多，有12个城镇，占全州城镇数量的75%，而国土面积只占全州的57%，且职能等级相对较高，其中合作市作为全州的中心城市，职能较为全面；而南部（玛曲县、迭部县和舟曲县）只有4个建制镇，仅占全州城镇数量的25%，国土面积却占全州的43%，且玛曲县尼玛镇、迭部县电尕镇、舟曲县城关镇与大川镇，由于距离中心城市较远，与中心城市的联系主要为行政联系，各城镇间的经济联系也较微弱。

总体来看，甘南藏族自治州城镇间的职能联系以行政关系为纽带，主要为政治文化职能的联系，一方面县城和其他建制镇接受中心城市政治、文化职能的扩散，低层次城镇接受高层次城镇职能的扩散；另一方面，中心城市、高层次城镇又为低级城镇提供指导和服务。

第四节 城镇体系的空间结构

一、城镇辐射范围

（一）城镇综合实力

城镇实力的计算方法有单一指标法、多指标综合评分法、多变量统计分析法、主成分分析法等，由于主成分分析法具有全面性、可比性和客观性等特点，因此采用主成分分析法评价甘南藏族自治州的城镇综合实力。

1. 评价指标体系

城镇综合实力受许多因素的影响，其表现形式也是多样的。本书在遵循完备性、可比性、层次性及数据可获得性原则的基础上，从城镇规模、经济发展水平、城镇职能、对外交通联系强度、基础设施建设、行政级别等方面出发建立了城镇综合实力评价指标体系（表3-15）。其中，城镇的旅游职能强度用旅游资源数量、旅游资源等级、旅游资源距离镇区的距离等指标来表征，计算公式如下：

$$T_i = R_{ij}^2 / S_i P_i \tag{3-20}$$

式中，T_i 为 i 城镇的旅游职能强度；R_{ij} 为 i 城镇 j 指标的得分；P_i 为 i 城镇的非农业人口；S_i 为景区到镇区的距离。

表3-15 城镇综合实力评价指标体系

一级指标	二级指标	三级指标
城镇发展实力指数	城镇规模	城镇非农业人口
	经济发展水平	GDP
		零售业总额
	城镇职能	旅游职能
		社会职能（每千人拥有的教师数）
	对外交通联系强度	日发班车次数占全州比重
	基础设施建设	人均道路密度
	行政级别	行政级别指数

2. 评价方法

主成分分析法是指在确保原始数据信息丢失最小的情况下，对高维变量进行降维处理，这不仅可抓住影响事件的主要因素，又可简化评价工作。具体步骤如下：

1）数据标准化处理。对原始数据进行标准化处理，可消除系统误差及量纲差异的影响。本书采用标准差标准化法对原始数据进行标准化处理（表3-16）。计算公式为

$$M_{ij} = (X_{ij} - \bar{x}_j) / S_j \qquad (3-21)$$

式中，M_{ij} 为 j 指标的标准化值；$\bar{x}_j$、S_j 为 j 指标的平均值和标准差。

表3-16 指标标准化值

城镇单元	城镇非农业人口	GDP	零售业总额	旅游职能	每千人拥有的教师数	日发班车次数占全州比重	人均道路密度	行政级别指数
合作市	3.456 03	3.745 95	3.401 75	−0.258 65	0.323 76	2.872 34	−0.263 03	3.432 18
拉卜楞镇	0.423 45	−0.168 39	0.631 48	0.795 15	2.791 52	1.274 44	−0.794 72	0.201 89
电尕镇	0.372 36	−0.256 79	0.101 30	−0.445 70	1.328 33	−0.041 07	1.550 45	0.201 89
舟曲县城关镇	0.284 71	−0.242 36	−0.051 90	−0.435 45	−0.466 80	−0.134 73	−1.041 68	0.201 89
临潭县城关镇	0.154 91	−0.126 90	−0.085 73	−0.442 50	−0.226 58	1.040 29	1.368 00	0.201 89
柳林镇	0.146 46	−0.284 70	0.118 35	−0.327 19	0.310 65	0.241 34	0.144 27	0.201 89
尼玛镇	−0.071 56	−0.259 92	0.189 08	−0.441 22	−0.185 08	0.288 17	0.717 43	0.201 89
玛艾镇	−0.299 97	−0.221 37	−0.435 73	−0.446 98	−0.927 59	−0.276 64	−0.843 56	0.201 89
新城镇	−0.452 27	−0.254 60	−0.640 62	−0.445 06	−0.292 09	−0.276 64	0.538 67	−0.605 68
冶力关镇	−0.493 86	−0.313 19	−0.666 16	1.208 99	−0.641 51	−0.557 62	1.920 89	−0.605 68
扎古录镇	−0.557 30	−0.280 43	−0.678 81	−0.436 73	0.251 69	−0.699 53	−0.401 25	−0.605 68
大川镇	−0.570 62	−0.300 56	−0.702 57	−0.447 62	−0.030 03	−0.417 13	−1.041 68	−0.605 68

2）建立相关系数矩阵（表3-17）。

表3-17　相关系数矩阵

	指标	城镇非农业人口	GDP	零售业总额	每千人拥有的教师数	日发班车次数占全州比重	人均道路密度	行政级别指数	旅游职能
相关系数	城镇非农业人口	1.000	0.930	0.951	0.308	0.912	0.016	0.985	−0.133
	GDP	0.930	1.000	0.914	0.100	0.787	−0.069	0.924	−0.070
	零售业总额	0.951	0.914	1.000	0.276	0.863	−0.095	0.941	−0.149
	每千人拥有的教师数	0.308	0.100	0.276	1.000	0.449	−0.050	0.228	0.266
	日发班车次数占全州比重	0.912	0.787	0.863	0.449	1.000	0.081	0.902	−0.114
	人均道路密度	0.016	−0.069	−0.095	−0.050	0.081	1.000	−0.012	−0.058
	行政级别指数	0.985	0.924	0.941	0.228	0.902	−0.012	1.000	−0.164
	旅游职能	−0.133	−0.070	−0.149	0.266	−0.114	−0.058	−0.164	1.000

3）对相关系数进行标准化和计算，求取相关系数矩阵的特征值、贡献率和累计贡献率（表3-18）。

表3-18　解释的总方差

主成分	初始特征值			提取平方和载入		
	合计	贡献率/%	累计贡献率/%	合计	贡献率/%	累计贡献率/%
1	4.761	59.507	59.507	4.761	59.507	59.507
2	1.290	16.123	75.630	1.290	16.123	75.630
3	1.018	12.720	88.350	1.018	12.720	88.350
4	0.706	8.827	97.177			
5	0.114	1.420	98.597			
6	0.059	0.740	99.337			
7	0.045	0.561	99.897			
8	0.008	0.103	100.000			

从表3-18可知，前3个主成分的累计贡献率已达88.350%，其特征值均大于1，说明前3个主因子所包含的要素信息量可反映原始特征参数的大部分信息。其中，第一个主因子为经济实力因子，包含城镇非农业人口、GDP、零售业

总额、日发班车次数占全州比重、行政级别指数五个指标，反映城镇的经济总量大小和对外联系状况；第二个主因子为职能强度因子，包含旅游职能和每千人拥有的教师数两个指标，反映城镇职能在城镇体系中的强度；第三个主因子为基础设施因子，包含人均道路密度指标，反映城镇基础设施完善程度。可见，影响甘南藏族自治州城镇综合实力的主要因素是经济实力、职能强度和基础设施，其中经济实力、职能强度和基础设施的权重分别为 59.507%、16.123%、12.720%（表3-18、表3-19）。

表3-19 主成分矩阵

指标	主成分		
	1	2	3
城镇非农业人口	0.991	−0.024	0.028
GDP	0.930	−0.098	−0.114
零售业总额	0.968	−0.032	−0.095
每千人拥有的教师数	0.339	0.752	0.202
日发班车次数占全州比重	0.937	0.085	0.156
人均道路密度	−0.022	−0.231	0.963
行政级别指数	0.982	−0.085	−0.016
旅游职能	−0.137	0.803	0.053

3. 评价结果

多指标综合的关键在于确定权系数因子，本书采用的权系数因子为

$$K_j = A_i \times C_{ij} \times 100 \tag{3-22}$$

式中，K_j 为第 j 变量权系数；A_i 为第 i 主因子的贡献率；C_{ij} 为第 j 变量的主因子上的贡献率。

城镇综合实力为

$$f_i = \sum M_{ij} \times K_j \tag{3-23}$$

式中，f_i 为一个相对量，是相对具体空间上的小城镇而言。甘南藏族自治州 15 个小城镇和合作市的综合实力及排序如表 3-20 所示。

表3-20 甘南藏族自治州城镇（市）综合实力及排序

城镇（市）	得分	排序	城镇（市）	得分	排序
合作市	1.95	1	新城镇	−0.20	9
拉卜楞镇	0.77	2	冶力关镇	−0.29	10
电尕镇	0.37	3	扎古录镇	−0.37	11
舟曲县城关镇	0.22	4	大川镇	−0.39	12
临潭县城关镇	0.10	5	木耳镇	−0.44	13
柳林镇	0.05	6	王格尔塘镇	−0.44	14
尼玛镇	−0.06	7	郎木寺镇	−0.53	15
玛艾镇	−0.13	8	阿木去乎镇	−0.60	16

为了分析简便，可对城镇综合实力进行指数化处理，计算公式为

$$F_i = e^{f_i} \qquad (3\text{-}24)$$

式中，F_i、f_i 分别为第 i 个城镇综合实力的指数值、原始值。根据式（3-24）计算甘南藏族自治州 15 个小城镇和合作市综合实力的指数值，如表 3-21 所示。

表3-21 甘南藏族自治州城镇（市）综合实力

城镇（市）	f_i	F_i	城镇（市）	f_i	F_i
合作市	1.95	7.03	新城镇	−0.20	0.82
拉卜楞镇	0.77	2.16	冶力关镇	−0.29	0.75
电尕镇	0.37	1.45	扎古录镇	−0.37	0.69
舟曲城关镇	0.22	1.25	大川镇	−0.39	0.68
临潭城关镇	0.10	1.11	木耳镇	−0.44	0.64
柳林镇	0.05	1.05	王格尔塘镇	−0.44	0.64
尼玛镇	−0.06	0.94	郎木寺镇	−0.53	0.59
玛艾镇	−0.13	0.88	阿木去乎镇	−0.60	0.55

结果表明，甘南藏族自治州各城镇的综合实力与其等级规模一致。其中，合作市和各县政府所在地由于经济实力较强，基础设施较完善，故城镇综合实力强；其他建制镇中，经济实力较强、职能较完善、基础设施较好的城镇（如新城

镇、冶力关镇），其综合实力排名靠前；而一些专业化城镇（如王格尔塘镇、大川镇、木耳镇、郎木寺镇），排名靠后；阿木去乎镇由于各方面均不具有优势，其综合实力最弱。

根据城镇的综合实力，可将甘南藏族自治州境内的城镇分为四级：综合实力大于 5 的为第一级，仅有合作市；综合实力在 1～5 的为第二级，包括拉卜楞镇、电尕镇、舟曲县城关镇、临潭县城关镇、卓尼县柳林镇五个镇；综合实力在 0.7～1 的为第三级，包括尼玛镇、玛艾镇、新城镇、冶力关镇；综合实力小于 0.7 的为第四级，包括扎古录镇、木耳镇、王格尔塘镇、郎木寺镇、阿木去乎镇。

（二）城镇辐射范围

1. 场强模型的改进

理论场强模型假设研究区域是均质的，即区域内任一点接受来自中心城镇辐射的机会均等。但事实上，城镇的辐射会因河流、山脉、行政边界等障碍快速衰减，甚至阻断，也会因高速公路等快速通道的建设而沿某方向迅速增强。因此，城镇对区域内任意点的辐射并不随空间直线距离简单平滑递减，而是选择阻力最小的方向和路径传播。对于距某城镇同等直线距离的点，因阻力不同所接受的辐射量也存在差异。基于此，引入成本加权距离的概念，取代公式 $S_{ik} = F / d^2_{ik}$ 中的空间直线距离 d_{ik}，以改进理论场强模型。

"成本"可理解为城镇辐射在向外传播过程中所遇到的阻力。根据每点到达城镇的距离和沿途穿越的多个阻碍因素的加权阻力，可计算该点到达城镇的最小成本加权距离。

计算成本加权距离的前提是生成研究区域的阻力面，即计算区域内各点的加权阻力；然后，通过成本加权距离分析，分别计算各点到达每一城镇的最小阻力距离。点 k 的加权阻力 C_k 的计算公式如下：

$$C_k = \sum_{j=1}^{n} W_j A_{jk} \tag{3-25}$$

式中，A_{jk} 为点 k 第 j 个阻力因子的阻力值；W_j 为第 j 因子的权重；n 为因子总数。

2. 城镇辐射强度

第一，利用 ArcGIS 的 3D Analysis 模块提取坡度信息，并根据不同坡度对辐射阻力的贡献值进行重新分类，计算坡度的阻力贡献值（图 3-8，表 3-22）。

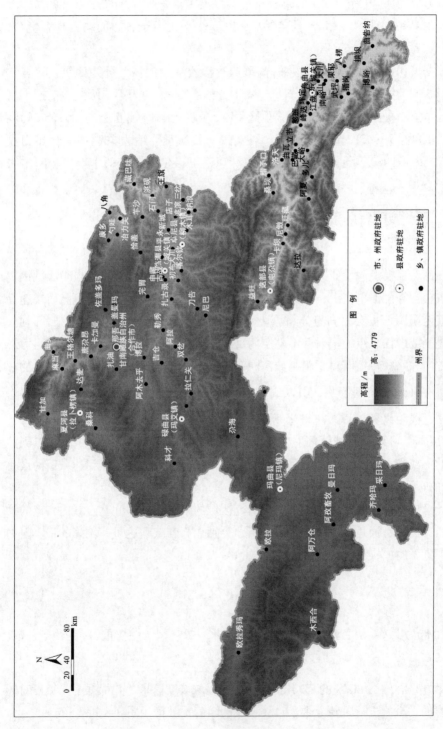

图3-8 甘南藏族自治州地形高程图

表3-22 坡度对阻力的贡献值

坡度/(°)	阻力值	坡度/(°)	阻力值
0～10	1	50～60	6
10～20	2	60～70	7
20～30	3	70～80	8
30～40	4	80～90	9
40～50	5	>90	10

第二，用任意点到达县域主要公路（二级以上公路）的最短距离来测度道路通达度。通常距离公路越近，通达度越高。为分析不同等级公路对区域通达度的影响，分别计算区域内任意点到达邻近等级公路的最短直线距离，并对到达二、三级公路的最短距离各上浮 10% 和 20% 加以修正。比较距离修正后各栅格单元到达不同等级公路的距离，以最短距离表示该栅格单元的交通通达度，根据重新分类，计算道路通达度的阻力贡献值（图3-9，表3-23）。

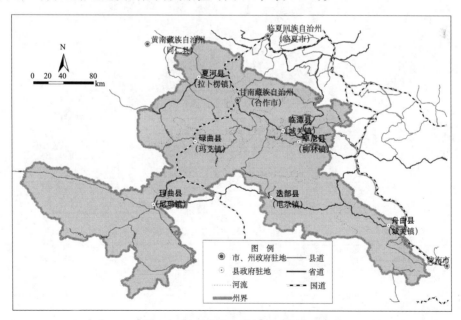

图3-9 甘南藏族自治州交通现状图

表3-23 交通通达度对阻力的贡献值

距离/km	阻力值	距离/km	阻力值
0～1	1	5～6	6
1～2	2	6～7	7
2～3	3	7～8	8
3～4	4	8～9	9
4～5	5	>9	10

第三，根据不同河流对辐射阻力的贡献值（图3-10，表3-24）进行重新分类，计算河流的阻力贡献值。

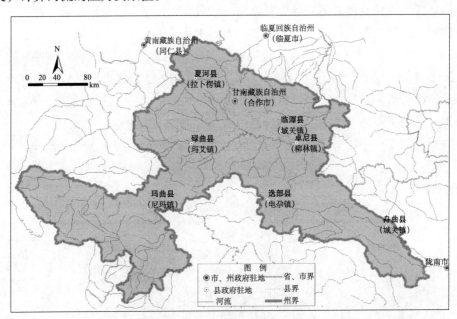

图3-10 甘南藏族自治州水系图

表3-24 河流对阻力的贡献值

距离/km	阻力值	距离/km	阻力值
0～1	1	5～6	6
1～2	2	6～7	7
2～3	3	7～8	8
3～4	4	8～9	9
4～5	5	>9	10

　　第四，叠加以上阻力因子的贡献值，确定任意点的加权阻力值。本书认为地形对城镇辐射的影响大于河流和交通，因而权重值分别取为 0.6、0.2 和 0.2。应用 ArcGIS Spatial Analysis 模块的 Cost Weighted Distance 功能计算城镇体系内任意点到达各城镇中心的最短成本加权距离。

　　第五，将上述结果带入公式 $S_{ik} = F / d_{ik}^2$，计算任意点上所接受的来自各个城镇的辐射量，以显示城镇辐射强弱分布。选择任意点上辐射量最大的城镇作为该点的归属城镇，并由此可划分各城镇的影响区范围（图 3-11）。

图3-11　甘南藏族自治州城镇辐射强度分布

　　通常，在均质条件下，城镇影响区边缘为圆弧，但受地形、交通等条件的影响，影响区形状将呈不规则状，并向阻力较小方向延伸；不同规模城镇的影响区重叠在一起，高等级的影响区将包含较低等级的影响区，形成等级体系。甘南藏族自治州城镇影响区可分为两个等级：首位城镇（合作市）的影响区包含了州域内其他城镇的影响区，为一级城镇影响区；夏河县拉卜楞镇、临潭县城关镇、卓尼县柳林镇对周边城镇也存在包含关系，为二级城镇影响区，如夏河县拉卜楞镇对碌曲县曲玛艾镇、王格尔塘镇、阿木去乎镇有包含关系，临潭县城关镇、卓尼县柳林镇对新城镇、扎古录镇、木耳镇有包含关系。

二、城镇空间分布

(一)城镇空间联系

1.引力模型

引力模型是分析城镇空间相互作用的基础模型。一般而言,城镇间的相互作用与城镇规模成正比,与城镇间的距离成反比,如下式所示:

$$I_{ij} = P_i P_j / D_{ij}^b \qquad (3\text{-}26)$$

式中,I_{ij}、D_{ij} 分别为第 i、j 城镇间的相互作用量和距离;P_i、P_j 分别为第 i、j 城镇的城镇规模,这里指第 i、j 城镇的综合实力;b 为测量距离摩擦作用的指数。相互作用力的强弱反映了城镇间联系的疏密程度。

2.引力和

引力和指单个城镇与体系内所有城镇(包括它自身)之间的相互作用量之和,其计算公式如下:

$$\sum I = \sum_{j=1}^{n} I_{ij} = \sum_{j=1}^{n} (P_i P_j / D_{ij}^b) \qquad (3\text{-}27)$$

式中,$\sum I$ 为引力和;D_{ij} 采用第 i 城镇与距其最近城镇之间距离的一半;n 为城镇总数。引力和反映了该城镇在体系中的集聚能力。

3.平均摩擦指数

(1)计算公式

城镇距离摩擦指数 b 反映了城镇间的交通类型与实际运输能力。通常,道路等级越高,距离摩擦指数越低,因此可依据道路等级对距离摩擦指数赋值。针对城镇间不同等级公路的实际组合情况,可分段计算城镇间不同路段的距离摩擦指数,其计算公式如下:

$$b = (\sum_{i=1}^{n} b_i d_i) / \sum_{i=1}^{n} d_i \qquad (3\text{-}28)$$

式中,b 为平均距离摩擦指数;d_i、b_i 分别为 i 段公路的长度和距离摩擦指数;n 为路段总数。

（2）基本步骤

已有研究显示，b 在 0.5～3 范围内变化。根据甘南藏族自治州域内的主要公路等级，以四级以下公路为基准，将其距离摩擦指数定义为 2.0，其余等级公路的距离摩擦指数依次降低（表 3-25）。根据城镇间公路组合，可计算出城镇体系中每组城镇间的平均距离摩擦指数。

表3-25 城镇距离摩擦指数

公路等级	距离摩擦指数b
一级公路	1.4
二级公路	1.6
三级公路	1.8
四级以下公路	2.0

（3）计算结果

基于由合作市和 15 个建制镇所组成的集合内每两点之间的最短交通距离、公路等级状况，可计算出甘南藏族自治州城镇间的平均摩擦指数（表 3-26）。

表3-26 甘南藏族自治州城镇间的摩擦指数

指标	合作市	拉卜楞镇	电尕镇	舟曲县城关镇	临潭县城关镇	柳林镇	尼玛镇	玛艾镇	新城镇	冶力关镇	扎古录镇	大川镇	木耳镇	王格尔塘镇	郎木寺镇
合作市	0														
拉卜楞镇	9.5	0													
电尕镇	23.7	31.7	0												
舟曲县城关镇	42.1	51.4	24.5	0											
临潭县城关镇	11.5	21.0	16.0	30.6	0										
柳林镇	15.6	25.1	16.0	30.6	4.1	0									
尼玛镇	29.8	31.1	23.6	47.4	31.2	31.2	0								
玛艾镇	13.0	15.3	20.1	43.4	17.8	20.7	16.8	0							
新城镇	15.9	25.3	17.0	27.1	4.9	2.7	35.9	22.6	0						
冶力关镇	15.3	23.8	23.7	32.4	9.2	9.2	40.2	25.6	7.4	0					
扎古录镇	10.0	19.1	14.7	32.4	3.5	6.7	27.9	14.4	8.2	12.4	0				
大川镇	44.3	53.7	26.5	2.3	32.8	32.8	49.1	45.7	29.3	34.2	34.1	0			

续表

指标	合作市	拉卜楞镇	电尕镇	舟曲县城关镇	临潭县城关镇	柳林镇	尼玛镇	玛艾镇	新城镇	冶力关镇	扎古录镇	大川镇	木耳镇	王格尔塘镇	郎木寺镇
木耳镇	17.3	26.8	14.5	25.0	5.8	1.7	33.9	22.5	2.7	10.0	8.5	27.2	0		
王格尔塘	6.4	6.2	30.2	46.8	17.0	21.1	34.2	17.5	20.7	18.4	16.1	49.8	21.6	0	
郎木寺镇	22.7	27.5	12.1	36.4	20.9	21.7	11.8	12.5	23.1	30.0	17.8	38.2	22.7	20.3	0
阿木去乎镇	6.2	10.2	21.6	22.7	13.8	17.5	23.7	6.9	18.7	20.1	10.9	24.8	19.2	10.8	17.8

4. 城镇间相互作用力

基于甘南藏族自治州城镇间的平均距离摩擦系数，可利用改进的引力模型计算出合作市和各建制镇的引力和（表3-27、表3-28）。

表3-27　甘南藏族自治州城镇间的相互作用力

指标	合作市	拉卜楞镇	电尕镇	舟曲县城关镇	临潭县城关镇	柳林镇	尼玛镇	玛艾镇	新城镇	冶力关镇	扎古录镇	大川镇	木耳镇	王格尔塘镇	郎木寺镇
合作市	0.000	1.260	0.140	0.049	0.333	0.150	0.064	0.309	0.138	0.090	0.268	0.025	0.073	0.697	0.085
拉卜楞镇	1.250	0.000	0.030	0.012	0.043	0.030	0.020	0.073	0.023	0.017	0.034	0.006	0.013	0.225	0.019
电尕镇	0.150	0.030	0.000	0.020	0.025	0.020	0.010	0.021	0.019	0.009	0.019	0.005	0.018	0.009	0.023
舟曲县城关镇	0.050	0.010	0.020	0.000	0.015	0.010	0.003	0.004	0.014	0.007	0.007	0.658	0.011	0.004	0.003
临潭县城关镇	0.330	0.040	0.030	0.015	0.000	0.280	0.009	0.024	0.181	0.043	0.269	0.007	0.098	0.018	0.013
柳林镇	0.150	0.030	0.020	0.013	0.276	0.000	0.007	0.009	0.472	0.037	0.065	0.007	0.927	0.009	0.010
尼玛镇	0.060	0.020	0.010	0.003	0.009	0.010	0.000	0.018	0.005	0.003	0.006	0.002	0.004	0.005	0.016
玛艾镇	0.310	0.070	0.020	0.004	0.024	0.018	0.018	0.000	0.011	0.006	0.012	0.002	0.004	0.018	0.028
新城镇	0.140	0.020	0.020	0.014	0.181	0.470	0.005	0.011	0.000	0.045	0.042	0.007	0.287	0.009	0.008
冶力关镇	0.090	0.020	0.010	0.007	0.043	0.040	0.003	0.006	0.045	0.000	0.016	0.004	0.019	0.007	0.004
扎古录镇	0.270	0.030	0.010	0.007	0.268	0.060	0.006	0.012	0.042	0.016	0.000	0.003	0.024	0.012	0.010
大川镇	0.020	0.010	0.010	0.659	0.007	0.010	0.002	0.002	0.007	0.004	0.003	0.000	0.006	0.002	0.002
木耳镇	0.070	0.010	0.020	0.012	0.098	0.930	0.004	0.004	0.288	0.019	0.024	0.006	0.000	0.005	0.005

续表

指标	合作市	拉卜楞镇	电尕镇	舟曲县城关镇	临潭县城关镇	柳林镇	尼玛镇	玛艾镇	新城镇	冶力关镇	扎古录镇	大川镇	木耳镇	王格尔塘镇	郎木寺镇
王格尔塘镇	0.700	0.230	0.010	0.004	0.017	0.010	0.005	0.018	0.009	0.007	0.013	0.002	0.005	0.000	0.009
郎木寺镇	0.090	0.020	0.020	0.003	0.013	0.010	0.016	0.028	0.008	0.004	0.010	0.002	0.005	0.009	0.000
阿木去乎镇	0.630	0.090	0.010	0.011	0.022	0.010	0.007	0.067	0.009	0.005	0.021	0.005	0.006	0.024	0.010

表3-28 甘南藏族自治州各城镇（市）的引力和

城镇（市）	引力和	排序	城镇（市）	引力和	排序
合作市	4.3200	1	舟曲县城关镇	0.8331	9
柳林镇	2.0500	2	大川镇	0.7440	10
拉卜楞	1.8900	3	玛艾镇	0.6046	11
木耳镇	1.4990	4	扎古录镇	0.4039	12
临潭县城关镇	1.3725	5	电尕镇	0.3961	13
新城镇	1.2690	6	冶力关镇	0.3120	14
王格尔塘镇	1.0520	7	郎木寺镇	0.2447	15
阿木去乎镇	0.9400	8	尼玛镇	0.1758	16

根据表 3-27 和表 3-28 的数据，将城镇间引力大于 1 和 0.05 的数据绘制为城镇间的引力作用图（图 3-12）。其中，引力大于 1 的为一级引力线，在 0.05～1 的为二级引力线。由图 3-12 可知，甘南藏族自治州城镇体系中，较强的空间联系主要出现在合作市、卓尼县柳林镇和夏河县拉卜楞镇周围，该区域为甘南藏族自治州境内经济活动相对活跃，人员、信息、物质交流最为频繁的区域。同时，西南部的玛曲县尼玛镇、舟曲县城关镇和大川镇，由于距离合作市较远，且舟曲县地处秦岭西翼与岷山山脉交汇处，山高谷深、峰锐坡陡，与县域内其他城镇间的相互作用均很弱，城镇处于相对离散状态，尚未对区域中心城镇形成较强的向心力。

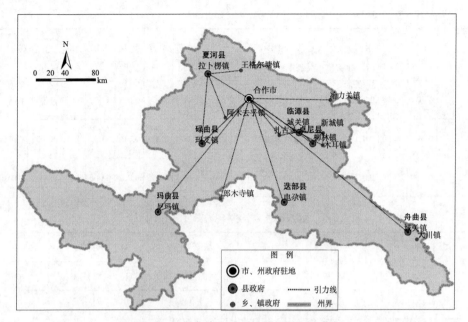

图3-12 甘南藏族自治州城镇间的相互作用

（二）城镇空间分布特征

1. 大分散、小集中

甘南藏族自治州地域广阔，城镇数量较少，城镇服务面积与服务半径较大，其中，城镇的平均服务面积达 2812.5km²，服务半径约为 29.9km，远大于甘肃省的城镇平均服务半径（17.69km）（表 3-29）。从各县的城镇服务半径来看，玛曲县城镇的服务半径最大，为 56.98km；临潭县城镇的服务半径最小，仅为 12.86km。城镇的服务半径过大，一方面使城镇面临巨大的服务需求压力；另一方面又使距城镇较远的农户获取城镇服务的时间和金钱成本增加，使其放弃城镇服务，导致城镇服务能力和有效性不足。

表3-29 甘南藏族自治州城镇密度及服务半径

区域	土地面积/km²	城镇数/个	城镇分布密度/（个/100km²）	城镇平均服务面积/km²	城镇服务半径/km
合作市	2 290.00	—	—	2 290.00	27.00
临潭县	1 557.68	3	0.192 6	519.23	12.86
卓尼县	5 694.04	3	0.052 7	1 898.01	24.58
舟曲县	3 009.98	2	0.066 4	1 504.99	21.89

续表

区域	土地面积/km²	城镇数/个	城镇分布密度/（个/100km²）	城镇平均服务面积/km²	城镇服务半径/km
迭部县	5 108.30	1	0.019 6	5 108.30	40.32
玛曲县	10 200.00	1	0.009 8	10 200.00	56.98
碌曲县	5 298.60	2	0.037 7	2 649.30	29.04
夏河县	6 274.00	3	0.047 8	2 091.33	25.80
甘南藏族自治州	39 432.60	15	0.038 0	2 628.84	28.93
甘肃省	454 402.00	462	0.101 7	983.55	17.69

2. 沿河流、交通线分布

河流、交通线是控制甘南藏族自治州城镇分布的两个基本要素。在古代，河流既是水源地，又是对外联系的通道，对城镇的形成和发展起着至关重要的作用。甘南藏族自治州地处青藏高原、黄土高原和陇南山地的过渡地带，境内山峦叠嶂，沟壑纵横，地形错综复杂，河谷地带是城镇建设的精华地区，现有的 16 个城镇中，有 12 个沿河流分布，占城镇总数的 75%（表 3-30）。

表3-30 沿河分布的城镇

河流	数量	沿线城镇
洮河	4	碌曲县玛艾镇、卓尼县扎古录镇、卓尼县柳林镇、卓尼县木耳镇
白龙江	4	碌曲县郎木寺镇、迭部县电尕镇、舟曲县城关镇、舟曲县大川镇
大夏河	2	夏河夏拉卜楞镇、夏河县王格尔塘镇
黄河	1	玛曲县尼玛镇
冶木河	1	临潭县冶力关镇
合计	12	

自古以来，甘南就是中原通往青、川、藏的重要通道，是汉藏各民族商贸往来的西部重要旱码头。夏河县拉卜楞镇，自汉以来，由于其东连内地、西通卫藏、南达川境、北至青海的枢纽地位，而成为汉藏民族的物资交流中心。随着现代交通的发展，甘南藏族自治州对外联系强度增加，区位优势不断提升，交通在城镇对内外联系中的作用日益显现（尽管地形的控制性影响依然随处可见）。目

前，交通已成为联系甘南境内城镇的重要媒介（表3-31）。

表3-31 沿主要交通线分布的城镇

公路	数量	沿线城镇
国道213	5	王格尔塘镇、合作市、阿木去乎镇、玛艾镇、郎木寺镇
省道313	5	尼玛镇、郎木寺镇、电尕镇、舟曲县城关镇、大川镇
省道312	2	夏河县拉卜楞镇、夏河县王格尔塘镇
省道306	4	合作市、临潭县城关镇、临潭县新城镇、临潭县冶力关镇
县道402	3	卓尼县柳林镇、卓尼县木耳镇、卓尼县扎古录镇
县道311	2	合作市、临潭县冶力关镇

3. 南北部城镇分布形式迥异

甘南藏族自治州北部城镇呈"十"字形分布，城镇分布比较紧凑，相互联系比较紧密。其中，南北向的国道213串联了王格尔塘镇、合作市、阿木去乎镇、玛艾镇和郎木寺镇；东西向的岷合公路、包括与其平行的县道402，穿越了临潭县城关镇、新城镇，连接了卓尼县和临潭县的所有城镇；省道312与兰郎公路在王格尔塘镇相交，成为连接合作市与夏河县拉卜楞镇的交通要道。以上四条公路组成了甘南藏族自治州北部城镇布局的"十"字形骨架，在该骨架上分布了境内的 12 个城镇，占境内城镇的 75%。

南部城镇呈"一"字形分布，城镇分布稀疏，相互联系松散。其中，两玛公路贯穿南部区域，从玛曲县尼玛镇经碌曲县郎木寺镇、迭部县电尕镇，到舟曲县城关级大川镇，沿线共有 5 个城镇，占境内城镇的 31.25%。

总体来看，上述三条轴线串联了甘南藏族自治州境内的所有城镇。其中，"十"字形轴线上分布了州域内的大部分城镇，为城镇体系的主轴线；南部的"一"字形轴线为副轴线，这三条轴线构成了城镇布局的主骨架（表3-32，图3-13）。

表3-32 甘南藏族自治州现状城镇发展轴

线路	数量	城镇
国道213	5	王格尔塘镇、合作市、阿木去乎镇、玛艾镇、郎木寺镇
省道312、岷合公路	7	拉卜楞镇、临潭县城关镇、新城镇、扎古录镇、柳林镇、木耳镇、冶力关镇
两玛公路	5	尼玛镇、电尕镇、郎木寺镇、舟曲县城关镇、大川镇

注：郎木寺镇位于兰郎公路和岷合公路的交接处

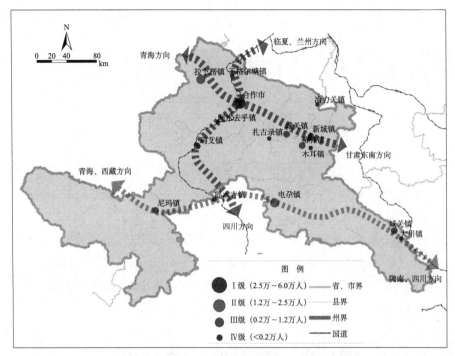

图3-13 甘南藏族自治州城镇体系空间结构现状

4. 空间联系强度差异显著

根据城镇空间联系和组合状况，可将甘南藏族自治州大致分为三片：北片包括合作市、夏河县、碌曲县、卓尼县和临潭县，分布了城镇体系中 3/4 的城镇，城镇分布相对密集，与中心城市联系较为紧密；西南片为玛曲县，属于纯牧区，黄河从境内穿过，是黄河重要的水源补给区和"黄河蓄水池"，生态地位突出，全县只有一个建制镇——尼玛镇；东南片包括迭部县和舟曲县，该片区处于岷迭山区，区内山大沟深，城镇分布稀疏（只有三个建制镇），中心城镇的辐射范围很小，空间结构相对松散。

目前，甘南藏族自治州城镇体系的空间结构呈现"一心三轴三片区"格局（图3-13）。其中，一心为中心城市合作市；三轴为沿国道 213 和省道 312、岷合公路、县道 402 分布的两个主轴线，沿两玛公路的副轴线；三片区为北部以合作市为中心的片区、西南部玛曲片区和东南部舟曲－迭部片区。

第四章　城镇发展的资源环境承载力

人类社会要持续发展，就必须有持续的资源供给，同时又必须有足够的环境容量容纳人类排放的废弃物，但资源是有限的，环境容量也是有限的，因此，人类的发展除受资源限制外，还要受到环境容量的约束。城镇化作为人类社会发展的历史必然，也必将受资源、环境的约束。因此，高寒民族地区城市化进程必须考虑资源及生态承载有限性这一逻辑前提和经验事实，以资源（生态）供给的有限性为基本条件，以生态承载力为深层控力，将城市化限制在区域生态系统的承受阈值内。

第一节　城镇发展的生态承载力

一、城镇发展的生态基底

（一）生态服务功能重要性评价

甘南藏族自治州具有重要的生态服务功能，尤其蓄水、补水功能对整个黄河流域乃至我国北方地区的水资源调节都起到了关键作用，在全国主体功能区划中被确定为限制开发区，承担着重要的生态服务功能。然而，近年来在人文因素与自然因素的交互胁迫下，该区草地资源严重退化、水源涵养能力下降、水土流失加剧、沙化土地扩展、湿地萎缩、生物多样性损失，致使该区生态系统服务功能锐减，严重影响了黄河流域乃至整个北方地区的生态安全。

1. 主要的生态系统类型

生态系统多样性指生物群落的构成和生态过程的多样化及生境差异。甘南藏族自治州广阔的地域空间上有多种生态系统，主要包括草地生态系统、森林生态系统、农田生态系统、湿地生态系统和城市生态系统。

（1）草地生态系统

甘南藏族自治州境内草地生态系统的主体是高寒草甸植被，包括典型高寒草甸、沼泽化草甸、高寒灌木丛草甸。高寒草甸的一般特征是植被覆盖度在

90% 以上，草丛高度一般为 30～60cm，有些以禾草为主的植被草丛高度可达 100cm 以上。该区有 $272.3×10^4hm^2$ 的草地，面积虽然不算大，但具有重要的水土保持及水源涵养功能，对黄河流域的生态环境维护起着至关重要的作用。

（2）森林生态系统

森林作为陆地生态系统的主体，在全球生态系统中发挥着举足轻重的作用。森林生态系统提供的生态服务包括生产有机物、涵养水源、保护土壤、固定和释放二氧化碳、营养物质循环、养分积累、降解污染和防治病虫害等。甘南藏族自治州境内的森林和次生灌木林是各类大型哺乳类动物、鸟类和昆虫种群的栖息地。但由于大片森林被砍伐，林地面积减少、森林覆盖度下降，使物种栖息地遭受严重破坏，丰富的动植物资源面临灭绝或迁出；同时，也使森林生态系统的保水蓄水功能丧失，形成了绿色"荒漠"。

（3）农田生态系统

甘南藏族自治州境内的可耕地主要分布在白龙江、洮河和大夏河沿岸的山谷平地及河岸一、二级阶地和洪积面上，海拔在 2000m 左右。该区农业用地面积较小，仅有 $11.63×10^4hm^2$，大部分为坡地，坡度在 $15°～25°$，其中有 96.17% 的耕地为旱地。该区的农业生态系统对"一江两河"流域的水土流失和河流含沙量的影响很大。

（4）湿地生态系统

湿地指天然或人工、长久或暂时的沼泽地、泥炭地或水域地带，带有或静止或流动或为淡水、半咸水或咸水的水体，包括低潮时水深不超过 6 m 的水域。甘南藏族自治州的湿地主要有河流湿地、湖泊湿地和沼泽湿地等类型，承担着重要的涵养和调节水量的功能。但随着全球气候变暖，雪线上升、湿沼旱化，冻土消融、冻土层变小，地下水位下降、地表水减少，蒸发量增大、径流减小，境内众多的湖泊、湿地面积不断缩小，导致湿地的生态功能降低，水源涵养和补给能力减弱。

（5）城市生态系统

城市是一个社会—经济—自然高度复合的生态系统。作为消费者的人类在城市生态系统中占据着绝对的数量优势，使城市生态系统被刻上了人工改造的烙印，人工作用与人类认知对城市生态系统的生存与发展起着决定性作用。甘南藏族自治州土地面积达 $4.5×10^4km^2$，占甘肃省土地面积的 10%，人口为 74.57 万人，但仅有 1 个县级市，15 个建制镇，且城镇规模偏小，其规模效应尚未得到充分体现，对周边农牧村经济的带动、辐射作用较弱。

2. 主要的生态服务功能

地球生态系统给人类提供着广泛的生活必需品和服务，Constanza 等将这种生态系统提供的商品和服务称为生态系统服务，并将其分为气体调节、气候调节、扰动调节、水调节、水供给、控制侵蚀和保持沉积物、土壤形成、养分循环、废物处理、传粉、生物控制、避难所、食物生产、原材料、基因资源、休闲、文化 17 个类型。

（1）具有重要的水资源补给功能

甘南藏族自治州境内有"一江三河"及 120 多条大小支流，其中黄河干流、一级支流洮河与大夏河在甘南境内的流域面积达 $3.057 \times 10^4 km^2$，产水模数达 $21.5 \times 10^4 m^3/km^2$，远高于黄河流域 $7.7 \times 10^4 m^3/km^2$ 的平均水平，多年平均补给黄河水资源量为 $65.9 \times 10^8 m^3$，以 4% 的流域面积补给了黄河总径流量的 11.4%。从而使该区成为黄河上游最重要的水源补给区，生态服务价值重大。

（2）具有不可替代的水源涵养功能

不同的生态系统，其水源涵养功能不一样。甘南藏族自治州具有大面积的湿地、草地和森林生态系统，其生态功能独特，生态服务价值显著，在涵养水源、调节洪峰方面具有十分重要的作用。该区拥有的玛曲湿地，面积达 $37.5 \times 10^4 hm^2$，是目前国内保存较好、特征最明显的高寒沼泽湿地，对水源有着特殊的涵养作用；区内 $236.09 \times 10^4 hm^2$ 的草场，曾被誉为"亚洲第一天然牧场"，植被密度高，结构良好；洮河林区森林面积达 $21.7 \times 10^4 hm^2$，是黄河流域海拔最高、原始森林面积最大、水源涵养功能很强的天然林区。大面积的湿地、草原和森林，使该区成为黄河上游重要的"蓄水池"，每年向黄河补给 $65.9 \times 10^8 m^3$ 的水量，占黄河源区年径流量的 35.8%。

（3）具有重要的水土保持功能

甘南藏族自治州地处青藏高原东部边缘，海拔从 4806m 下降到不足 2000m，高差较大，使其面临巨大的水土流失威胁。但由于拥有大面积的草原及森林，使其输沙量大大减少。黄河玛曲段的植被覆盖度为 70%～90%，土壤侵蚀模数仅为 45.8t/（$km^2 \cdot a$），玛曲站实测历年最大含沙量为 $2.15kg/m^3$，平均输沙量为 125kg/s，年输沙量为 $395 \times 10^4 t$。而到兰州段，黄河年径流量仅相当于玛曲站的 2.35 倍，但历年最大含沙量却高达 $329kg/m^3$，相当于玛曲站的 153 倍；多年平均输沙量为 $1.13 \times 10^8 t$，相当于玛曲站的 28.6 倍；土壤侵蚀模数达 4000t/（$km^2 \cdot a$），相当于玛曲段的 88.89 倍。如果黄河玛曲段的植被覆盖度由 90% 下降到 60%，则当地的土壤侵蚀模数就会增加到 1995t/（$km^2 \cdot a$），如果植被覆盖度下降至 50%，则侵蚀模数增加到 2600t/（$km^2 \cdot a$），甚至更多。由此可见，该区承担着重要的水土保持功能。

（4）具有维持生物多样性的功能

由于独特的地理位置及自然环境，该区不仅具有遗传多样性、物种多样性，更具有生态系统多样性。该区主要有森林、灌丛、高寒草原、高寒草甸、湖泊和沼泽湿地生态系统。其中，草地生态系统是该区面积最大的生态系统，据不完全统计，区内有草本植物1240种，其物种组成复杂多样，地理成分联系广泛；森林植被包括4个林纲组（植被型）、12个林纲（植被亚型）、42个林系组（群系组）、8个林系（群系）。

该区良好的植被状况、充足水源和生境条件，为各种野生动植物资源提供了良好的栖息环境，为生物种质资源的生存和繁衍提供了保障，使该区不仅成为"野生动植物的天然庇护场所"和"生物物种基因库"，也成为我国生物多样性关键地区及世界高山带物种最丰富的地区之一。

3. 生态服务功能重要性评价

（1）水源涵养重要性评价

水源涵养是甘南藏族自治州草地、森林、湿地等生态系统提供的最重要功能之一。基于各县（市）不同类型生态系统的比重、涵养水源的潜力 (CW_i) 及现实的可蓄水量 (R) 对水源涵养重要性进行评价。计算公式如下：

$$WM = \sum_{i=1}^{n} \frac{em_i}{A} \times CW_i \times R \qquad (i=1,2,3,4) \qquad (4\text{-}1)$$

式中，WM 为水源涵养重要性；em_i 为第 i 类生态系统类型面积；A 为评价单元总面积；CW_i 为生态重要性赋值（表 4-1）；R 为地表径流深度 (mm)。

利用式（4-1）可计算出各县（市）的涵养水源重要性得分，而后将评价结果标准化，再将其分为高、较高、中等、较低、低 5 个等级的重要性。

表4-1 水源涵养的重要性赋值

生态系统类型	重要性赋值CW_i
森林、湿地	7
草原/草甸	5
农田	3
城市	1

从表 4-2 和图 4-1 中可以看出，甘南藏族自治州大部分县（市）的水源涵养重要性处于中高等水平。其中，重要性高的县域为迭部县和玛曲县，该区降水量充沛，草地和森林的覆盖程度高，是白龙江和黄河的水源涵养地；重要性中等的县域包括卓尼县、舟曲县、碌曲县、夏河县，这些县域有较大面积的森林和草地，降水量在 500mm 以上；重要性低的县域为合作市和临潭县，该区林草地、湿地面积较小，植被覆盖度低。

表4-2 **水源涵养重要性评价结果**

县（市）名	面积/km²	地表径流深度/mm	生态系统类型的面积/km²						重要性得分	标准化值	水源涵养重要性
			湿地	森林	草原/草甸	农田	城市	荒漠			
合作市	2 670	250	10.80	391.37	1 642.27	139.46	1.05	50.35	1 076.4	0.424 0	低
临潭县	1 557	300	13.81	366.42	664.38	219.55	0.14	9.49	1 281.7	0.505 1	低
卓尼县	5 694	330	34.70	2 313.44	2 463.43	198.02	0.73	192.40	1 712.1	0.675 2	中等
舟曲县	3 010	330	9.10	1 848.04	766.52	150.86	0.95	125.43	1 908.9	0.753 0	中等
迭部县	5 108	375	26.90	2 830.68	1 413.46	97.33	1.60	298.11	2 030.8	0.801 2	高
玛曲县	10 190	400	860.60	316.23	8 917.94	0.00	1.35	343.02	2 087.2	0.823 5	高
碌曲县	5 298	400	52.17	414.39	4 211.78	29.59	1.39	58.30	1 847.7	0.728 9	中等
夏河县	6 674	350	25.85	976.04	5 141.83	128.48	0.71	2.38	1 789.0	0.705 6	中等

资料来源：《甘肃省主体功能区规划专题研究之五生态重要性评价》

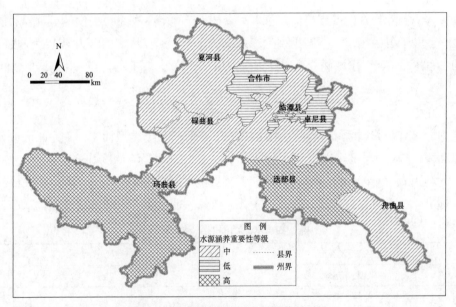

图4-1 甘南藏族自治州水源涵养重要性

（2）土壤保持重要性评价

根据甘肃省水土保持部门提供的各县域土地平均侵蚀模数，以各县（市）主导性的生态系统类型为基础，建立了不同生态系统土壤保持的重要性评价方法。计算公式如下：

$$SM = \sum_{i=1}^{n} \frac{em_i}{A} \times CS_i \qquad (i=1, 2, \cdots, 6) \qquad (4\text{-}2)$$

式中，SM 为土壤保持的重要性；em_i/A 为 i 类生态系统占县域土地面积的比重；

CS$_i$为各县（市）i类生态系统防止土壤侵蚀的重要性赋值，依据其重要程度赋值为9、7、5、3、1。

SM值越高，其重要性越强。将评价结果标准化后等间隔分为高、较高、中等、较低和低5级（表4-3）。从表4-3和图4-2中可以看出，除舟曲县、迭部县的土壤侵蚀程度较高外，其余森林、草地植被覆盖较好地区的土壤侵蚀程度低。

表4-3　土壤保持重要性评价结果

县（市）名	土壤侵蚀模数/(t/km²)	生态系统类型						重要性得分	标准化值	土壤保持重要性
		湿地	森林	草原/草甸	农田	城市	荒漠			
合作市	100	5	5	3	1	1	1	3.19	0.2806	低
临潭县	170	5	5	3	1	1	1	3.24	0.2870	低
卓尼县	100	5	5	3	1	1	1	3.75	0.3552	低
舟曲县	270	7	7	3	1	1	1	5.90	0.6396	高
迭部县	132	5	5	3	1	1	1	4.05	0.3952	中等
玛曲县	100	5	5	3	1	1	1	3.04	0.2606	低
碌曲县	100	5	5	3	1	1	1	3.16	0.2765	低
夏河县	100	5	5	3	1	1	1	3.28	0.2923	低

资料来源：《甘肃省主体功能区规划专题研究之五生态重要性评价》

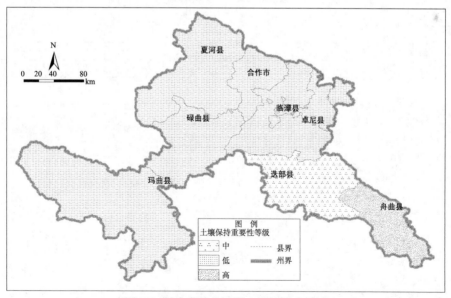

图4-2　甘南藏族自治州土壤保持重要性

（3）生物多样性维护重要性评价

生物资源与其生境的关系非常密切，特别是与热量、水分因子的关系紧密。一般而言，水分充沛地区的物种数量多于干旱地区，温度较高地区的物种数量多于寒冷地区。因此，基于水分和温度两个主导性因素的组合来评价生物多样性维护重要性。计算公式如下：

$$DM = (P \times 50\% + T \times 50\%) \times \sum_{i=1}^{n} \frac{em_i}{A} \times CD_i \quad (i = 1, 2, \cdots, 6) \quad (4-3)$$

式中，DM 为生物多样性维护的重要性；P 为各县（市）年均降水量的标准化值；T 为各县（市）年均气温标准化值；em_i/A 为各县（市）i 类生态系统占县域土地面积的比重；CD_i 为 i 类生态系统对维护生物多样性的权重，其中森林和湿地为7，草原为5，农田和荒漠为3，城市为1。

按 DM 得分将生物多样性维护重要性分为高、较高、中等、较低和低 5 级（表4-4）。从表4-4 和图4-3 可以看出，舟曲县的生物多样性维护重要性处于高等，迭部县与玛曲县处于中等，而临潭县处于低等。

表4-4　重要性评价结果

县（市）名	年均气温/℃	生物多样性维护年均降水量/mm	重要性得分	标准化值	生物多样性维护重要性
合作市	2.0	545.0	1.3301	0.2042	较低
临潭县	3.8	417.8	1.2786	0.1933	低
卓尼县	5.9	439.5	2.0620	0.3580	较低
舟曲县	14.1	600.0	4.7232	0.9173	高
迭部县	6.7	625.0	2.9621	0.5472	中等
玛曲县	2.8	731.4	2.3065	0.4090	中等
碌曲县	3.1	700.0	2.0533	0.3562	较低
夏河县	3.9	444.0	1.5786	0.2564	较低

资料来源：《甘肃省主体功能区规划专题研究之五生态重要性评价》

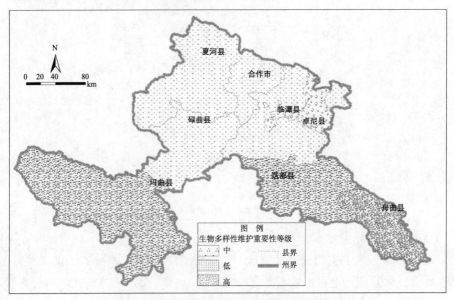

图4-3　甘南藏族自治州生物多样性维护重要性

（二）生态安全评价

生态安全有广义和狭义两种理解。广义的生态安全是指在人的生活、健康、安乐、基本权利、生活保障来源、必要资源、社会秩序和人类适应环境变化的能力等方面不受威胁的状态，包括自然生态安全、经济生态安全和社会生态安全，组成一个复合人工生态安全系统；狭义的生态安全是指自然和半自然生态系统的安全，即生态系统完整性和健康水平。

1. 评价指标体系

在进行生态安全评价指标选择时，不仅要考虑区域生态环境现状，更应考虑对生态安全有潜在影响的重要因素及人类活动的能动反应。因此，以世界经济合作与发展组织 (OECD) 提出的压力—状态—响应框架为基础建立甘南藏族自治州生态安全评价指标体系（图 4-4）。

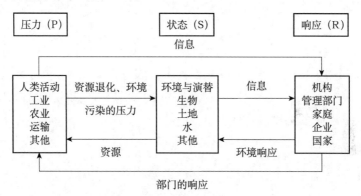

图4-4　OECD压力—状态—响应框架

该模型从人类与环境系统的相互作用与影响出发，对生态环境指标进行组织分类，具有较强的系统性。在该框架中，生态环境问题由 3 类侧重点不同但又相互联系的指标来反映。其中，压力指标反映生态环境问题的原因；状态指标反映研究区的自然环境状况、状态的变化；响应指标反映社会克服生态安全危机、保障生态安全的能力。基于甘南藏族自治州特殊的区情，从压力、状态、响应出发，建立了生态安全评价指标体系（图 4-5）。

压力用人口密度、草地退化率等 5 个指标来反映。其中，草地退化率是退化草地面积与草地总面积的比值，用来表征草地生态系统遭受破坏的程度；超载率是实际放牧量超过理论载畜量的部分与理论载畜量的比值，用来表征畜牧业对草地资源的过度使用情况；人口密度和人口自然增长率反映人类活动强度对草地生态系统的压力；自然灾害指数是各县（市）旱灾、冻害与病虫草鼠害受灾面积之和与其总面积的比值。

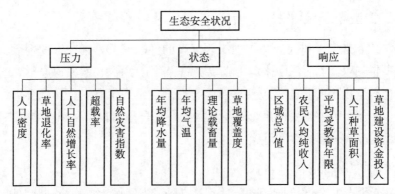

图4-5 生态安全评价指标体系

状态用气候因素、理论载畜量、草地覆盖度等指标来反映。其中，气候因素是影响草地质量的关键因素，用年均降水量和年均气温来表征；理论载畜量反映了草地的理论生产潜力、可食性生物量和牲畜采食率等；草地覆盖度反映了草地生态系统的完整性和健康程度。

响应用区域总产值、农民人均纯收入、平均受教育年限、人工种草面积、草地建设资金投入来反映。其中，区域总产值、农民人均纯收入和平均受教育年限反映了该区的生态保护和建设能力；人工种草面积和草地建设资金投入反映了该区的生态保护和恢复力度与强度。

2.评价方法

（1）数据标准化

综合评价时，首先对各评价指标值进行标准化处理，表征状态（除大风日数指标）和响应的指标为正向指标，表征压力的指标和大风日数指标为负向指标。

正向指标标准化公式：

$$C_i = \frac{x - x_{min}}{x_{max} - x_{min}} \times 10 \qquad (4\text{-}4)$$

式中，C_i 为 i 区域该指标的标准化值；X 为 i 区域该指标值；X_{max} 为各区域中该指标的最大值；X_{min} 为各区域中该指标的最小值。

负向指标标准化公式：

$$C_i = \frac{x_{max} - x}{x_{max} - x_{min}} \times 10 \qquad (4\text{-}5)$$

式中，C_i 为 i 区域该指标的标准化值；X 为 i 区域该指标值；X_{max} 为各区域中该指标的最大值；X_{min} 为各区域中该指标的最小值。

（2）权重的确定

采用熵权法确定各评价指标的权重。熵权法的基本原理是：假设研究对象由 n 个样本单位组成，反映样本质量的评价指标有 m 个，分别为 $X_i(i=1,2,\cdots,m)$，并测出原始数据。设实际测出的原始数据矩阵为

$$R' = \begin{bmatrix} r'_{11} & r'_{12} & \cdots & r'_{1n} \\ r'_{21} & r'_{22} & \cdots & r'_{2n} \\ \vdots & \vdots & & \vdots \\ r'_{m1} & r'_{m1} & \cdots & r'_{mn} \end{bmatrix} \tag{4-6}$$

对 R' 做标准化处理得

$$R = \left(r_{ij}\right)_{m \times n} \tag{4-7}$$

式中，r_{ij} 为第 j 个评价对象在指标 i 指标上的值，又 $r_{ij} \in [0，1]$，且

$$r_{ij} = \frac{r'_{ij} - \min\limits_{j}\left\{r'_{ij}\right\}}{\max\limits_{j}\left\{r'_{ij}\right\} - \min\limits_{j}\left\{r'_{ij}\right\}} \tag{4-8}$$

为说明简便，假定 r_{ij} 大者为优，是收益性指标，原始数据进行标准化后就可计算各指标的信息熵，第 i 个指标的熵 H_i 可定义为

$$H_i = -k\sum_{j=1}^{n} f_{ij} \ln f_{ij} \quad (i=1,2,\cdots,m) \tag{4-9}$$

式中，

$$f_{ij} = \frac{r_{ij}}{\sum\limits_{j=i}^{n} r_{ij}}, \ k = \frac{1}{\ln n} \quad \text{（假定，} f_{ij}=0 \text{时，} f_{ij}\ln f_{ij}=0 \text{）}$$

在指标熵值确定后，就可根据下式来确定第 i 个指标的熵权 W_i：

$$W_i = \frac{1-H_i}{m - \sum\limits_{i=1}^{m} H_i} \quad (i=1,2,\cdots,m) \tag{4-10}$$

由此可看出，如果某个指标的信息熵 H_i 越小，就表明其指标值的变异程度越大，提供的有用信息量也越大，在综合评价中所起的作用也越大，故其权重也应越大。利用熵权法得到甘南藏族自治州生态安全评价指标的权重值如表 4-5 所示。

表4-5　甘南藏族自治州生态安全评价指标权重

评价指标	权重	评价指标	权重
人口密度	0.061	理论载畜量	0.076
草地退化率	0.067	草地覆盖度	0.059
人口自然增长率	0.068	区域总产值	0.073
超载率	0.072	农民人均纯收入	0.078
自然灾害指数	0.075	平均受教育年限	0.073
年均降水量	0.080	人工种草面积	0.076
年均气温	0.071	草地建设资金投入	0.071

（3）综合评价及分级

采用综合评价法对甘南藏族自治州生态安全状况进行评价，其评价模型为

$$ESI = \sum_{i=1}^{m} W_i \times C_i \tag{4-11}$$

式中，ESI 为生态安全指数；W_i 为第 i 个指标的权重值；C_i 为第 i 个指标的标准化值；m 为评价指标个数。

基于甘南藏族自治州的生态环境特征，以定性和定量相结合的方法，可确定出生态安全指数分级标准（表 4-6）。

表4-6　生态系统生态安全指数分级标准

等级	生态安全指数	表征状态	生态安全指数特征
Ⅰ	9～10	理想状态	生态环境基本未受干扰破坏，生态系统结构完善，功能较强，系统恢复再生能力强，生态问题不显著，生态灾害少
Ⅱ	7～9	良好状态	生态环境较少受到干扰破坏，生态系统结构尚完整，功能尚好，一般干扰下系统可恢复，生态问题不显著，生态灾害不大
Ⅲ	5～7	一般状态	生态环境受到破坏，生态系统结构有些受损，但尚能维持基本功能，受干扰后易恶化，生态问题显著，生态灾害时有发生
Ⅳ	3～5	较差状态	生态环境受到较大破坏，生态系统结构受损较严重，功能不全，受干扰后恢复困难，生态问题较大，生态灾害较多
Ⅴ	0～3	恶化状态	生态环境受到很大破坏，生态系统结构残缺不全，功能低下，发生退化性变化，恢复与重建很困难，生态问题较大，经常发生并演变成生态灾害

3. 评价结果

从生态安全指数来看（表4-7），甘南藏族自治州生态安全状况较差，生态安全指数仅为4.33，处于一般状态。但纯牧区的生态安全状况要好于半农半牧区。其中，纯牧区的碌曲县、夏河县生态安全指数分别为5.81、5.03，属于Ⅲ级，生态安全处于一般状态，该区生态系统已遭受破坏，生态系统结构有些受损，但尚能维持基本功能，受干扰后易恶化；纯牧区的合作市、玛曲县生态安全指数分别为3.66、4.97，属于Ⅳ级，处于较差状态，但其生态安全指数高于半农半牧区。半农半牧区的卓尼县、迭部县生态安全指数分别为3.30、3.23，该区生态环境已遭受较大破坏，生态系统结构受损较严重，功能不全，受干扰后恢复困难。

表4-7 甘南藏族自治州生态安全评价结果

县（市）名	生态安全指数	排序	等级	状态
合作市	3.66	4	Ⅳ级	较差状态
卓尼县	3.30	5	Ⅳ级	较差状态
迭部县	3.23	6	Ⅳ级	较差状态
玛曲县	4.97	3	Ⅳ级	较差状态
碌曲县	5.81	1	Ⅲ级	一般状态
夏河县	5.03	2	Ⅲ级	一般状态

二、城镇发展的生态承载力

（一）生态承载力评价

1. 生态足迹

生态足迹是一种非常好的测算人类活动对环境影响的指标。生态足迹的核算包括生物资源消费和能源消费两部分，两部分的计算均需考虑贸易调整，以计算其净消费额（表4-8，表4-9）。在计算中各种资源和能源消费项目被折算为耕地、草场、林地、建筑用地、化石能源土地和海洋（水域）6种生物生产面积类型，由于6类生物生产面积的生态生产力不同，需要对计算得到的各类生物生产面积乘以一个均衡因子，转化为统一的、可比较的生物生产面积。本书采用的均衡因子为全球平均值，耕地、建筑用地为2.82，森林、化石能源土地为1.14，草地为0.54，海洋为0.22。生态足迹的计算公式为

$$EF = N \times ef = N \sum aa_i = N \sum (r_i \cdot c_i / p_i) \tag{4-12}$$

式中，i 为消费商品和投入的类型；p_i 为第 i 类商品的世界平均生产力；r_i 为均衡因子；c_i 为第 i 类商品的人均消费量；aa_i 为第 i 类商品折算的人均生物生产土地面积；N 为人口数量；ef 为人均生态足迹；EF 为总的生态足迹。

表4-8　合作市主要生物资源消费足迹

项目	全球平均产量/（kg/hm²）	合作市总生物量/t	人均消费/（kg/人）	人均生态足迹/（hm²/人）	总生态足迹/hm²	土地类型
谷物	2 744	9 145	99.257 603	0.036 173	3 332.726	耕地
豆类	1 856	479	5.198 949	0.002 801	258.082	耕地
薯类	12 607	689	7.478 238	0.000 593	54.652	耕地
油料	1 856	2 455	26.645 972	0.014 357	1 322.737	耕地
蔬菜	1 800	1 740	18.885 536	0.010 492	966.667	耕地
猪肉	74	522	5.665 661	0.076 563	7 054.054	草地
牛肉	33	2 386	25.897 063	0.784 759	72 303.030	草地
羊肉	33	1 444	15.672 824	0.474 934	43 757.576	草地
禽肉	457	1	0.010 854	0.000 024	2.188	草地
牛奶	502	6 656	72.242 603	0.143 910	13 258.964	草地
山羊毛	15	6	0.065 123	0.004 342	400.000	草地
绵羊毛	15	155	1.682 332	0.112 155	10 333.333	草地
鲜蛋	400	11	0.119 391	0.000 298	27.500	草地

表4-9　合作市能源消费足迹

项目	全球平均能源足迹/（GJ/hm²）	折算系数/GJ	总能耗/吨标准煤	人均消费量/[GJ/（人·a）]	人均生态足迹/（hm²/人）	土地类型
煤	55	20.93	88 372.9	0.003 566	0.000 065	化石能源土地
电力	1 000	11.84	63 548 149	2.563 947	0.002 564	建筑用地

2. 生态承载力

根据各种类型生物生产性土地的现有面积，分别乘以各自的产量因子和均衡因子，可得到总生态承载力（表 4-10，表 4-11）。在计算甘南藏族自治州各县（市）生态承载力时，同样也扣除 12% 的生物多样性保护面积。

表4-10 合作市的生态承载力

土地类型	人均生态承载力			
	总面积/（hm²/人）	均衡因子	产量因子	均衡面积/（hm²/人）
耕地	0.158 6	2.8	1.7	0.737 250
园地	0.000 0	1.1	0.9	0.000 000
林地	0.431 9	1.1	0.9	0.432 310
草地	1.845 1	0.5	0.4	0.359 790
建筑用地	0.001 5	2.8	1.7	0.006 900
CO_2吸收	0.000 0	1.1	0.0	0.000 000
扣除12%的生物多样性保护				0.184 346
人均生态承载力				1.351 870

表4-11 甘南藏族自治州的人均生态足迹与生态承载力

县（市）名	现状人口/人	人均生态足迹/（hm²/人）	人均生态承载力/（hm²/人）	人均生态盈余/赤字/（hm²/人）	总的生态盈余/赤字/hm²
合作市	92 134	0.730 41	1.351 870 9	0.621 46	55 451.027
临潭县	160 214	0.506 65	0.881 406 6	0.374 76	58 417.957
卓尼县	111 049	1.059 28	3.128 342 9	2.069 06	217 692.440
迭部县	59 375	0.903 01	4.965 039 3	4.062 03	230 178.870
舟曲县	142 401	0.527 44	1.501 275 2	0.973 84	134 810.500
夏河县	90 092	2.020 27	2.765 698 3	0.745 43	61 345.570
碌曲县	36 200	2.823 99	3.794 359 4	0.970 37	30 912.989
玛曲县	54 215	4.246 95	4.164 439 0	−0.082 52	−3 287.588

3. 生态盈余

结果表明，甘南藏族自治州人均生态足迹最大的是玛曲县，为4.246 95 hm²/人；最小的是临潭县，为0.506 65 hm²/人。人均生态承载力最大的是迭部县，为4.965 039 3hm²/人；最小的是临潭县，为0.881 406 6 hm²/人。从表4-11可以看出，合作、临潭、卓尼、迭部、舟曲、夏河、碌曲等县域存在生态盈余，其中，迭部县的生态盈余最大，为4.062 03 hm²/人，说明这7县（市）的人类活动对生态环境的影响还没有超出其生态承载能力，目前尚处于可持续发展状态；但玛曲县存在生态赤字，为 −0.082 52 hm^2/ 人，说明玛曲县人类活动对生态环境的影响已超出了其生态承载能力，当前处于不可持续发展状态。

（二）城镇发展的生态环境保障程度

城镇化作为资源和要素在产业间和城乡地域间重新配置和组合的过程，与生态环境之间存在复杂的耦合关系。一方面，城镇化通过人口增长、经济发展、能源消耗和交通扩张对生态环境产生胁迫；另一方面，生态环境又通过人口驱逐、资本排斥、资金争夺和政策干预对城镇化产生约束；同时，城镇化通过提高人口素质、控制人口数量、增加环保投资、技术创新、政策干预而缓解生态压力，有效地遏制城镇化对生态环境的胁迫。

1. 城镇化水平与生态环境的相关关系

1980 年甘南藏族自治州城镇化水平为 13.9%，2013 年增加到 27.39%，30 年间增加了 13.49 个百分点；人均生态足迹从 1980 年的 0.854hm^2/ 人，增加到 2013 年的 2.843hm^2/ 人，30 年间增加了 3.33 倍。二者的 Pearson 相关系数达 0.958，双尾检验在 0.01 水平上显著正相关。可见，甘南藏族自治州城镇化水平与生态足迹呈显著正相关，随着城镇化水平的提高，生态足迹亦会增加，城镇发展加剧了对生态环境的影响（图 4-6）。

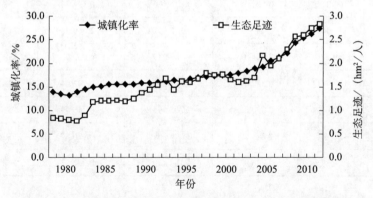

图4-6　甘南藏族自治州人均生态足迹与城镇化水平的变化趋势

以城镇化率为自变量，以人均生态足迹为因变量，基于 1980 ～ 2013 年的人均生态足迹及城镇化率数据，采用线性回归模型拟合二者的关系，可分析甘南藏族自治州城镇化进程中的生态环境保障程度。

拟合曲线符合二次线性模型，回归方程为

$$Y=-69.737\,x^2+42.323x-3.6017 \quad （R^2=0.947） \tag{4-13}$$

拟合结果显示，城镇化水平与人均生态足迹之间呈倒 U 形关系，说明随着城镇化水平的提高，人均生态足迹随之快速增加，城镇化发展对生态环境的影响加剧；之后随着城镇化水平的继续提高，人均生态足迹趋于减小，城镇化发展对生态环境的影响减弱。这与方创琳等的研究结果一致，随着城镇化的发展，生态环境存在先指数衰减、后指数改善的耦合规律，从时间序列上可以分为低水平协调、拮抗、磨合和高水平协调四个阶段。究其原因，主要在于在城镇化水平较低的阶段，城乡用地矛盾不突出，加上农业较少使用农药和化肥，土地开垦密度也不大，且大多分布在生态稳定的区域，因此对生态环境的影响比较小；而随着城镇化水平的提高，大量人口涌入城镇，生产与生活污染迅速增加。随着城镇化水平的进一步提高，城镇发展已具备了相当的经济实力，而且随着人们环境意识的提高，清洁技术和环境政策日益受到重视，城镇基础设施建设出现高峰，生产性污染开始下降，并最终使生态环境过程曲线越过峰值后开始下降。

2.城镇发展的生态环境保障程度预测

假定未来甘南藏族自治州的人均生态承载力不变，可利用式（4-13）预测城镇化进程中人均生态足迹的变化趋势，通过对比生态足迹与生态承载力的关系，可判断城镇化进程的生态环境保障程度。

从表4-12可看出，随着城镇化水平的提高，甘南藏族自治州各县（市）的人均生态足迹均呈增加趋势，仅有卓尼县、迭部县存在生态盈余，说明这两个县域城镇发展的生态环境保障程度较高；而合作市、玛曲县、碌曲县、夏河县、临潭县、舟曲县均出现生态赤字，说明这 6 个县域未来城镇发展的生态环境保障程度较低。其中，合作市随着城镇化水平由 2013 年的 52.09% 提高到 2020 年的 83%，人均生态足迹将达到 8.47hm^2/人，而其人均生态承载力仅为 1.35hm^2/人，生态赤字将高达 7.12hm^2/人，城镇化进程面临着严峻的生态环境压力。可见，甘南藏族自治州必须走生态友好型的新型城镇化之路，否则未来的生态环境难以保障城镇的可持续发展。

表4-12　2020年甘南藏族自治州城镇发展的生态环境保障程度

县（市）名	人均生态足迹/（hm^2/人）	人均生态承载力/（hm^2/人）	盈余或赤字	城镇发展的生态保障度
合作市	8.47	1.35	赤字	差
玛曲县	6.39	4.16	赤字	差
碌曲县	6.77	3.79	赤字	差
夏河县	2.77	2.77	赤字	差

续表

县（市）名	人均生态足迹/（hm²/人）	人均生态承载力/（hm²/人）	盈余或赤字	城镇发展的生态保障度
卓尼县	1.70	3.13	盈余	好
临潭县	3.41	0.88	赤字	差
迭部县	3.11	4.97	盈余	好
舟曲县	2.50	1.50	赤字	差

第二节　城镇发展的资源承载力

一、城镇发展的水资源承载力

（一）水资源开发潜力

1.水资源量

甘南藏族自治州境内有"一江三河"及 120 多条大小支流，其中年径流量大于 $1.0 \times 10^8 m^3$ 的河流有 15 条之多，水系发达，水资源丰富，水资源总量为 $91.592 \times 10^8 m^3$，占甘肃省水资源总量的 32.2%，占黄河流域甘肃段水资源总量的 72.9%。其中，地表水资源量为 $91.474 \times 10^8 m^3$，占水资源总量的 99.8%，占甘肃省地表水资源量的 33.0%；地下水资源量为 $38.317 \times 10^8 m^3$，占黄河流域甘肃段地下水资源量的 84.6%，占甘肃省地下水资源量的 31%。纯地下水资源量（即地下水降水入渗净补给量）为 $0.118 \times 10^8 m^3$，占甘南藏族自治州水资源总量的 0.2%。该区水资源量最丰富的是玛曲县，水资源总量达 $25.8123 \times 10^8 m^3$，占全州水资源总量的 28.18%，水资源量最少的是临潭县，仅占全州水资源总量的 3.63%。在水资源构成中，地表水资源占水资源总量比重最大的是玛曲县，最小的是临潭县；地下水占水资源总量比重最大的是临潭县，迭部县和舟曲县没有纯地下水（表 4-13，图 4-7）。

表4-13　甘南藏族自治州水资源量

县（市）名	水资源总量/10⁴m³	地表自产水资源		与地表水不重复的地下水资源		人口/人	人均水资源量/（m³/人）
		水资源量/10⁴m³	占水资源总量比重/%	水资源量/10⁴m³	占水资源总量比重/%		
合作市	27 560	27 526	99.8	34	0.2	92 134	2 991
玛曲县	258 123	258 111	99.9	12	0.1	54 215	47 611

续表

县（市）名	水资源总量/ $10^4 m^3$	地表自产水资源		与地表水不重复的地下水资源		人口/人	人均水资源量/（m^3/人）
		水资源量/ $10^4 m^3$	占水资源总量比重/%	水资源量/ $10^4 m^3$	占水资源总量比重/%		
碌曲县	145 370	144 821	99.6	549	0.4	36 200	40 157
夏河县	82 110	82 017	99.8	93	0.2	90 092	9 114
卓尼县	118 853	118 642	99.8	211	0.2	111 049	10 703
临潭县	33 264	32 981	99.1	283	0.9	160 214	2 076
迭部县	129 749	129 749	100.0	—	0.0	59 375	21 852
舟曲县	120 891	120 891	100.0	—	0.0	142 401	8 489

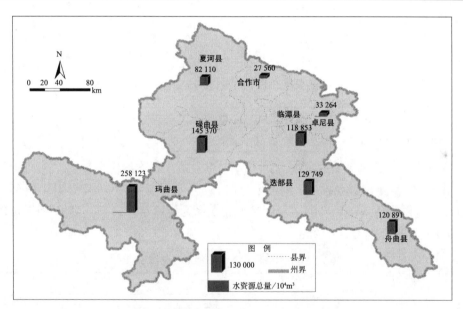

图4-7　甘南藏族自治州各县（市）水资源总量

　　甘肃省32.2%的水资源分布在甘南藏族自治州，而该区人口仅占甘肃省的2.9%，耕地占1.88%，属于水资源相对丰富的地区。2013年该区人均水资源占有量为17 874m^3，为甘肃省人均水资源占有量1174 m^3 的15倍，为全国人均水资源量2060 m^3 的8.7倍，高于国际人均水资源量警戒线1700 m^3。但是该区人均水资源在空间上分布不均衡（表4-13，图4-8），其中，玛曲县、碌曲县的人均水资源占有量高达47 611 m^3、40 157 m^3，分别为全国人均水资源占有量的23倍、19.5倍；而临潭县的人均水资源占有量仅为2076 m^3，略高于国际人均水资源量警戒线和全国水平。

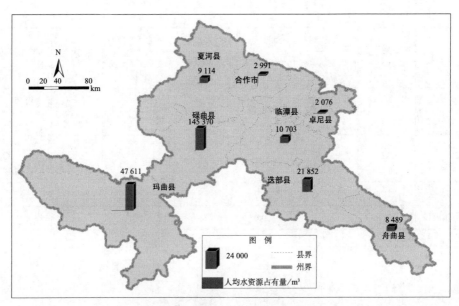

图4-8　甘南藏族自治州各县（市）人均水资源占有量

2. 可利用水资源量

可利用水资源量是指在可预见的时期内，在统筹考虑生活、生产和生态环境用水的基础上，通过经济合理、技术可行的措施，在流域水资源总量中可一次利用的最大水量，即地表水可利用量与地下水可利用量之和。甘南藏族自治州可利用水资源量为 $5.682 \times 10^8 \mathrm{m}^3$，其中，地表水为 $1.2324 \times 10^8 \mathrm{m}^3$，占可利用量的 21.7%；地下水为 $4.45 \times 10^8 \mathrm{m}^3$，占可利用量的 78.3%（表 4-14，图 4-9）。

表 4-14　甘南藏族自治各县（市）可利用水资源量

县（市）名	可利用水资源量				可利用水资源量/$10^4\mathrm{m}^3$	可利用水资源量占水资源总量比重/%
	地表水		地下水			
	水资源量/$10^4\mathrm{m}^3$	占可利用水资源量比重/%	水资源量/$10^4\mathrm{m}^3$	占可利用水资源量比重/%		
合作市	208	9.6	1 969	90.4	2 177	8
玛曲县	333	5.8	5 494	94.2	5 827	2
碌曲县	330	5.7	5 494	94.3	5 824	4
夏河县	485	4.8	9 567	95.2	10 052	12
卓尼县	330	5.7	5 494	94.3	5 824	5
临潭县	330	5.7	5 494	94.3	5 824	18
迭部县	5 154	48.4	5 494	51.6	10 648	8
舟曲县	5 154	48.4	5 494	51.6	10 648	9

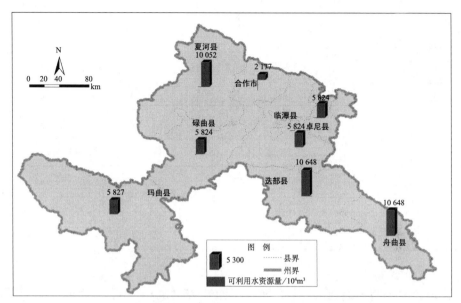

图4-9 甘南藏族自治州各县（市）可利用水资源量

甘南藏族自治州虽然水资源总量丰富，但可利用水资源比重很小，今后应注重节约用水，提高水资源的重复利用率。此外，该区各县（市）可利用水资源量中地下水高于地表水，而水资源总量构成中地表水资源量高于地下水资源量，因此，未来该区应提高地表水资源的开发利用程度。

3. 水资源开发潜力

（1）评价方法

水资源负载指数反映了区域水资源量与水资源需求量之间的关系，可反映水资源的利用水平，并以此判断未来水资源开发的难易程度。

水资源负载指数的计算公式为

$$C = K\sqrt{P \cdot G} / W \qquad (4\text{-}14)$$

式中，C 为水资源负载指数；P 为人口；G 为 GDP；W 为水资源总量；K 为与降水有关的系数。

$$K = \begin{cases} 1.0 & (R \leqslant 200) \\ 1.0 - 0.1(R - 200)/200 & (200 < R \leqslant 400) \\ 0.9 - 0.2(R - 400)/400 & (400 < R \leqslant 800) \\ 0.7 - 0.2(R - 800)/800 & (800 < R \leqslant 1600) \\ 0.5 & (R > 1600) \end{cases} \qquad (4\text{-}15)$$

式中，R 为降水量。

水资源负载指数分级如表4-15所示。

表4-15 水资源负载指数分级

级别	C值	水资源利用程度	未来水资源开发条件评价
Ⅰ	>10	很高，潜力不大	有条件时要外流域调水
Ⅱ	5～10	高，潜力不大	开发条件很困难
Ⅲ	2～5	中等，潜力较大	开发条件中等
Ⅳ	1～2	较低，潜力大	开发条件较容易
Ⅴ	<1	低，潜力很大	兴修中小工程，开发条件很容易

（2）评价结果

甘南藏族自治州各县（市）的水资源负载指数均小于1，处于水资源负载第 Ⅴ级，说明在现有的技术和经济发展水平下，该区各县（市）的水资源利用程度低，未来水资源开发潜力巨大（表4-16）。

表4-16 甘南藏族自治州各县（市）水资源负载指数

县（市）名	K	人口/人	GDP/万元	水资源总量/10^4m^3	水资源负载指数C
合作市	0.822 5	89 227	80 339	27 560	0.025 0
玛曲县	0.791 5	45 799	54 849	258 123	0.001 5
碌曲县	0.795 0	31 857	25 429	145 370	0.001 5
夏河县	0.870 0	82 296	41 813	82 110	0.006 0
卓尼县	0.822 0	105 213	36 330	118 853	0.004 0
临潭县	0.839 5	155 882	44 536	33 264	0.021 0
迭部县	0.798 0	56 666	27 696	129 749	0.002 4
舟曲县	0.880 5	138 432	38 621	120 891	0.005 0

（二）水资源承载力

1. 水资源承载力现状

（1）评价模型

水资源人口承载力是指在现有水资源消耗标准下，区域水资源所能容纳的人

口数量。计算公式为

$$C_p = \varepsilon W_r / W_p \qquad (4\text{-}16)$$

式中，C_p 为水资源人口承载力；W_r 为可利用水资源量；ε 为可利用水资源开发利用强度，简称水资源开发强度，ε= 供水量 / 可利用水资源量；W_p 为人均综合用水量指标。

（2）县域水资源承载力状况

在对县域水资源承载力进行分析时，将已开发的水资源量视为供水量；人均综合用水量 = 实际用水量 / 人口。

从表 4-17 可看出，在现有的水资源开发条件下，只有碌曲县超载 161 人，超载率达 0.45%，其余县（市）还可容纳人口。其中，合作市还可容纳的人口数量最多，达 12 566 人。碌曲县之所以超载，主要原因在于水资源开发水平低，已开发水资源量仅占可利用水资源量的 1.1%。

表4-17　甘南藏族自治州各县（市）水资源承载力现状

县（市）名	可利用水资源量/10⁴ m³	已开发水资源量/10⁴ m³	实际用水量/10⁴ m³	水资源开发强度系数	人均综合用水量/（m³/人）	现状人口/人	水资源承载人口/人	超载人口/人	超载率/%
合作市	2 177	240.93	212	0.110 663	23.0	92 134	104 700	-12 566	-13.64
玛曲县	5 827	178.62	177	0.030 653	32.6	54 215	54 710	-495	-0.91
碌曲县	5 824	63.71	64	0.010 940	17.7	36 200	36 039	+161	0.45
夏河县	10 052	518.46	501	0.051 578	55.6	90 092	93 232	-3 140	-3.49
卓尼县	5 824	683.88	660	0.117 425	59.4	111 049	115 067	-4 018	-3.62
临潭县	5 824	436.47	424	0.074 943	26.5	160 214	164 925	-4 711	-2.94
迭部县	10 648	900.99	889	0.084 616	149.7	59 375	60 176	-801	-1.35
舟曲县	10 648	733.69	721	0.068 904	50.6	142 401	144 907	-2 506	-1.76

+ 表示该消费水平下超载的人口；— 表示该消费水平下还可以容纳的人口

（3）建成区水资源供给状况

甘南藏族自治州各建成区水源类型均为地下浅层水。其中，合作市建成区水源地的设计供水能力最强，达 $547.50 \times 10^4 \mathrm{m}^3/\mathrm{a}$，但实际供水量仅为 $292.00 \times 10^4 \mathrm{m}^3/\mathrm{a}$，仅相当于设计能力的 53.33%；卓尼县建成区水源地的设计供水能力最小，仅为 $26.28 \times 10^4 \mathrm{m}^3/\mathrm{a}$，但其实际供水量达 $23.12 \times 10^4 \mathrm{m}^3/\mathrm{a}$，相当于设

计能力的 88.24%；临潭县建成区水源地实际供水能力已达到设计供水能力（表 4-18）。

表4-18 甘南藏族自治州各建成区供水水源地及供水能力

县（市）建成区	水源地	水源地所在河流	设计供水能力/（10⁴ m³/a）	实际供水量/（10⁴ m³/a）	人均综合用水/（m³/人）
合作市	格河	大夏河	547.50	292.00	76.4
玛曲县	尼玛镇	黄河	42.00	32.10	40.0
碌曲县	玛艾	洮河	36.00	25.60	45.6
夏河县	洒哈尔	大夏河	290.00	50.00	30.6
卓尼县	上河井	洮河	26.28	23.12	15.8
临潭县	卓洛河	洮河	109.50	109.50	25.6
迭部县	电尕	白龙江	120.56	77.30	19.1
舟曲县	三眼峪	白龙江	52.00	48.00	21.9

2. 不同情景下的水资源承载力

（1）不同情景下的县域水资源承载力

随着生活水平的提高、技术的进步，人均综合用水量和水资源供给能力将发生变化。基于此，设计两种方案分析不同情景下的县域水资源承载力。

方案一：

随着城镇化水平的提高，起初人均综合用水量会不断增加，但当城镇化水平达到一定程度，人们的节水意识将不断增强；加之科技进步将使生产用水效率不断提高，这无疑会导致人均综合用水量相对稳定并在总体上呈缓慢降低的趋势。然而，目前甘南藏族自治州城镇化水平较低，随着城镇化水平的提高，必将导致人均综合用水量不断增加。因此，方案一假设随着城镇化水平的提高，各县（市）的水资源开发能力不变，而人均综合用水量不断提高。其中，情景 1 假设人均综合用水量比现状增加 20%；情景 2 比现状增加 50%；情景 3 比现状增加 70%。

表 4-19 显示，如果随着城镇化水平的提高，水资源开发能力不变，而人均综合用水量随之提高，则甘南藏族自治州各县（市）均存在超载人口。可见，如果不提高水资源开发能力，将无法满足未来城镇发展和人民生活的需要。

表4-19 方案一甘南藏族自治州县（市）水资源承载力

县（市）名	现状人口/人	情景1				情景2				情景3			
		人均综合用水量/（m³/人）	承载人口/人	人口平衡状况/人	超载率/%	人均综合用水量/（m³/人）	承载人口/人	人口平衡状况/人	超载率/%	人均综合用水量/（m³/人）	承载人口/人	人口平衡状况/人	超载率/%
合作市	89 227	28.56	84 353	+4 874	5.5	35.70	67 483	+21 744	24.2	40.46	59 544	+29 684	33.3
玛曲县	45 799	46.44	38 462	+7 337	16.0	58.05	30 769	+15 030	32.8	65.79	27 149	+18 650	40.7
碌曲县	31 857	24.12	26 415	+5 442	17.1	30.15	21 132	+10 725	33.7	34.17	18 646	+13 211	41.5
夏河县	82 296	73.08	70 945	+11 351	13.8	91.35	56 756	+25 540	31.0	103.53	50 079	+32 217	39.1
卓尼县	105 213	75.36	90 749	+14 464	13.7	94.20	72 599	+32 613	30.9	106.76	64 058	+41 155	39.1
临潭县	155 882	32.76	133 232	+22 650	4.5	40.95	106 586	+49 296	31.6	46.41	94 046	+61 836	39.7
迭部县	56 666	188.28	47 854	+8 812	15.6	235.35	38 283	+18 383	32.4	266.73	33 779	+22 887	40.4
舟曲县	138 432	62.52	117 353	+21 079	15.2	78.15	93 882	+44 550	32.1	88.57	82 837	+55 595	40.1

+表示该消费水平下超载的人口

方案二：

甘南藏族自治州水资源丰富，但当前水资源开发能力低，随着水资源开发利用技术的提高，该区水资源开发能力将会进一步增强。因此，方案二假设随着城镇化水平的提高，人均综合用水量维持当前水平，而水资源开发强度不断提高。其中，情景1假设水资源开发强度 ε 比现状提高20%；情景2比现状提高50%；情景3比现状提高70%。

表4-20显示，如果随着城镇化水平的提高，现有人均综合用水量不变，而水资源开发强度随之提高，则甘南藏族自治州各县（市）的水资源承载力都将明显提高，城镇化发展的水资源保障程度较高。

表4-20 方案二甘南藏族自治州县（市）水资源承载力

县（市）名	现状人口/人	情景1				情景2				情景3			
		ε	承载人口/人	人口平衡状况/人	超载率/%	ε	承载人口/人	人口平衡状况/人	超载率/%	ε	承载人口/人	人口平衡状况/人	超载率/%
合作市	89 227	0.133	121 469	-32 242	-36.1	0.166	151 836	-62 609	-70.2	0.188	121 469	-62 609	-92.9
玛曲县	45 799	0.037	55 385	-9 586	-20.9	0.046	69 231	-23 432	-51.2	0.052	55 385	-23 432	-71.3
碌曲县	31 857	0.013	38 039	-6 182	-19.4	0.016	47 548	-15 691	-49.2	0.019	38 039	-15 691	-69.2

续表

县（市）名	现状人口/人	情景1				情景2				情景3			
		ε	承载人口/人	人口平衡状况/人	超载率/%	ε	承载人口/人	人口平衡状况/人	超载率/%	ε	承载人口/人	人口平衡状况/人	超载率/%
夏河县	82 296	0.062	102 160	−19 864	−24.1	0.077	127 700	−45 404	−55.2	0.088	102 160	−45 404	−75.9
卓尼县	105 213	0.141	130 678	−25 465	−24.2	0.176	163 348	−58 135	−55.3	0.199	130 678	−58 135	−75.9
临潭县	155 882	0.090	191 854	−35 972	−23.1	0.112	239 818	−83 936	−53.8	0.127	191 854	−83 936	−74.4
迭部县	56 666	0.102	68 909	−12 244	−21.6	0.126	86 137	−29 471	−52.0	0.144	68 909	−29 471	−72.3
舟曲县	138 432	0.083	1 689 887	−30 556	−22.1	0.103	2 112 357	−72 803	−52.6	0.117	1 689 887	−72 803	−72.9

—表示该消费水平下还可以容纳的人口

（2）不同情景下的建成区水资源承载力

建成区作为城镇的核心，为人类生活和经济活动提供着优良的服务。随着技术进步及城镇发展，建成区的人口规模与供水能力也将发生变化。基于此，设计两种方案分析不同情景下的建成区水资源承载力。

方案一：

假设随着城镇化水平的提高，各县（市）建成区维持现有的供水能力，而人均综合用水量不断提高。其中，情景 1 假设人均综合用水量比现状增加 20%；情景 2 比现状增加 50%；情景 3 比现状增加 70%。

表 4-21 显示，如果随着城镇化进程的加快，建成区供水能力不变，而人均综合用水量增加，则甘南藏族自治州各县（市）建成区均会出现不同程度的供水不足现象。然而，该情景还未考虑建成区的人口规模变化，事实上，随着建成区的辐射和集聚效益增强，周边人口将不断向建成区聚集，使得建成区人口日益增多，这将进一步加剧各县（市）建成区的水资源紧缺程度。

表4-21　方案一甘南藏族自治州县（市）建成区水资源承载力

县（市）建城区	现状用水人口/人	情景1				情景2				情景3			
		人均综合用水量/（m³/人）	承载人口/人	人口平衡状况/人	超载率/%	人均综合用水量/（m³/人）	承载人口/人	人口平衡状况/人	超载率/%	人均综合用水量/（m³/人）	承载人口/人	人口平衡状况/人	超载率/%
合作市	45 000	91.68	37 522	+7 478	16.6	114.60	30 018	+14 982	32.3	129.88	26 486	+18 514	41.1
玛曲县	7 000	48.00	5 833	+1 167	16.7	60.00	4 667	+2 333	33.3	68.00	4 118	+2 882	41.2
碌曲县	5 700	54.72	4 752	+948	16.6	68.40	3 801	+1 899	33.3	77.52	3 354	+2 346	41.2

续表

县（市）建城区	现状用水人口/人	情景1				情景2				情景3			
		人均综合用水量/（m³/人）	承载人口/人	人口平衡状况/人	超载率/%	人均综合用水量/（m³/人）	承载人口/人	人口平衡状况/人	超载率/%	人均综合用水量/（m³/人）	承载人口/人	人口平衡状况/人	超载率/%
夏河县	12 100	36.72	10 076	+2 024	16.7	45.90	8 061	+4 039	33.4	52.02	7 113	+4 987	41.2
卓尼县	15 800	18.96	13 186	+2 614	16.5	23.70	10 549	+5 251	33.2	26.86	9 308	+6 492	41.1
临潭县	16 000	30.72	13 346	+2 654	16.6	38.40	10 677	+5 323	33.3	43.52	9 421	+6 579	41.1
迭部县	12 000	22.92	10 035	+1 965	16.4	28.65	8 028	+3 972	33.1	32.47	7 084	+4 916	41.0
舟曲县	15 500	26.28	12 938	+2 562	16.5	32.85	10 350	+5 150	33.2	37.23	9 132	+6 368	41.1

+ 表示该消费水平下超载的人口

方案二：

假设随着城镇化水平的提高，人均综合用水量维持当前水平，而水资源开发强度不断提高。其中，情景1假设水资源开发强度 ε 比现状提高20%；情景2比现状提高50%；情景3比现状提高70%。

表4-22显示，如果随着城镇化进程的加快，建成区的供水能力随之提高，则甘南藏族自治州各县（市）建成区均可再容纳一定规模的人口。

表4-22　方案二甘南藏族自治州县（市）建成区水资源承载力

县（市）建城区	现状用水人口/人	情景1				情景2				情景3			
		供水量/10⁴m³	承载人口/人	人口平衡状况/人	超载率/%	供水量/10⁴m³	承载人口/人	人口平衡状况/人	超载率/%	供水量/10⁴m³	承载人口/人	人口平衡状况/人	超载率/%
合作市	45 000	412.8	54 031	−9 031	−20.1	516.0	67 539	−22 539	−50.1	584.8	76 545	−31 545	−70.1
玛曲县	7 000	33.6	8 400	−1 400	−20.0	42.0	10 500	−3 500	−50.0	47.6	11 900	−4 900	−70
碌曲县	5 700	31.2	6 842	−1 142	−20.0	39.0	8 552	−2 852	−50.0	44.2	9 693	−3 993	−70
夏河县	12 100	44.4	14 509	−2 409	−19.9	55.5	18 137	−6 037	−49.8	62.9	20 556	−8 456	−69.8
卓尼县	15 800	30.0	18 987	−3 187	−20.1	37.5	23 734	−7 934	−50.2	42.5	26 898	−11 098	−70.2
临潭县	16 000	49.2	19 219	−3 219	−20.1	61.5	24 023	−8 023	−50.1	69.7	27 226	−11 226	−70.1
迭部县	12 000	27.6	14 450	−2 450	−20.4	34.5	18 062	−6 062	−50.5	39.1	20 471	−8 471	−70.5
舟曲县	15 500	40.8	18 630	−3 130	−20.1	51.0	23 288	−7 788	−50.2	57.8	26 393	−10 893	−70.2

− 表示该消费水平下还可以容纳的人口

3.水资源对城镇发展的支撑能力

各种资源对城镇发展的支撑能力强弱可依据资源的超载率来确定。其中，超载率在 −90%～−61% 为第Ⅰ级，资源对城镇发展的支撑能力很强；−60%～−31% 为第Ⅱ级，资源对城镇发展的支撑能力较强；−30%～0 为第Ⅲ级，资源对城镇发展的支撑能力一般；0～30% 为第Ⅳ级，资源对城镇发展的支撑能力较差；30%～60% 为第Ⅴ级，资源对城镇发展的支撑能力很弱（表4-23）。

表4-23　资源对城镇发展的支撑能力

超载率	城镇能力级别	对城镇发展的支撑能力强弱
−90%～−61%	Ⅰ	支撑能力很强
−60%～−31%	Ⅱ	支撑能力较强
−30%～0	Ⅲ	支撑能力一般
0～30%	Ⅳ	支撑能力较弱
30%～60%	Ⅴ	支撑能力很弱

根据不同情景下水资源对城镇发展的支撑能力分级，可探求甘南藏族自治州城镇化进程中水资源供给与城镇发展之间的关系。

（1）水资源对城镇发展的支撑能力现状

从表4-24 和图4-10 可看出，当前合作市、玛曲县、夏河县、卓尼县、临潭县水资源对城镇发展的支撑能力处于第Ⅲ级，水资源对城镇发展的支撑能力一般；碌曲县水资源对城镇发展的支撑能力处于第Ⅳ级，水资源对城镇发展的支撑能力较弱。可见，当前的水资源供给能力已难以满足城镇发展的需求，为了保障城镇健康、有序地发展，未来甘南藏族自治州必须提高水资源的供给能力。

表4-24　甘南藏族自治州各县（市）水资源对城镇发展的支撑能力现状

县（市）名	水资源承载力级别				
	Ⅰ	Ⅱ	Ⅲ	Ⅳ	Ⅴ
合作市			Ⅲ		
玛曲县			Ⅲ		
碌曲县				Ⅳ	
夏河县			Ⅲ		
卓尼县			Ⅲ		
临潭县			Ⅲ		
迭部县			Ⅲ		
舟曲县			Ⅲ		

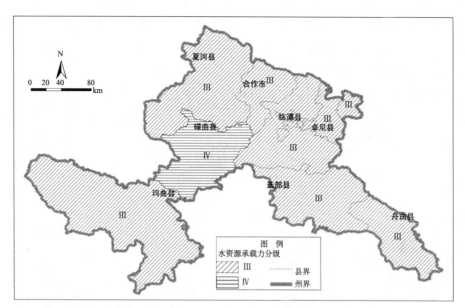

图4-10 甘南藏族自治州现状水资源承载力分级

（2）不同情景下水资源对县域城镇发展的支撑能力

方案一情景中，随着城镇化水平的提高，供水能力不变，而人均综合用水量随之增加，甘南藏族自治州各县（市）均出现了不同程度的超载。当人均综合用水量提高20%时，甘南藏族自治州各县（市）水资源对城镇发展的支撑能力均处于第Ⅳ级，水资源对城镇化发展的支撑能力较弱；当人均综合用水量提高50%时，合作市水资源对城镇发展的支撑能力处于第Ⅳ级，水资源对城镇发展的支撑能力较弱。其余各县均处于第Ⅴ级，水资源对城镇化发展的支撑能力很弱；当人均综合用水量提高70%时，甘南藏族自治州各县（市）水资源对城镇发展的支撑能力均处于第Ⅴ级。可见，如果供水能力不发生变化，随着人均综合用水量的增加，甘南藏族自治州水资源对城镇发展的支撑能力将降低，水资源将无法保证城镇的可持续发展（表4-25）。

方案二情景中，随着城镇化水平的提高，人均综合用水量不变，而供水能力随之提高，则甘南藏族自治州各县（市）的水资源承载力明显提高。当供水能力提高20%时，合作市水资源对城镇化发展的支撑能力处于第Ⅱ级，水资源对城镇发展的支撑能力较强，水资源供给能够满足城镇发展的需要。其余各县均处于第Ⅲ级，水资源对城镇发展的支撑能力一般；当供水能力提高50%时，合作市水资源对城镇发展的支撑能力处于第Ⅰ级，水资源对城镇发展的支撑能力很强。其余各县均处于第Ⅱ级，水资源对城镇发展的支撑能力较强；当供水能力提高

70% 时，甘南藏族自治州各县（市）水资源对城镇发展的支撑能力均处于第 I 级，水资源对城镇发展的支撑能力很强。可见，提高水资源供给能力可确保甘南藏族自治州城镇化进程的稳步推进（表 4-25）。

表4-25 不同方案下甘南藏族自治州各县（市）水资源对城镇发展的支撑能力

县（市）名	方案一下的支撑能力			方案二下的支撑能力		
	人均综合用水量提高20%	人均综合用水量提高50%	人均综合用水量提高70%	供水能力提高20%	供水能力提高50%	供水能力提高70%
合作市	IV	IV	V	II	I	I
玛曲县	IV	V	V	III	II	I
碌曲县	IV	V	V	III	II	I
夏河县	IV	V	V	III	II	I
卓尼县	IV	V	V	III	II	I
临潭县	IV	V	V	III	II	I
迭部县	IV	V	V	III	II	I
舟曲县	IV	V	V	III	II	I

（3）不同情景下水资源对建成区发展的支撑能力

方案一情景中，甘南藏族自治州各县（市）建成区出现了不同程度的超载。当人均综合用水量提高 20% 时，各县（市）建成区水资源对其发展的支撑能力均处于第 IV 级，水资源对建成区发展的支撑能力较弱；当人均综合用水量提高 50% 时，各县（市）建成区水资源对其发展的支撑能力均处于第 V 级，水资源供给不能满足建成区发展的需要，水资源供需矛盾突出；当人均综合用水量提高 70% 时，各县（市）建成区水资源对其发展的支撑能力均处于第 V 级，水资源对城镇发展的支撑能力很弱（表 4-26）。

表4-26 不同方案下甘南藏族自治州各县（市）水资源对建成区发展的支撑能力

县（市）建成区	方案一下的支撑能力			方案二下的支撑能力		
	人均综合用水量提高20%	人均综合用水量提高50%	人均综合用水量提高70%	供水能力提高20%	供水能力提高50%	供水能力提高70%
合作市	IV	V	V	III	II	I
玛曲县	IV	V	V	III	II	I
碌曲县	IV	V	V	III	II	I

续表

县（市）建成区	方案一下的支撑能力			方案二下的支撑能力		
	人均综合用水量提高20%	人均综合用水量提高50%	人均综合用水量提高70%	供水能力提高20%	供水能力提高50%	供水能力提高70%
夏河县	Ⅳ	Ⅴ	Ⅴ	Ⅲ	Ⅱ	Ⅰ
卓尼县	Ⅳ	Ⅴ	Ⅴ	Ⅲ	Ⅱ	Ⅰ
临潭县	Ⅳ	Ⅴ	Ⅴ	Ⅲ	Ⅱ	Ⅰ
迭部县	Ⅳ	Ⅴ	Ⅴ	Ⅲ	Ⅱ	Ⅰ
舟曲县	Ⅳ	Ⅴ	Ⅴ	Ⅲ	Ⅱ	Ⅰ

方案二情景中，甘南藏族自治州各县（市）建成区的水资源承载力均有所提高。当供水能力提高 20% 时，各县（市）建成区水资源对其发展的支撑能力均处于第Ⅲ级，水资源对建成区发展的支撑能力一般；当供水能力提高 50% 时，各县（市）建成区水资源对其发展的支撑能力均处于第Ⅱ级，水资源对建成区发展的支撑能力较强；当供水能力提高 70% 时，各县（市）建成区水资源对其发展的支撑能力均处于第Ⅰ级，水资源对建成区发展的支撑能力很强。

目前甘南藏族自治州城镇化水平较低，随着城镇化水平的提高，人均综合用水量也将随之增加。方案一仅考虑了城镇化水平的提高而忽视了供水能力的跟进，发现各县（市）均出现了不同程度的超载现象，水资源无法支撑城镇的发展。方案二考虑了水资源供给能力的提高，发现随着水资源供给能力的提高，各县（市）水资源承载能力均有大幅度提高，且供水能力越高，水资源对城镇发展的支撑能力越强。但由于在青藏高原区进行水利工程建设难度大、成本高，而甘南藏族自治州经济发展水平较低，因而供水能力太高既无必要也不可行，未来供水能力只需提高 50% 便可为该区城镇发展提供充足的水资源保障。

（三）城镇发展的用水保障程度

水是人类社会不可缺少的战略资源，也是城镇形成与发展的最基本保证，城镇发展必须以水资源为依托。未来，随着城镇化进程的加快，水资源需求量将进一步增加，城镇用水保障度将成为影响城镇化进程的重要因子，明确城镇化进程中的水资源保障程度对于推动城镇健康发展，实现水资源可持续利用具有重要意义。

1. 城镇用水量与城镇化水平的关系

对甘南藏族自治州各县（市）的城镇用水量与其城镇化率进行拟合，可探明该区城镇用水量与城镇化水平之间的关系。

其拟合曲线符合一次线性模型，回归方程为

$$y=-54.52+603.235x \quad (R^2=0.836) \tag{4-17}$$

拟合结果显示，甘南藏族自治州城镇用水量随着城镇化率的提高而迅速增加，城镇化水平每提高1%，城镇用水量将增加 $6.0 \times 10^4 m^3$。

为了进一步明确甘南藏族自治州城镇用水与城镇化水平的关系，对合作市2000～2007年城市用水量与城镇化率的关系进行了拟合。

其拟合曲线符合二次抛物线模型，其回归方程为

$$y=-1901.629+6940.576x-5366.7x^2 \quad (R^2=0.744) \tag{4-18}$$

拟合结果显示，合作市城镇用水量随着城镇化水平的提高而迅速增加，当城镇化率达到63%时，城镇用水量达到最大，之后随着城镇化率的提高，城镇用水量缓慢下降。

2. 未来城镇发展的用水保障程度预测

基于城镇用水量与城镇化水平的拟合模型，可预测未来城镇化进程中的城镇用水量，将其与甘南藏族自治州水利局编制的《城市水源地改扩建规划》中2020年的规划城市供水量进行比较，可判断未来城镇化进程中城镇用水保障程度。

到2020年，合作市城镇化率将达到83%，届时将新增城市用水量 $232.2 \times 10^4 m^3$，城市用水量将达到 $590.0 \times 10^4 m^3$。《合作市2000～2020年城市总体规划》预计到2020年合作市城市供水量将达到 $595.5 \times 10^4 m^3$，能够保障城镇用水；临潭县城镇化率将达到20.3%，将新增城镇用水量 $50.4 \times 10^4 m^3$，城镇用水量将达到 $131.4 \times 10^4 m^3$，该县规划的城镇供水为 $189.0 \times 10^4 m^3$，能够保障城市用水；卓尼县城镇化率将达到24.5%，将新增城镇用水量 $56.4 \times 10^4 m^3$，城镇用水量将达到 $91.4 \times 10^4 m^3$，该县规划的城镇供水量为 $255.0 \times 10^4 m^3$，能够保障城市用水；舟曲县城镇化率将达到21.4%，将新增城镇用水量 $36.0 \times 10^4 m^3$，城镇用水量将达到 $86.0 \times 10^4 m^3$，该县规划的城镇供水量为 $283.0 \times 10^4 m^3$，能够保障城市用水。

到2020年，迭部县城镇化率将达到36.8%，将新增城镇用水量 $18.6 \times 10^4 m^3$，城镇用水量将达到 $77.6 \times 10^4 m^3$，该县的规划城镇供水量为 $170.0 \times 10^4 m^3$，能够保障城市用水；玛曲县城镇化率将达到26.6%，将新增城镇用水量 $47.4 \times 10^4 m^3$，

城镇用水量将达到 $86.4 \times 10^4 \mathrm{m}^3$,该县规划的城镇供水量为 $95.0 \times 10^4 \mathrm{m}^3$,能够保障城镇用水;碌曲县城镇化率将达到 29.1%,将新增城镇用水量 $67.2 \times 10^4 \mathrm{m}^3$,城镇用水量将达到 $94.2 \times 10^4 \mathrm{m}^3$,该县规划的城镇供水量为 $146.0 \times 10^4 \mathrm{m}^3$,能够保障城镇用水;夏河县城镇化率将达到 27.7%,将新增城镇用水量 $45.0 \times 10^4 \mathrm{m}^3$,城镇用水量将达到 $134.0 \times 10^4 \mathrm{m}^3$,其规划的城镇供水量为 $157.0 \times 10^4 \mathrm{m}^3$,能够保障城镇用水。

总体来看,到 2020 年甘南藏族自治州各县(市)的城镇用水量能够保障城镇发展的需求(表 4-27)。

表4-27　2020年甘南藏族自治州城镇用水保障程度

县(市)名	新增城镇用水量 /$10^4 \mathrm{m}^3$	城镇用水量/$10^4 \mathrm{m}^3$	城镇供水量/$10^4 \mathrm{m}^3$	是否保障
合作市	232.2	590.0	595.5	保障
玛曲县	47.4	86.4	95.0	保障
碌曲县	67.2	94.2	146.0	保障
夏河县	45.0	134.0	157.0	保障
卓尼县	56.4	91.4	255.0	保障
临潭县	50.4	131.4	189.0	保障
迭部县	18.6	77.6	170.0	保障
舟曲县	36.0	86.0	283.0	保障

二、城镇发展的土地资源承载力

(一)土地承载力现状

1. 土地供给能力

将甘南藏族自治州土地资源(表 4-28)的供给能力分为耕地供给能力和草地供给能力。其中,耕地供给能力以粮食产量作为指标;草地供给能力采用李毓堂教授提出的料肉比 4∶1 折粮的方法进行计算。考虑到甘南藏族自治州农牧民的生活习惯以及畜牧业在该区国民经济中的重要地位,计算草地供给能力时,将牲畜数量乘以出栏率,再按每只胴体 12kg 计算产肉量,最后根据产肉量折算成粮食产量。在计算牲畜数量时,将其全部转化为羊单位,大牲畜与羊按 5∶1 的比例转化为羊单位。

表4-28 甘南藏族自治州各县（市）及主要建制镇土地利用状况

县（市）名		耕地/亩[①]	林地/亩	草地/亩	工矿交通用地/亩	水域/亩	未利用土地/亩
合作市		144 652	578 024	2 469 420	84 237	16 192	75 529
玛曲县	全县	0	474 318	14 220 405	39 593	339 893	514 503
	尼玛镇	0	64 620	1 431 825	21 345	130 590	45 270
碌曲县	全县	41 567	621 559	6 317 610	35 055	78 250	87 445
	玛艾镇	2 867	39 855	1 230 510	720	8 625	4 245
	郎木寺镇	1 600	19 635	847 110	2 175	405	11 010
夏河县	全县	168 414	1 464 007	7 713 345	96 864	38 270	3 576
	拉卜楞镇	5 048	23 025	253 425	53 835	555	
	阿木去乎镇	39 186	28 230	504 120	3 465	2 790	
	王格尔塘镇	6 421	162 345	174 615	3 405	1 575	
卓尼县	全县	167 252	3 470 081	3 695 220	174 415	51 613	288 588
	木耳镇	11 366	635 340	523 050	27 795	7 635	52 725
	柳林镇	12 650	4 125	19 695	18 810	1 500	9 360
	扎古录镇	10 371	187 695	108 255	25 215	5 235	8 550
临潭县	全县	268 089	543 003	998 100	249 458	20 641	14 242
	城关镇	19 081	1 395	17 070	13 035	1 035	
	新城镇	45 553	1 350	43 695	26 910	525	1 365
	冶力关镇	12 341	107 715	59 505	26 850	1 545	795
迭部县	全县	77 449	4 135 682	2 131 652	36 865	2 128	563 299
	电尕镇	12 191.9	574 702	263 605	10 952	229	62 592
舟曲县	全县	142 950	2 590 300	1 281 400	53 800	18 000	380 200
	大川镇	3 635		39 400			
	城关镇	6 319		69 600			

从县域尺度来看，玛曲县土地供给能力最高，达 118 521.22t，占全州的 23.37%；夏河县次之，为 83 250.8t，占全州的 18.52%；临潭县最低，仅为 25 960.704t，仅占全州的 5.78%。从镇域尺度看，夏河县阿木去乎镇土地供给能力最高，达 13 051.776t，占夏河县的 15.68%，占甘南藏族自治州的 2.90%；碌

① 1亩 ≈ 666.7m²。

曲县玛艾镇次之，为 10 493.952t，占碌曲县的 18.21%，占甘南藏族自治州的 2.33%；临潭县城关镇最低，仅为1308.208t，仅占临潭县的 5.03%，占甘南藏族自治州的 0.29%（表 4-29）。

表4-29 甘南藏族自治州土地供给能力与承载力

县（市）名		耕地供给能力			草地供给能力		土地供给能力/t	人均土地供给能力/（kg/人）	土地承载力等级
		农作物播种面积/亩	粮食作物播种面积/亩	粮食作物产量/t	牲畜存栏数/羊单位	折合粮食产量/t			
合作市		121 123	73 894	10 322	682 547	32 767.5	35 928.800	390.0	Ⅱ
玛曲县	全县	—	—	—	3 038 448	145 868.8	118 521.220	2 186.1	Ⅰ
	尼玛镇	—	—	—	285 208	13 692.2	9 480.720	2 584.0	Ⅰ
碌曲县	全县	39 372	22 780	3 017	1 449 113	69 568.5	57 612.584	1 591.5	Ⅰ
	玛艾镇	2 898	1 367	180	300 805	14 441.0	10 493.952	2 126.4	Ⅰ
	郎木寺镇	522			180 215	8 651.7	10 107.456	2 291.9	Ⅰ
夏河县	全县	135 765	57 818	9 662	1 446 165	69 427.0	83 250.800	924.1	Ⅰ
	拉卜楞镇	5 176	3 461	698	22 318	1 071.4	1 903.808	393.5	Ⅱ
	阿木去乎镇	4 961	3 069	804	265 102	12 726.9	13 051.776	1 109.5	Ⅰ
	王格尔塘镇	25 934	14 634	2 172	30 551	1 466.7	4 571.280	1 371.9	Ⅰ
卓尼县	全县	265 217	74 748	13 441	1 084 069	52 043.6	53 393.704	480.8	Ⅰ
	木耳镇	19 081	6 170	1 088	62 352	2 993.4	4 300.400	492.0	Ⅰ
	柳林镇	45 553	12 816	2 384	36 075	1 731.9	3 116.240	431.3	Ⅰ
	扎古录镇	11 991	2 817	566	37 410	1 795.9	3 689.168	620.5	Ⅰ
临潭县	全县	158 777	60 476	9 960	471 894	22 654.5	25 960.704	162.0	Ⅴ
	城关镇	11 335	2 464	550	38 971	1 870.9	1 308.208	84.2	Ⅴ
	新城镇	12 745	5 738	1 182	58 060	2 787.3	2 679.648	134.9	Ⅴ
	冶力关镇	10 274	2 134	430	17 216	826.5	1 409.680	163.6	Ⅴ
迭部县	全县	84 012	52 894	8 555	614 058	29 479.5	27 146.888	457.2	Ⅰ
	电尕镇	12 073	4 115	630	36 045	1 730.4	3 494.832	603.9	Ⅰ
舟曲县	全县	260 423	189 764	33 119	323 094	15 511.0	47 705.576	335.0	Ⅲ
	大川镇	13 489	10 449	1 791	6 381	306.3	2 079.288	376.6	Ⅱ
	城关镇	9 570	7 380	1 803	17 697	849.6	2 295.864	209.5	Ⅴ

数据来源：甘南统计年鉴（2013）

2.土地承载力现状

根据甘南藏族自治州各县（市）土地承载力现状评价等级以及土地资源对城镇发展的支撑能力，可将其土地承载力分为五级：人均粮食占有量＜250kg 为第 V 级；人均粮食占有量在 250~300kg 为第 Ⅳ 级；人均粮食占有量在 300~350kg 为第 Ⅲ 级；人均粮食占有量在 350~400kg 为第 Ⅱ 级；人均粮食占有量＞400kg 为第 Ⅰ 级（表 4-29）。

从县域尺度来看，玛曲县、碌曲县、夏河县、卓尼县、迭部县的土地资源对城镇发展的支撑能力处于第 Ⅰ 级，土地资源对城镇发展的支撑能力很强；合作市处于第 Ⅱ 级，土地资源对城镇发展的支撑能力较强；舟曲县处于第 Ⅲ 级，土地资源对城镇发展的支撑能力一般；临潭县处于第 V 级，土地资源对城镇发展的支撑能力很弱（图 4-11）。

从镇域尺度来看，玛曲县尼玛镇、碌曲县玛艾镇与郎木寺镇、夏河县阿木去乎镇与王格尔塘镇、卓尼县木耳镇、柳林镇与扎古录镇、迭部县电尕镇的土地资源对城镇发展支撑能力处于第 Ⅰ 级，土地资源对城镇发展的支撑能力很强；夏河县拉卜楞镇、舟曲县大川镇处于第 Ⅱ 级，土地资源对城镇发展的支撑能力较强；临潭县城关镇、新城镇与冶力关镇处于第 V 级，土地资源对城镇发展的支撑能力很弱。

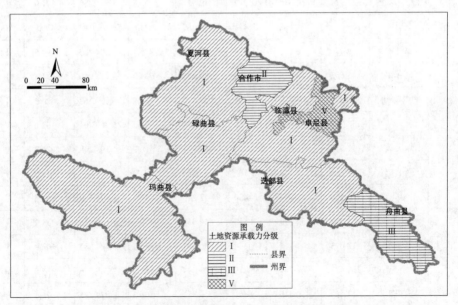

图4-11 甘南藏族自治州土地资源承载力现状分级

（二）不同情景下的土地承载力

受全球环境变化与人类活动的影响，甘南藏族自治州草地退化日益严重（表4-30）。草地退化除导致草地产量降低，使当地居民失去赖以生存的物质来源以外，还引发了土地沙漠化、生物多样性丧失、土壤退化、水土流失、碳汇丧失等一系列环境问题，致使其生态服务功能锐减，使得黄河中下游地区乃至我国北方地区生态安全遭受严重威胁。为了促使甘南藏族自治州生态恢复，国家在该区实施了退牧还草工程，该项目的实施引起了土地覆被/土地利用变化，致使土地承载力发生变化。故本书根据甘南藏族自治州退牧还草项目规模，设计了两种土地利用方案，来分析不同情景下的土地承载力。

表4-30 甘南藏族自治州草地退化面积

县（市）名	草地面积/亩	退还草地面积/亩		退化草地占草地面积的比例/%
		重度	中度	
合作市	2 469 420	799 995	880 005	68
玛曲县	14 220 405	4 800 000	5 479 995	72
碌曲县	6 317 610	1 660 005	2 640 000	68
夏河县	7 713 345	1 886 700	5 093 700	90
卓尼县	3 695 220	535 005	1 915 995	66
临潭县	998 100	52 005	880 005	93
迭部县	2 131 652	560 961	888 188	68
舟曲县	1 281 400	113 124	62 068	14

方案一：

假设重度退化草地全部禁牧，中度退化草地的20%用来放牧，保持现有耕地面积不变。在分析中，首先确定各县的单位面积草地载畜量（表4-31），然后根据单位面积载畜量确定放牧草地所能承载的牲畜量，最后按照李毓堂教授提出的折粮方法将草地生产力转化为粮食产量。

表4-31 方案一甘南藏族自治州土地承载力

县（市）名		草地面积/亩	承载牲畜/羊单位	单位草地载畜量/（羊单位/亩）	草地供给能力/t	耕地供给能力/t	土地供给能力/t	人均土地供给能力/（kg/人）	土地承载力等级
合作市		2 469 420	533 475	0.216	10 010.990	8 712.00	18 722.990	210	V
玛曲县	全县	14 220 405	2 469 192	0.174	41 976.390	—	41 976.390	917	I
	尼玛镇	1 431 825	197 515	0.138	3 357.764		3 357.764	915	I

县（市）名		草地面积/亩	承载牲畜/羊单位	单位草地载畜量/（羊单位/亩）	草地供给能力/t	耕地供给能力/t	土地供给能力/t	人均土地供给能力/（kg/人）	土地承载力等级
碌曲县	全县	6 317 610	1 137 408	0.180	21 998.630	2 036.00	24 034.630	754	I
	玛艾镇	1 230 510	214 874	0.175	4 155.881	163.00	4 318.881	875	I
	郎木寺镇	847 110	210 572	0.249	4 072.680	—	4 072.680	924	I
夏河县	全县	7 713 345	1 533 100	0.199	16 711.870	10 875.00	27 586.870	335	III
	拉卜楞镇	253 425	25 121	0.099	273.836	671.00	944.836	195	V
	阿木去乎镇	504 120	255 162	0.506	2 781.444	1 160.00	3 941.444	335	III
	王格尔塘镇	174 615	49 985	0.286	544.878	1 695.00	2 239.878	672	I
卓尼县	全县	3 695 220	832 348	0.225	17 595.650	20 764.00	38 359.650	365	II
	木耳镇	523 050	66 925	0.128	1 414.777	1 633.93	3 048.707	349	III
	柳林镇	19 695	15 255	0.775	322.468	4 322.26	4 644.728	643	I
	扎古录镇	108 255	65 066	0.601	1 375.492	895.80	2 271.292	382	II
临潭	全县	998 100	333 348	0.334	3 881.000	13 786.00	17 667.000	113	V
	城关镇	17 070	15 796	0.925	183.933	1 338.00	1 521.933	98	V
	新城镇	43 695	31 201	0.714	363.247	1 458.00	1 821.247	92	V
	冶力关镇	59 505	20 410	0.343	237.636	760.00	997.636	116	V
迭部县	全县	2 131 652	387 331	0.182	7 501.993	10 956.00	18 457.990	326	III
	电尕镇	263 605	59 684	0.226	1 155.986	2 452.00	3 607.986	623	I
舟曲县	全县	1 281 400	303 887	0.237	12 733.620	30 313.00	43 046.620	311	III
	大川镇	39 400	6 006	0.152	251.671	1 927.00	2 178.671	395	II
	城关镇	69 600	10 268	0.148	430.259	1 741.00	2 171.259	198	V

方案一情景中，从县域尺度来看，玛曲县、碌曲县土地资源对城镇发展的支撑能力处于第 I 级，土地资源对城镇发展的支撑能力很强；卓尼县处于第 II 级，土地资源对城镇发展的支撑能力较强；夏河县、迭部县、舟曲县处于第 III 级，土地资源对城镇发展的支撑能力一般；合作市、临潭县处于第 V 级，土地资源对城镇发展的支撑能力很弱。

从镇域尺度来看，玛曲县尼玛镇、碌曲县玛艾镇与郎木寺镇、夏河县王格尔塘镇、卓尼县柳林镇、迭部县电尕镇土地资源对城镇发展的支撑能力处于第 I

级，土地资源对城镇发展的支撑能力很强；卓尼县扎古录镇、舟曲县大川镇处于第Ⅱ级，土地资源对城镇发展的支撑能力较强；夏河县阿木去乎镇、卓尼县木耳镇处于第Ⅲ级，土地资源对城镇发展的支撑能力一般；夏河县拉卜楞镇、临潭县城关镇、新城镇与冶力关镇、舟曲县城关镇处于第Ⅴ级，土地资源对城镇发展的支撑能力很弱（表4-31）。

方案二：

假设重度退化草地全部禁牧，中度退化草地的50%用来放牧，耕地面积保持不变。

方案二情景中，从县域尺度来看，玛曲县、碌曲县、夏河县、卓尼县土地资源对城镇发展的支撑能力处于第Ⅰ级，土地资源对城镇发展的支撑能力很强；迭部县处于第Ⅱ级，土地资源对城镇发展的支撑能力较强；舟曲县处于第Ⅲ级，土地资源对城镇发展的支撑能力一般；合作市、临潭县处于第Ⅴ级，土地资源对城镇发展的支撑能力很弱。从镇域尺度来看，玛曲县尼玛镇、碌曲县玛艾镇与郎木寺镇、夏河县阿木去乎镇与王格尔塘镇、卓尼县木耳镇、柳林镇与扎古录镇、迭部县电尕镇土地资源对城镇发展的支撑能力处于第Ⅰ级，土地资源对城镇发展的支撑能力很强；舟曲县大川镇处于第Ⅱ级，土地资源对城镇发展的支撑能力较强；夏河县拉卜楞镇、临潭县城关镇、新城镇与冶力关镇、舟曲县城关镇处于第Ⅴ级，土地资源对城镇发展的支撑能力很弱（表4-32）。

表4-32　方案二甘南藏族自治州土地承载力

县（市）名		耕地供给能力/t	草地供给能力/t	土地供给能力/t	人均土地供给能力/（kg/人）	土地承载力等级
合作市		8 712.00	12 748.570	21 460.570	241	Ⅴ
玛曲县	全县	—	55 678.440	55 678.440	1 216	Ⅰ
	尼玛镇	—	4 453.815	4 453.815	1 214	Ⅰ
碌曲县	全县	2 036.00	28 842.950	30 878.950	969	Ⅰ
	玛艾镇	163.00	5 448.878	5 611.878	1 137	Ⅰ
	郎木寺镇	—	5 339.790	5 339.790	1 211	Ⅰ
夏河县	全县	10 875.00	31 290.730	42 165.730	512	Ⅰ
	拉卜楞镇	671.00	512.722	1 183.722	245	Ⅴ
	阿木去乎镇	1 160.00	5 207.880	6 367.880	541	Ⅰ
	王格尔塘镇	1 695.00	1 020.204	2 715.204	815	Ⅰ

县（市）名		耕地供给能力/t	草地供给能力/t	土地供给能力/t	人均土地供给能力/（kg/人）	土地承载力等级
卓尼县	全县	20 764.00	23 810.370	44 574.370	424	I
	木耳镇	1 633.93	1 914.472	3 548.402	406	I
	柳林镇	4 322.26	436.370	4 758.630	659	I
	扎古录镇	895.80	1 861.308	2 757.108	464	I
临潭县	全县	13 786.00	8 113.252	21 899.250	141	V
	城关镇	1 338.00	384.479	1 722.479	111	V
	新城镇	1 458.00	759.381	2 217.381	112	V
	冶力关镇	760.00	496.763	1 256.763	146	V
迭部县	全县	10 956.00	9 825.978	20 781.980	367	II
	电尕镇	2 452.00	1 514.088	3 966.088	685	I
舟曲县	全县	30 313.00	12 945.580	43 258.580	313	III
	大川镇	1 927.00	255.859	2 182.859	395	II
	城关镇	1 741.00	437.420	2178.420	199	V

（三）城镇发展的用地保障程度

土地是城镇化和城镇建设的最基本载体，然而土地资源供给具有稀缺性，这就决定了城镇建设用地的有限性。

1.城镇化水平与城镇建设用地的关系

对各县（市）的城镇建设用地与其城镇化率进行拟合，可揭示甘南藏族自治州城镇化水平与城镇用地的关系。其拟合曲线符合一次线性模型，回归方程为

$$y=0.04+8.036x \quad (R^2=0.836) \quad\quad （4-19）$$

拟合结果显示，甘南藏族自治州城镇用地随着城镇化率的提高而增加，城镇化率每提高1%，建设用地增加0.08 km²。

2.未来城镇发展的建设用地保障程度预测

将甘南藏族自治州各县（市）的城镇建设用地预测值与2020年各县规划的城市建设用地进行对比，可判断未来城镇化进程中的城镇建设用地保障程度。

据预测，2020年合作市城镇化率将达到83%，此时将新增城镇建设用地1.472 km²，城镇建设用地面积达7.262 km²，而2020年合作市规划的城镇建设用

地为 11.00 km², 能够满足城镇发展的需求; 玛曲县城镇化率将达到 26.6%, 将新增城镇建设用地 0.632km², 城镇建设用地面积将达 2.092km², 该县规划的城镇建设用地为 2.42km², 能够满足城镇发展的需求; 碌曲县城镇化率将达到 29.1%, 将新增城镇建设用地 0.896km², 城镇建设用地面积将达 2.186 km², 而该县规划的城镇建设用地仅为 1.50km², 将无法满足城镇发展的需求, 建设用地缺口达 0.686km²; 夏河县城镇化率将达到 27.7%, 将新增城镇建设用地 0.600km², 城镇建设用地面积将达 2.280km², 而该县规划的城镇建设用地为 2.20km², 尚不能满足城镇发展的需求, 建设用地缺口为 0.08 km²。

2020 年卓尼县城镇化率将达到 24.5%, 将新增城镇建设用地 0.752km², 城镇建设用地面积达 1.972km², 而该县规划的城镇建设用地为 1.70km², 不能满足城镇发展的需求, 建设用地缺口为 0.272 km²; 临潭县城镇化率将达到 20.3%, 将新增城镇建设用地 0.672km², 城镇建设用地面积达 2.232km², 该县规划的城镇建设用地为 3.50km², 能够满足城镇发展的需求; 迭部县城镇化率将达到 36.8%, 将新增城镇建设用地 0.248km², 城镇建设用地面积达 1.648km², 该县规划的城镇建设用地为 1.80km², 能够满足城镇发展的需求; 舟曲县城镇化率将达到 21.4%, 将新增城镇建设用地 0.480km², 城镇建设用地面积达 2.250km², 而该县规划的城镇建设用地仅为 1.82km², 不能满足舟曲城镇发展的需求, 建设用地缺口为 0.43km²（表 4-33）。

表4-33 2020年甘南藏族自治州城镇化进程中的用地保障程度

县（市）名	新增建设用地面积/km²	需要建设用地/km²	规划建设用地/km²	能否保障
合作市	1.472	7.262	11.00	保障
玛曲县	0.632	2.092	2.42	保障
碌曲县	0.896	2.186	1.50	不保障
夏河县	0.600	2.280	2.20	不保障
卓尼县	0.752	1.972	1.70	不保障
临潭县	0.672	2.232	3.50	保障
迭部县	0.248	1.648	1.80	保障
舟曲县	0.480	2.250	1.82	不保障

总体来看, 到 2020 年合作市、玛曲县、临潭县、迭部县的城镇建设用地能够满足城镇发展的需求, 但碌曲县、夏河县、卓尼县、舟曲县的城镇建设用地不能满足城镇发展的需求, 其中舟曲县的城镇建设用地缺口最大。因此, 在未来城镇化进程中应推进集约型的城镇发展模式, 充分挖掘现有城镇土地的潜力, 合理确定城镇用地规模, 提高城镇的整体经营效益。

三、城镇发展的水土资源综合承载力

采用专家咨询法，对甘南藏族自治州城镇发展的水土资源承载力进行综合分析。首先，对不同情景下的水土资源对城镇发展的支撑能力赋予不同的权重。其中，土地资源对城镇发展的支撑能力Ⅰ级赋值为0.3，Ⅱ级赋值为0.15，Ⅲ级赋值为0.100，Ⅳ级赋值为0.050，Ⅴ级赋值为0；水资源对城镇化发展的支撑能力Ⅰ级赋值为0.2，Ⅱ级赋值为0.10，Ⅲ级赋值为0.075，Ⅳ级赋值为0.025，Ⅴ级赋值为0（表4-34）。然后，将不同情景下水资源与土地资源对城镇发展的支撑能力加权求和，作为城镇发展的水土资源综合承载力。

表4-34 水土资源对城镇发展的支撑能力赋值

资源要素	权重	资源对城镇发展的支撑能力赋值				
		Ⅰ	Ⅱ	Ⅲ	Ⅳ	Ⅴ
土地资源	0.6	0.3	0.15	0.100	0.050	0
水资源	0.4	0.2	0.10	0.075	0.025	0

鉴于禁牧措施对甘南藏族自治州可持续发展的影响重大，故将土地承载力的权重确定为0.6，水资源承载力权重为0.4。若两者加权之和在0.325以下为第Ⅴ级，水土资源承载力很弱，人地矛盾突出；0.325～0.375为第Ⅳ级，水土资源承载力较弱；0.375～0.4为第Ⅲ级，水土资源承载力一般；0.4～0.45为第Ⅱ级，水土资源承载力较强；0.45以上为第Ⅰ级，水土资源承载力很强（表4-35）。

表4-35 甘南藏族自治州水土资源综合承载力分级

水土资源承载力指数	水土资源承载力级别	水土资源承载力
0.45以上	Ⅰ	很强
0.4～0.45	Ⅱ	较强
0.375～0.4	Ⅲ	一般
0.325～0.375	Ⅳ	较弱
0.325以下	Ⅴ	很弱

（一）城镇发展的水土资源综合承载力现状

目前，合作市水土资源综合承载力处于第Ⅴ级，支撑城镇发展的综合能力很弱，其中水资源承载力处于第Ⅲ级；玛曲县、夏河县、卓尼县、迭部县水土资源综合承载力处于第Ⅲ级，碌曲县处于第Ⅳ级，支撑城镇发展的综合能力较弱；临潭、舟曲处于第Ⅴ级，其中临潭县土地资源承载力处于第Ⅴ级（表4-36，

图 4-12）。总体来看，甘南藏族自治州城镇发展的水土资源综合承载力不容乐观。在城镇化进程中，腹地水土资源供给较为充足的地区有合作市、玛曲县、碌曲县、夏河县、卓尼县、迭部县；供给能力一般的地区有舟曲县；供给不足的地区为临潭县。在水土资源承载力共同约束下，合作市、舟曲县、临潭县的城镇发展受到极大限制，其中，合作市城镇发展面临的主要限制因素为水资源供给能力低下，舟曲县、临潭县为土地资源供给的有限性，其中舟曲县山大沟深、地形破碎，滑坡、泥石流频发，严重限制了城镇发展，因此在城镇化进程中必须慎重考虑城镇空间拓展与管治问题。

表4-36　甘南藏族自治州水土资源承载力现状

县（市）名	土地资源支撑能力		水资源支撑能力		水土资源支撑能力指数	水土资源承载力分级
	分级	赋值	分级	赋值		
合作市	II	0.15	III	0.075	0.225	V
玛曲县	I	0.30	III	0.075	0.375	III
碌曲县	I	0.30	IV	0.025	0.325	IV
夏河县	I	0.30	III	0.075	0.375	III
卓尼县	I	0.30	III	0.075	0.375	III
临潭县	V	0.00	III	0.075	0.075	V
迭部县	I	0.30	III	0.075	0.375	III
舟曲县	III	0.10	III	0.075	0.175	V

图4-12　甘南藏族自治州水土资源综合承载力现状

（二）不同情景下城镇发展的水土资源综合承载力

前述研究发现，供水能力提高 50% 对甘南藏族自治州城镇健康发展最有利，因此，将供水能力提高 50% 与土地利用方案一、方案二进行组合，分析不同情景下城镇发展的水土资源综合承载力，以便确定甘南藏族自治州城镇发展的最优资源组合状态（表 4-37，表 4-38，图 4-13）。

表4-37　供水能力提高50%与土地利用方案一的组合

县（市）名	土地资源支撑能力		水资源支撑能力		水土资源支撑能力指数	水土资源承载力分级
	分级	赋值	分级	赋值		
合作市	V	0.00	I	0.20	0.20	V
玛曲县	I	0.30	II	0.10	0.40	II
碌曲县	I	0.30	II	0.10	0.40	II
夏河县	III	0.10	II	0.10	0.20	V
卓尼县	II	0.15	II	0.10	0.25	V
临潭县	V	0.00	II	0.10	0.10	V
迭部县	III	0.10	II	0.10	0.20	V
舟曲县	III	0.10	II	0.10	0.20	V

表4-38　供水能力提高50%与土地利用方案二的组合

县（市）名	土地资源支撑能力		水资源支撑能力		水土资源支撑能力指数	水土资源承载力分级
	分级	赋值	分级	赋值		
合作市	V	0.00	I	0.20	0.20	V
玛曲县	I	0.30	II	0.10	0.40	II
碌曲县	I	0.30	II	0.10	0.40	II
夏河县	I	0.30	II	0.10	0.40	II
卓尼县	I	0.30	II	0.10	0.40	II
临潭县	V	0.00	II	0.10	0.10	V
迭部县	II	0.15	II	0.10	0.25	V
舟曲县	III	0.10	II	0.10	0.20	V

从表 4-37 和表 4-38 可以看出，供水能力提高 50% 与土地利用方案二的组合为最佳组合。在这种水土资源组合下，甘南藏族自治州水土资源综合承载力大

幅度提高。其中，玛曲县、碌曲县、夏河县、卓尼县的水土资源综合承载力处于第Ⅱ级，城镇发展的综合支撑能力较强；但是临潭县、迭部县、舟曲县的水土资源综合承载力仍处于第Ⅴ级，城镇发展的综合支撑能力很弱，其中临潭县城镇发展主要受土地资源的约束，未来应进一步内部挖潜、提高土地利用集约度；迭部县、舟曲县虽然资源综合承载力很弱，但各资源要素的承载力均较强，若能合理利用，提高水土资源利用效率，走资源节约与环境友好型城镇化道路，城镇发展依然具有较强的潜力。

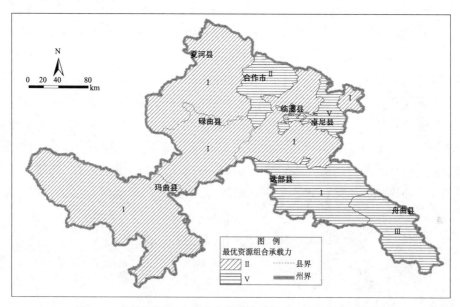

图4-13　最优资源组合下甘南藏族自治州水土资源综合承载力

第五章 城镇发展的社会经济支撑力

城镇发展不仅仅是人口进入城镇、城镇规模扩大与空间扩展的过程，更是一个由传统的农村社会向现代城市社会转变的历史过程、一个经济发展与社会进步相融合的过程。在这个过程中，产业结构的非农化转变、经济要素的流动与聚集、公共服务与基础设施建设、制度安排与创新等社会经济支撑力决定着城镇的发展路径与发展质量。近年来，高寒民族地区社会、经济快速发展，为城镇健康发展奠定了一定的基础。未来，还需进一步转变发展模式，加快产业结构优化升级、促进公共服务与基础设施建设、构建富有地域特色的经济体系，增强区域竞争力，为加快城镇健康、有序发展提供强有力的支撑。

第一节 城镇发展的社会支撑力

一、公共服务与基础设施

（一）公共服务发展状况

基本公共服务是指保障个人基本生活和发展权利所必不可少的公共服务。《基本公共服务均等化与政府财政责任》协作课题组指出，"基本公共服务是覆盖全体公民、满足公民对公共资源最低需求的公共服务，涉及义务教育、医疗、住房、治安、就业、社会保障、基础设施、环境保护等方面，其特点是基本权益性、公共负担性、政府负责性、公平性、公益性和普惠性"。

1. 基本公共服务变化趋势

（1）教育服务

教育状况反映着不同区域的人口整体素质，而师资力量作为教育的"软设施"，又直接影响着教育水平和教育质量。近年来，甘南藏族自治州基础教育得到了较快发展。2013年中小学师生比例比2005年提高7.24个百分点；学龄儿童入学率为 98.72%，比 2005 年提高 0.94 个百分点，学生巩固率、升学率分别为 81.23%、73.06%，分别比 2005 年下降 11.47 个百分点和 15.25 个百分点；小学、初中、高中专任教师学历合格率分别达到 99.63%、99.08% 和 82.7%。2005～2009 年，甘南藏族自治州每位教师负担的小学生数与全国基本持平，但 2009 年后，每位教师负担的小学生数呈下降趋势，且低于全国平均水平（图 5-1）。

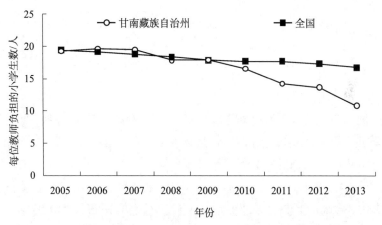

图5-1　甘南藏族自治州与全国每位教师负担小学生数变化趋势

（2）医疗服务

近年来，甘南藏族自治州医疗卫生服务水平总体上不断提升，服务规模不断扩大，医疗水平不断提高，卫生服务机构条件不断改善，疾病防治能力显著增强，为保证人民身体健康发挥了重要作用。2005～2013 年，甘南藏族自治州每万人拥有的病床数由 21.8 张增加到 32.24 张，年均增加 1.32 张。而此期间，全国每万人拥有的病床数由 25.75 张增加到 45.43 张，年均增加 2.52 张，致使甘南藏族自治州与全国的差距不断加剧，每万人拥有的病床数的差距由 2005 年的 3.95 张扩大到 2013 年的 13.2 张。总体来看，甘南藏族自治州医疗服务设施水平虽有所提高，但仍远低于全国平均水平，且与全国的差距不断扩大（图 5-2）。

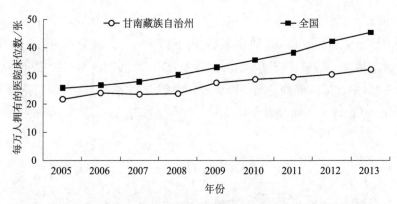

图5-2　甘南藏族自治州与全国每万人拥有的病床数变化趋势

（3）社会保障服务

建立健全与经济发展水平相适应的社会保障体系，不仅是经济社会协调发展的必然要求，更是社会稳定和国家长治久安的重要保证。下面仅以养老保障为例来分析甘南藏族自治州的社会保障服务水平。

2005～2013年，全国参加基本养老保险的人数占总人口的比重逐年升高，其中，2005～2009年参加养老保险的人口比重上升速率仅为1.08%/a，2009年后上升速率达到11.27%/a，主要原因在于2009年开始试行了新型农村社会养老保险试点工作。2010年甘南藏族自治州7县1市全部列入新型农牧村社会养老保险国家试点范围，31万农牧民群众享受实惠。从图5-3中也可看出，2010年甘南藏族自治州参加养老保险的人口比重剧增，其中，城镇基本养老保险参保人数仅占到5.9%，其余均为农牧村参加新型农村社会养老保险人数。总体来看，甘南藏族自治州社会保障体系不断完善，与全国平均水平的差距逐渐缩小（图5-3）。

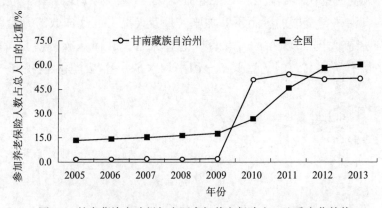

图5-3　甘南藏族自治州与全国参加养老保险人口比重变化趋势

（4）通信服务

通信作为国民经济的先导，是联系社会生产、分配、交换和消费环节的重要行业，其发达程度直接影响着区域国民经济的发展。近年来，甘南藏族自治州通信服务水平得到较快发展。与2005年相比，2013年该区每万人邮电业务量增长522.7%，年均增长55.8%；而此期间，全国每万人邮电业务量仅增长了53.17%，年均仅增长5.9%，致使甘南藏族自治州与全国的差距由2005年的0.08亿元缩小到2013年的0.073亿元（图5-4）。

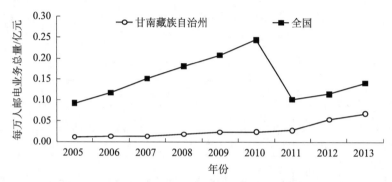

图5-4 甘南藏族自治州与全国每万人邮电业务总量变化趋势

电视已成为了解国内外信息的重要媒介，其综合人口覆盖率直接反映了区域了解外界社会的程度。近年来，甘南藏族自治州电视覆盖率提高较快，由2005年的85.22%增加到2013年的100%，增幅达14.78%。而此期间，全国的电视覆盖率增幅仅为4.58%，使得甘南藏族自治州与全国的差距呈缩小趋势，并在2012年超过了全国平均水平，达到100%覆盖（图5-5）。

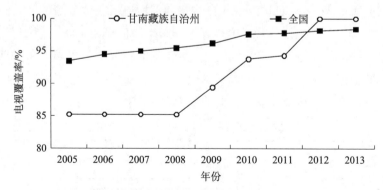

图5-5 甘南藏族自治州与全国电视覆盖率变化趋势

2. 基本公共服务水平评价

为了进一步分析甘南藏族自治州基本公共服务水平，特从教育、医疗卫生、就业、社会保障、交通通信和生活环境出发，建立了基本公共服务水平评价指标体系，评估该区的基本公共服务能力。

（1）评价指标体系

从教育水平、医疗卫生水平、就业状况、社会保障状况、交通通信状况和生活环境状况六个领域出发选择基本公共服务水平评价指标。其中，教育水平指标包括在校学生数占总人口的比重和地区教育经费占地区生产总值的比重，医疗卫生水平指标包括每千人口卫生技术人员数和每千人口医院床位，交通通信状况指标包括每万人拥有的公路里程数、电话覆盖率、每万人邮电业务量、电视覆盖率，就业状况指标为年底就业人员数占总人口的比重（表5-1）。

表5-1　基本公共服务水平评价指标体系

指标层	评价指标	指标层	评价指标
教育水平	在校学生数占总人口的比重	交通通信状况	每万人拥有的公路里程数
	地区教育经费占地区生产总值的比重		电话覆盖率
医疗卫生水平	每千人口卫生技术人员数		每万人邮电业务量
	每千人口医院床位		电视覆盖率
就业状况	年底就业人员数占总人口的比重	生活环境状况	人均绿地面积
社会保障状况	参加失业保险人数占总人口的比重		工业固体废物综合利用率
	参加养老保险人数占总人口的比重		

（2）评价结果

选取上述13个指标对甘南藏族自治州和黄河流域其他省域的公共服务水平进行评估。为了便于比较，将各项指标的全国平均值设为100，按照每个区域在各项指标上的实际值与全国平均值的比值对其赋值，得到各区域在每一项指标上的得分，即指标值＝实际值/全国平均值×100，然后对每个区域的各项指标得分进行加总，得到基本公共服务水平指数（表5-2）。

表5-2　各区域基本公共服务水平评价结果

指标	内蒙古	山东	陕西	山西	河南	甘肃	青海	宁夏	甘南藏族自治州	全国
在校学生数占总人口的比重	220	103	149	155	82	127	311	142	17	100
地区教育经费占地区生产总值的比重	64	54	110	107	80	162	133	123	8	100
每千人口卫生技术人员数	133	106	107	130	81	81	108	108	101	100
每千人口医院床位	103	111	107	124	87	93	108	109	102	100

续表

指标	内蒙古	山东	陕西	山西	河南	甘肃	青海	宁夏	甘南藏族自治州	全国
年底就业人员数占总人口的比重	80	114	87	80	107	91	88	90	15	100
参加失业保险人数占总人口的比重	95	99	69	93	61	50	73	81	11	100
参加养老保险人数占总人口的比重	99	100	92	90	76	65	68	75	45	100
每万人拥有的公路里程数	220	103	149	155	82	127	311	142	17	100
电话覆盖率	107	101	105	99	72	79	93	101	81	100
每万人邮电业务量	111	87	97	91	66	67	80	94	11	100
电视覆盖率	96	101	100	100	100	96	97	100	92	100
人均绿地面积	81	104	42	55	44	37	40	156	6	100
工业固体废物综合利用率	87	90	215	119	131	124	107	126	114	100
合计：基本公共服务水平指数	1354	1314	1360	1331	1098	1123	1360	1409	607	1300

表 5-2 显示，甘南藏族自治州基本公共服务水平最低，其指数仅为 607，不足黄河流域其他省域及全国平均水平的一半。其中，在校学生数占总人口的比重、地区教育经费占地区生产总值的比重、就业人数占总人口的比重、参加失业保险人数占总人口的比重、每万人拥有的公路里程数、每万人邮电业务量、人均绿地面积等指标得分值不足黄河流域其他省域及全国平均水平的 50%。可见，甘南藏族自治州基本公共服务水平非常低，与黄河流域其他地区相比，区域间的基本公共服务发展不均等。

（二）基础设施发展状况

1. 交通设施

甘南藏族自治州地处青藏高原东北边缘，区内地形复杂，自古交通闭塞。新中国成立初期，在甘南藏区先后修筑了三条总长 521.5km 的兰郎公路临夏经夏河至郎木寺段、两郎公路舟曲至迭部洛大段、郎木寺至迭部电尕寺段公路，沟通了通往省会兰州和毗邻地、州的公路交通。改革开放以来，特别是国家实施西部大开发战略以来，甘南藏族自治州公路建设进入了快速发展阶段，"三纵三横"交通运输网络基本形成，先后建成了王达公路、碌则公路、舟迭公路、卓西公路、尕玛公路延伸段、国道 213 线临夏至郎木寺段、江迭公路、定新公路、巴代公路及一批通乡油路和通村公路，与周边重要出口通道基本打通，全州公路总里程达 5648.8km，二级公路从 0km 增加到 289.2km。所辖七县一市全部通三级以上油路，95 个乡镇全部通公路，其中，通油路的乡镇有 64 个，占乡镇总数的 64.6%；615 个行政村全部通公路，其中，通等级公路的行政村有 190 个，占总数的 30.89%。

但目前，甘南藏族自治州综合交通网仍不完善，交通方式以公路为主、交通运输方式单一，尚未形成综合交通运输体系；公路结构不合理，缺乏高速公路，现有公路技术等级低，以三、四级为主，通行能力普遍偏低，公路通达深度也不够，等外公路里程达 2045.96km，占公路总里程的 43.93%。例如，合作市公路密度仅为 0.17km/km^2，干线公路年平均好路率仅为 79.71%，地方主要养护路线平均好路率仅为 57.27%；区际交通建设滞后，联系区内外重要地域和城市的一些必要交通通道尚未全面打通，致使区际联系受限，经济要素交流不畅，制约了该区资源优势向经济优势的转化以及经济外向度的提高。

2. 供排水设施

甘南藏族自治州地跨长江、黄河两大流域，水资源比较丰富，多年平均径流量稳定；可供开发利用的浅层地下水资源分布均匀，补给来源可靠。该区水资源总量为 254.1×10^{8}m^3，其中自产水量为 101.1×10^{8}m^3，占甘肃省自产水量的 33.9%；入境水量为 153×10^{8}m^3，按产水模数计为 26.1×10^{4}m^3/km，地下水资源量为 41.11×10^{8}m^3。按流域水系可分为 5 个区，分别为黄河干流区、大夏河流域、洮河源至阿拉区、洮河阿拉至柳林区和白龙江－拱坝河区。境内所属各县均处三河（黄河、洮河、大夏河）－江（白龙江）之上游，江河两岸无大的污染源，水质纯净，地表水、地下水的酸碱值、总硬度等指标均符合国家标准，但部分地方因碘低氟高出现甲状腺肿大或氟骨症等地方性疾病。

甘南藏族自治州城市供水系统已形成，供水管线长度达到 174.78km，日供水能力为 3.5×10^{4}m^3，用水普及率在 60.87%～90.3%。其中，合作市城市供水主要依靠市政自来水供水管网，自来水覆盖率达 89%，工程设计年供水能力为 438×10^{4}m^3（日供水能力为 1.2×10^{4}m^3）；碌曲县集中式供水工程共 37 处（简易自来水工程），受益人口为 1.28 万人，供水规模在 200～1000m^3/d 的有 4 处，在 20～200m^3/d 的有 28 处，水源类型都属地表水，供水总规模为 2685m^3/d。但是，该区农村供水设施不健全，广大乡村主要通过机电井、蓄水池、泉水截引、泵站场水等饮水工程解决供水，山丘区部分农户面临无供水设施或供水设施简陋、取水不便等问题。

随着城镇人口的增加，现有供水工程已无法满足城镇发展的需求，供水压力较大，且城区供水管网陈旧、供水可靠性不高，如碌曲县、夏河县的供水管网漏水率分别达到 54% 和 27%；农村水源保证率、生活用水量及用水方便程度不达标，饮水不安全问题仍然存在。例如，合作市有 17 个村 0.91 万人的水源保证率、用水量及用水方便程度不达标，占农牧业总人口的 18.4%，有 121 个村 2.99 万人饮水不安全，占农牧业总人口的 40%。玛曲县有 3.22 万人饮水不安全，占总人口的 59.4%。碌曲县有 1.54 万人饮水不安全，占农村人口的 53.7%，自来水（简易自来水）普及率仅为 49.4%；仍未形成完善的排水系统，城区排水设施建设严重滞后，现有设施老化、超负荷运转，部分不能正常运转。各乡镇镇区目前尚未建立排水系统，道路两侧只有简易的排水渠，雨污合流，生活污水随意排放，严重影响了周边的生态环境。

3. 电力设施

目前，甘南藏族自治州电网网内运行有洛大 330kV 变电站 1 座，变电容量 1 台 36×10^4 kVA，线路长度为 145.728km；在建合作多河 330kV 变电站 1 座，变电容量 2 台 48×10^4 kVA，线路长度为 140km；运行有 110kV 变电站 7 座、开关站 1 座、变压器 13 台，变电容量为 38.05×10^4 kVA，110kV 输电线路 13 条，总长度为 602.257km；35kV 变电站 39 座，变压器 65 台，变电容量为 14.77×10^4 kVA，35kV 输电线路 58 条，总长度为 1227km。电网统调水电装机容量为 38.078×10^4 kW，直接接入 110kV 电压等级的发电容量为 16.86×10^4 kW，接入 35kV 电压等级的发电容量为 17.845×10^4 kW。拥有输配电变压器容量为 27.835×10^4 kVA，35kV 及以下输配电线路为 5944.258km，供电量约 4×10^8 kW/h，最大负荷为 8.6×10^4 kW，综合线损率为 9.5%，供电可靠性为 98.826%，电压合格率为 98.13%。

但是，该区配电网装备水平低、配送能力不足、部分配电线路迂回曲折，线路过长，致使线损增加，末端电压质量达不到要求，且配网主回路线径普遍较小，供电能力受到极大限制，不能满足用户的用电需求。例如，合作市配电网绝缘化率仅为 65%，电缆化率仅有 9%，供电可靠性较差。广大牧区虽经过一、二期农网改造、户户通电、农网完善、无电地区电力建设等工程解决了部分牧民的用电问题，但大多数牧民因居住分散而无法通电。例如，玛曲县农户通电率仅为 31%，约有 5016 户农牧民未能用上电。

二、人口发展状况

（一）人口发展轨迹

作为区域经济发展的主要推动力，人口数量直接影响着区域经济发展水平、资源消耗、生态环境和社会平均资本的占有度，人口过多会造成巨大的人口压力和环境生态问题，过少则会限制社会经济发展。

1. 人口数量变化轨迹

（1）古代人口数量变化

洮州自秦汉以来为诸戎地，北周保定元年（561年）置州。唐天宝元年（742年）至清宣统元年（1909年）洮州人口数量如表5-3所示。从历史时期的统计数据可以看出，古代洮州人口数量大起大落，这与当时的区域变化和政权更迭有直接的关系。

表5-3 **临潭县历史时期的人口数量**

朝代	公元纪年	户数/户	人口数/人	户均人数	建制说明
唐天宝元年	742年	2 700	15 060	5.58	改为洮州郡
唐乾元元年	758年	2 363	8 260	3.50	旧领两县
金天辅六年	1122年	11 337	56 685	5.00	
明嘉靖元年	1522年	1 430	3 625	2.53	
清光绪五年	1879年	4 791	30 546	6.38	辖今临潭县、卓尼县、迭部县
光绪三十二年	1906年	6 340	51 603	8.14	卓尼县杨土司所辖
清宣统元年	1909年	7 343	49 514	6.74	

资料来源：《甘南州志》

（2）民国时期人口数量变化

民国初，今甘南藏族自治州境内仅有临潭、西固（今舟曲县）两县建置。1926年成立拉卜楞设治局，1928年改为夏河县，将原属青海省循化县的黑错（今合作镇）、甘加等21族和临潭县所属的美武、加门关等29族划归夏河县管辖。1928年，临潭、舟曲两县的人口比清宣统元年（1909年）增加了10 968人，增长了145.6‰，年均增长7.66‰。1937年成立了卓尼设治局。当时甘南境内有临潭（包括今碌曲县的一部分）、西固县、夏河县（包括今玛曲县）、卓尼设治局（包括今迭部县和舟曲县的拱坝、铁坝、大年、博峪及插岗乡部分村庄），人口达168 887人（图5-6）。1947年甘南地区人口达209 607人，比1937年增加了40 720人，增长了241.1‰，年均增长24.11‰。

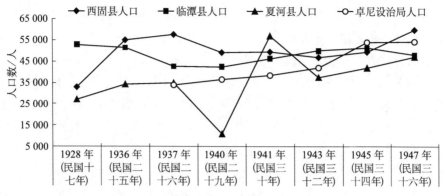

图5-6　民国时期甘南地区的人口数量

（3）新中国成立以来人口数量变化

1949年甘南藏族自治州人口总量为296 860人，1990年人口达到582 360人，41年间人口增长了96.17%，年均增长率为23.46‰；1990~2000年人口增长了10.23%，年均增长率为10.23‰；2000~2013年人口增长了6.78%，年均增长率为10.23‰，人口增长速度趋于下降。总体来看，新中国成立以来甘南藏族自治州人口数量经历了不同的变化阶段。

第一阶段（1949~1958年）：人口高速增长期。该时期甘南藏族自治州的人口总量由1949年的296 860人增长到1958年的340 206人，净增人口43 346人，增长率由1950年的10.14‰提高到1958年的19.33‰，其中1951年人口年增长率更高达20.22‰，呈现出高速增长的特点。主要原因在于：①新中国成立后，在州内进行了一系列民主改革运动，社会安定，人民得以休养生息，第一个五年计划的顺利完成和经济水平的快速发展为人口增长奠定了社会和经济基础；②1953年甘南藏族自治州成立以后，各项社会事业全面发展，大量外来人口迁入参加甘南藏族自治州开发与建设，从而加快了人口增长；③人口出生率激增（1949~1958年年平均出生率高达25.68‰）也加速了人口增长。

第二阶段（1959~1961年）：人口增长震荡期。该时期甘南藏族自治州的人口出现了异常变化，人口年增长率由1959年的85.71‰锐减到1961年的-13.20‰，其中1960年人口增长率低至-26.27‰。究其原因，主要在于三年自然灾害，加上决策失误，致使国民经济发生严重倒退，人口大量外迁，自然增长率降低，三年期间该区净迁出人口55 630人，死亡率急剧上升，1960年高达49.65‰。

第三阶段（1962~1973年）：人口稳定快速增长期。该时期甘南藏族自治州人口从1962年的316 757人增加到1973年的440 619人，净增长123 862人，年均增长率达35.55‰。其中，1962~1966为平稳增长期，年均增长率为

22.97‰。1966 年"文化大革命"开始后，人口发展完全失控，1967～1972 年，人口年均增长率超过了 35‰，其中，1970 年更高达 41.63‰。这一时期的人口增长态势为当前的人口规模奠定了基础。

第四阶段（1974～1990 年）：人口增长平缓回落期。随着各县计划生育机构的相继设立，人口增长得到了科学有效地控制，人口增长幅度不断下降，该时期人口增加了 129 891 人，年均增长率降到 17.94‰，但仍高于甘肃省平均水平。究其原因，主要是人口惯性的作用（表 5-4）。

第五阶段（1991～2013 年）：人口平稳增长期。该时期的工作重心全部转移到经济建设上，甘南藏族自治州社会经济快速发展，人民生活水平得到了极大提高，人口再生产类型开始向"低出生、低死亡、低增长"转变。期间，人口增加 10.76 万人，年均增长率为 7.93‰（图 5-7，图 5-8）。

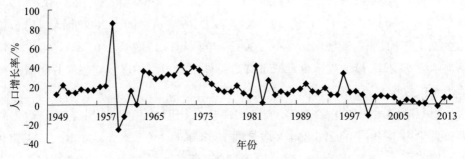

图5-7 甘南藏族自治州人口增长率变化趋势

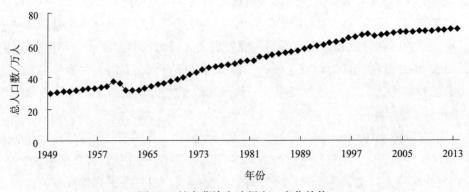

图5-8 甘南藏族自治州人口变化趋势

2. 人口空间分布变化轨迹

甘南藏族自治州近 70% 的人口分布在占国土面积 37.6% 的东部四县（临潭

县、卓尼县、迭部县、舟曲县）。1953 年该四县人口达 217 783 人，占全州总人口的 69.21%；1990 年四县人口达 384 902 人，占全州总人口的 66.29%；2013 年，东部四县人口已达 473 039 人，占全州总人口的 63.44%。其余约 30% 的人口分布在占全州面积 62.4% 的西部地区，1960 年西部地区人口为 107 284 人，占全州人口的 29.80%；1990 年人口达到 195 804 人，占全州总人口的 33.71%；2013 年达 255 076 人，占全州总人口的 34.2%。

总体来看，甘南藏族自治州人口分布东密西疏、农密牧疏、镇密乡疏、谷密山疏。究其原因，主要在于该区独特的自然地理条件、资源禀赋状况等因素。位于甘南藏族自治州东南部的舟曲县属于亚热带地区，平均海拔 1400m，气候条件好，适合农作物种植，但山大沟深、坡陡土薄，石多土少，人口密度仅为 16.57 人 /km²；而临潭县虽然气候条件差，平均海拔 2800 余米，但由于地处山原区，土地较为平坦，土壤肥沃，人口密度达 102.85 人 /km²；位于岷迭山区的迭部、卓尼两县，气候温和，但受山区地形的限制，人口分布相对稀疏且人口数量小，人口密度分别为 12.30 人 /km² 和 20.49 人 /km²；位于甘南高原西南部的玛曲、碌曲两县，平均海拔在 3000m 以上，以牧业为主，人口平均密度仅为 5.32 人 /km² 和 6.83 人 /km²；地处甘南高原中部和北部的合作、夏河两县市，平均海拔在 2700m 左右，因合作市为甘南藏族自治州的首府，具有较强的人口聚集功能，其人口密度达 34.51 人 /km²（表 5-4，图 5-9）。

表5-4　2013年甘南藏族自治州人口密度

地名	面积/km²	人口/人	人口密度/（人/km²）
甘南藏族自治州	45 000.00	745 690	16.57
合作市	2 670.00	92 134	34.51
临潭县	1 557.68	160 214	102.85
卓尼县	5 419.68	111 049	20.49
舟曲县	2 983.00	142 401	47.74
迭部县	4 825.73	59 375	12.30
玛曲县	10 190.80	54 215	5.32
碌曲县	5 298.60	36 200	6.83
夏河县	8 687.73	90 092	10.37

资料来源：《甘南州年鉴 2013》

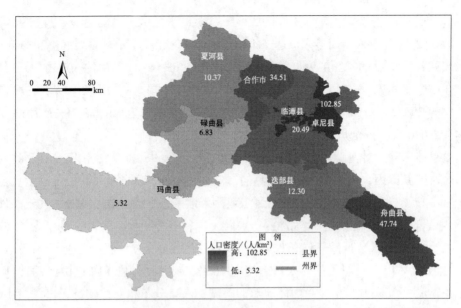

图5-9　甘南藏族自治州人口密度分级

3. 人口迁移的历史轨迹

作为偏远地区，历史上甘南人口迁移主要以迁入为主。从秦始皇八年（公元前239年），迁民于临洮（今临潭县、岷县）开始，甘南藏族自治州境内逐渐有外来人口和游牧部落的定居融合。汉景帝（公元前156年～公元前141年）时，北方羌族归附汉朝，守卫陇西塞，逐渐在狄道（今临洮）、安故（今洮南）、临洮（今临潭县、岷县）、氐道（今礼县西北）、羌道（今舟曲县）等地区定居。

汉武帝年间（公元前140年～公元前87年），大批汉族人随军西迁，移民充边。甘南人口规模再一次增加。

明太祖朱元璋为了稳定边陲，把大量应天府、凤阳、定远一带的居民迁移到洮岷一带"屯田"，并发配许多罪犯到这里服役。明洪武十一年（1378年）征西将军邓愈、沐英率军"讨西番"，遂定居于此，成为临潭县汉族的主体。

舟曲县汉族，大多是明初从山西、河南、陕西等地迁徙而来。

藏族是甘南地区最古老的土著民族，远在秦汉时期的羌人，唐宋以来的吐蕃及至明清以来的藏族，均一脉相承，源远流长。

境内的回族，是在元明清时期逐渐迁来的。明初，征西将军邓愈、沐英麾下有回族士兵信仰伊斯兰教，为满足部下的宗教生活要求，按明太祖圣谕，在洮州兴建清真寺，后成为临潭县回族的主要渊源。

新中国成立后，甘南藏族自治州人口迁移经历了几个不同的阶段，人口迁移对该区人口规模变化产生重要影响。其中，1949～1959年，国家在甘南藏族自治州建立了大批的行政机构、厂矿企业、学校。20世纪50年代该区净迁入人口37 218人，平均每年迁入3700人。其中，1959年净迁入29 994人，而同年自然增长人数仅为5853人，人口迁入大大推动了该区人口增长；1960～1963年，经济困难使人口大量迁出。三年间净迁出人口55 630人，年均增长仅为18 543人，致使人口数量减少；1964～1990年，迁入人口大于迁出人口。其中，净迁出年份为7年，共迁出8528人，净迁入年份为20年，共迁入口53 439人，平均每年迁入人口2627人；1991～2013年，州际人口迁移总体放缓，政策性的人口迁移很少，迁入人口大于迁出人口，年均净迁入人口499人，但受农民工进城务工等因素的影响，迁出人口规模逐年增加（图5-10）。

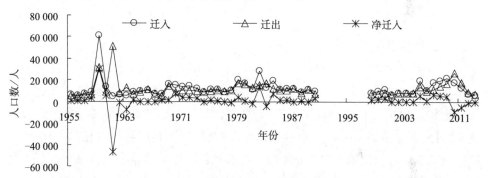

图5-10 甘南藏族自治州人口迁移变化趋势

注：1991～1997年的人口迁移数据缺失

4. 人口再生产类型的变化轨迹

随着医疗水平及生活质量的提高，甘南藏族自治州人口再生产类型逐渐由过去的"高出生、低死亡、高增长"向"低出生、低死亡、低增长"转变。1978年该区人口出生率、死亡率和自然增长率分别为21.86‰、7.416‰、14.45‰；随后出生率先降后升、死亡率波动下降，自然增长率先降后升，至1990年该区人口出生率增至24.02‰，死亡率降为7.35‰，自然增长率高达16.67‰；此后，出生率趋于下降，死亡率波动下降，自然增长率也呈下降趋势，至2013年该区人口出生率达14.79‰、死亡率为7.06‰、自然增长率为7.73‰。其中，人口出生率最高的是玛曲县和碌曲县，分别为19.03‰和13.89‰，最低的是迭部县，为9.86‰；死亡率最高的是碌曲县和迭部县，分别为6.64‰和6.27‰，最低的是合作市，为3.96‰。而同期甘肃省的人口出生率、死亡率、自然增长率分别为12.16‰、6.08‰、6.08‰，可见，甘南藏族自治州的人口出生率、死亡率、自然增长率均略高于甘肃省平均水平（图 5-11）。

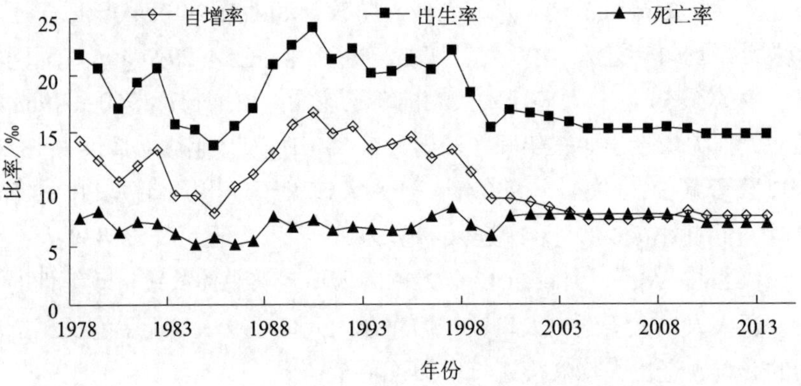

图5-11 甘南藏族自治州人口"三率"变化趋势

5. 人口结构变化轨迹

（1）民族结构变化轨迹

甘南藏族自治州共 24 个民族，人口在 100 人以上的民族有藏族、汉族、回族、土族、撒拉族、满族、东乡族和蒙古族 8 个民族，其中藏汉两个民族人口达 60 万之多。从历次人口普查的数据可以看出，甘南藏族自治州的少数民族人口构成基本保持稳定的态势，不同时期略有消长，但总体格局仍为藏族人口占主体，各民族人口均有增长（表 5-5）。2013 年甘南藏族自治州藏族人口为 408 125 人，占总人口的 54.73%；汉族人口为 281 020 人，占 37.68%；其他民族人口占 7.58%。

表5-5 甘南藏族自治州人口民族构成

民族	1982年		1990年		2000年		2013年	
	人口/人	比重/%	人口/人	比重/%	人口/人	比重/%	人口/人	比重/%
藏族	233 044	44.97	276 846	47.67	329 278	51.44	408 125	54.73
汉族	247 995	47.85	261 939	45.11	267 260	41.75	281 020	37.69
回族	35 761	6.90	39 919	6.87	41 163	6.43	53 332	7.15
土族	539	0.10	743	0.13	939	0.15	1 156	0.16
撒拉族	384	0.07	366	0.06	222	0.03	411	0.06
满族	215	0.04	340	0.06	257	0.04	329	0.04
东乡族	150	0.03	165	0.03	258	0.04	518	0.07
蒙古族	48	0.01	121	0.02	215	0.03	291	0.04
其他族	142	0.02	267	0.05	514	0.08	498	0.07
合计	518 228	100.00	580 706	100.00	640 106	100.00	745 680	100.00

资料来源：《甘南州志》，甘南藏族自治州人口"五普"资料

（2）性别结构变化轨迹

20 世纪 80 年代以前，甘南藏族自治州女性人口略多于男性人口。80 年代以后，男性人口略多于女性人口。2013 年该区男性人口为 380 626 人，占 51.04%；女性人口为 365 054 人，占 48.96%，性别比为 1.042 : 1，比 2006 年下降了 0.017个百分点。而同期，甘肃省、全国的性别比分别为 1.044 : 1、1.051 : 1，该区性别比分别比全国、甘肃省低 0.009 个百分点、0.002 个百分点。总体来看，甘南藏族自治州城乡人口性别比差异较大，城镇高于乡村；农业与非农业人口性别比差别也较大，非农人口高于农业人口（图 5-12）。

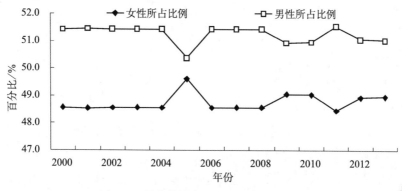

图5-12　甘南藏族自治州性别比变化趋势

（3）年龄结构变化轨迹

新中国成立以来，甘南藏族自治州的人口年龄结构发生了很大变化，已完成了从年轻型、增长型逐渐向成年型、稳定型的过渡。2000 年该区 0～14 岁人口 18.53 万人，占总人口的 28.95%，15～64 岁人口 42.15 万人，占总人口的65.85%，65 岁以上人口 3.33 万人，占总人口的 5.20%，老少比为 17.97%；2013年 0～14 岁人口 4.68 万人，占总人口的 21.04%，比 2000 年下降 7.91 个百分点；15～64 岁人口 49.95 万人，占总人口的 71.58%，比 2000 年上升 5.73 个百分点，劳动年龄段的人口增加，一方面使该区处于人口红利期，不仅人口负担系数较小，丰富的劳动力资源也促进了经济发展，另一方面也使该区面临较大的就业压力；65 岁以上人口 5.15 万人，占总人口的 7.38%，比 2000 年增长了 2.18 个百分点，说明随着社会经济的快速发展、生活水平的不断提高和医疗卫生水平的不断改善，人均寿命不断提高，老年人口增多，人口老龄化进程加快。

从表 5-6 中可以看出，1964 年、1982 年甘南藏族自治州的人口结构属于年轻型；1990 年少年儿童系数分别比 1964 年、1982 年降低了 4.1 个百分点、7.9个百分点，而老年系数分别增长了 0.92 个百分点和 0.35 个百分点，老少比分别增长了 4.34 个百分点和 3.84 个百分点,年龄结构向成年型转变;2013 年,少年儿童系数、老年系数、老少比分别为 21.04%、7.38%、35.08%,年龄中位数为 32.29 岁,已完全转化为成年型人口结构。

表5-6 甘南藏族自治州人口年龄结构演变进程

指标	静态人口类型标准			年份					
	年轻型	成年型	老年型	1964	1982	1990	2000	2010	2013
少年儿童系数/%	40以上	30～40	30以下	34.86	38.66	30.76	28.94	21.94	21.04
老年系数/%	4以下	4～7	7以上	3.51	4.08	4.44	5.20	7.08	7.38
老少比/%	15以下	15～30	30以上	10.06	10.56	14.43	17.97	32.27	35.08
年龄中位数/岁	20以下	20～30	30以上	22.63	19.69	22.79	26.77	30.82	32.29

资料来源:《甘南州志》,甘南藏族自治州人口"四普""五普"资料

（4）文化结构变化轨迹

新中国成立以来,甘南藏族自治州教育事业经历了艰难的发展历程,学校从无到有,从牧读小学到马背学校,再到寄宿制学校,基础教育基本形成了规模,民族教育也取得了突破性进展。尤其改革开放以来,甘南藏族自治州的教育事业取得了空前发展,少数民族人口的受教育年限逐年提高,其中,2013 年藏族儿童入学率达 98.8%,比 2005 年提高 2.6 个百分点;藏族学生在校人数由 2005 年的 66 473 人增加到 2013 年的 73 921 人。总体来看,甘南藏族自治州人口受教育水平有了大幅提高,人口文化结构得以改善,青壮年文盲率从 1990 年的 44.72% 下降到 2013 年的 1.18%。乡村从业人员中,高中以上文化程度的占 8.13%,初中程度的占 19.05%,小学程度的占 59.83%,分别比 2005 年提高 2.44 个百分点、4.31 个百分点、12.47 个百分点;文盲及半文盲占 13.0%,比 2005 年下降 19.21 个百分点。但与甘肃省、全国相比,甘南藏族自治州人口受教育水平仍较低（表 5-7）。

表5-7 甘南藏族自治州每10万人口中各种受教育程度人口 （单位:人）

年份	甘南藏族自治州				全国			
	小学	初中	高中及中专	大专及以上	小学	初中	高中及中专	大专及以上
1990	17 030	90 44	5 406	711	37 057	23 344	8 039	1 422
2000	33 107	10 273	6 448	1 801	35 701	33 961	11 146	3 611
2010	52 380	16 078	7 271	7 567	48 071	14 756	6 673	6 944

资料来源:甘南藏族自治州人口"四普""五普"资料,《中国统计年鉴 2001》,《甘肃藏区人口发展战略研究》

（5）就业结构变化轨迹

2013年甘南藏族自治州从业人口为38.67万人，占总人口的51.9%。其中，第一产业从业人口为23.01万人，占总从业人口的59.5%，比2000年下降10.06个百分点；第二产业从业人口为3.09万人，占总从业人口的7.99%，比2000年上升0.17个百分点；第三产业从业人口为12.57万人，占总从业人口的32.5%，比2000年下降了11.28个百分点（图5-13）。总体来看，该区人口就业结构变化较小，2000年以来第一产业就业比重一直处于第一位，远高于第三产业、第二产业就业比重。这充分说明，甘南藏族自治州急需加快非农产业发展，引导人口向非农产业转移。

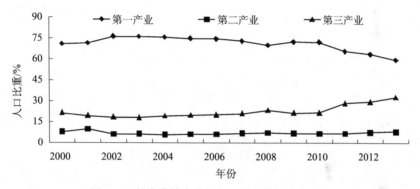

图5-13 甘南藏族自治州人口就业结构变化轨迹

（二）人口预测

1. 人口规模预测

（1）预测方法

a. 自然增长率法

该方法将历史时期的人口自然增长率和机械增长率相加构成综合增长率，并以此作为预测总人口的基础参数。其预测模型为

$$P_t = P_0(1+r)^{t-2007} + K(t-2007) \qquad (5-1)$$

式中，P_t为期末人口数；P_0为基期人口数；r为综合增长率；t为预测末期年度；K为年均净迁入人口。根据1978～2007年甘南藏族自治州人口发展状况，将K值定为1369人，2008～2020年的r值为8‰，2021～2030年的r值为7‰。

b. CPPS软件法

中国人口预测系统软件（CPPS）由国家人口和计划生育委员会王广州教授

研究开发，CPPS 软件具有操作简单、易于理解、预测质量高的特性。为了较为准确地预测甘南藏族自治州的人口规模，采取高、中、低三种方案进行预测，并将预测结果与已有年份的实际人口规模进行比对来检验方案预测值的优越性（数据差距最小的方案优越性最好）。

低方案：①生育参数。"五普"时甘南藏族自治州的综合生育率为 1.67，假设总和生育率为 1.6，以后保持不变。②死亡参数。死亡参数实际是根据预期寿命确定的。"五普"时甘南藏族自治州人口预期寿命为 64.85 岁，而甘肃省男性人口预期寿命为 66.77 岁，女性为 68.26 岁。基于甘南藏族自治州人口发展的实际情况，设定男性预期寿命为 63.35 岁，女性预期寿命为 66.35 岁。根据联合国预期寿命预测方案可推算出 2020 年甘南藏族自治州男性人口预期寿命为 71.95 岁，女性为 75.25 岁。③出生性别比。"五普"时甘南藏族自治州出生性别比为 116.67，设定 2030 年甘南藏族自治州出生性别下降到 106（表 5-8）。

表5-8　联合国预期寿命预测方案　　　　（单位：岁）

目前预期寿命	每五年的增加值		目前预期寿命	每五年的增加值	
	男性	女性		男性	女性
55.0～57.5	2.5	2.5	70.0～72.5	1.0	1.5
57.5～60.0	2.5	2.5	72.5～75.0	0.8	1.2
60.0～62.5	2.3	2.5	75.0～77.5	0.5	1.0
62.5～65.0	2.0	2.5	77.5～80.0	0.4	0.8
65.0～67.5	1.5	2.3	80.0～82.5	0.4	0.5
67.5～70.0	1.2	2.0	82.5～85.0	0.2	0.4

中方案：①生育参数。考虑当地的实际情况（2001～2013 年甘南藏族自治州实际总人口及出生率），以及出生漏报、死亡漏报和流动因素（人口流出）等，将总和生育率调整为 2.0。②死亡参数与低方案相同。③出生性别比与低方案相同。

高方案：①生育参数。将总和生育率设定为 2.4。②死亡参数与低方案相同。③出生性别比与低方案相同。

经过对比检验，高方案最符合甘南藏族自治州人口的实际状况和发展趋势（表 5-9）。

表5-9	基于CPPS软件的甘南藏族自治州人口规模预测值		（单位：人）
年份	低方案	中方案	高方案
2015	716 157	748 677	781 225
2020	736 538	780 697	824 986
2025	744 736	801 612	859 986
2030	743 328	815 690	892 533

c. Logistic 模型

Logistic 生物模型考虑到人口规模增长的有限性，指出在人口发展的早期，人口总量的增长速度比较快，但随着人口的增多，人口增长速度将不断放慢，单位时间增加的人口数也逐渐减少，最后人口规模接近最高值，即达到人口极限规模。其预测模型为

$$P_t = \frac{P_m}{1+e^{a+bt}} \qquad (5\text{-}2)$$

式中，P_t 为第 t 年的人口规模；P_m 为人口极限规模；a、b 均为计算系数。经计算，$a=0.054\ 94$，$b=0.068\ 29$。用 1997～2007 年已有人口数据与预测值进行比较，发现 Logistic 模型的预测准确性高，误差小。

d. 一元线性回归模型

当各时期人口发展速度比较接近时，即在人口发展曲线上任意点切线的斜率基本相等且近似为直线增长时，可采用一元线性回归方法进行人口预测。该模型适用于短期人口预测，用于长期预测时会因人口变动引起的误差逐渐放大而影响预测结果的准确性。其预测模型为

$$Y=a+bx \qquad (5\text{-}3)$$

将时间 x 作为控制变量，人口数量 Y 作为状态变量，基于 1978～2007 年的人口数据，采用最小二乘法（OLS）对参数 a、b 进行估算。回归模型为

$$Y=0.749x-1432.879 \qquad (5\text{-}4)$$

该回归模型的拟合优度 R^2 为 0.983，具有极高的统计显著性。对预测结果进行实证检验，发现最大误差值为 2.69%，平均误差为 0.91%。可见，预测结果与实际人口数量吻合较好。

（2）预测结果

将自然增长率法、CPPS 软件、Logistic 模型和一元线性回归等方案的预测结果加和，计算平均值，可得到甘南藏族自治州人口规模预测综合结果。其中，2020 年甘南藏族自治州总人口将达到 794 753 人，2030 年将达到 850 305 人（表5-10）。

表5-10　不同方案下甘南藏族自治州人口规模预测结果　　（单位：人）

年份	自然增长率	CPPS软件模型	Logistic模型	一元线性回归	平均
2015	762 384	781 225	738 643	763 560	761 453
2020	799 556	824 986	753 458	801 010	794 753
2025	823 554	859 986	765 118	838 460	821 779
2030	858 554	892 533	774 222	875 910	850 305

2. 城镇人口及城镇化水平预测

（1）估算数据的校正

城镇化水平一般用某一区域的城镇人口占总人口的比重来衡量。在我国，城镇人口统计存在多种不同口径，从而出现多种不同口径的城镇化水平。一种是用区域非农人口占总户籍人口比重来表示城镇化水平，这种方法虽然统计口径统一，具有长时间序列的数据，但没有考虑已从事非农产业的农业人口，特别是常住外来人口，从而低估了城镇化水平；另一种是用城镇人口占总人口的比重来表示城镇化水平，但由于我国城镇建制标准的变化及行政区划、人口户籍制度等的影响，加之我国一直没有恰当而稳定的城乡划分标准，城镇人口统计口径在不同时期人口普查中的界定不一致，从而影响了可比性。因此，在城镇化水平预测时需对历史时期的城镇人口数据进行校正。

2000 年"五普"时对城镇人口统计口径进行了改进，新的统计口径更符合实际情况，并能更好地与国际接轨。因此，采用"五普"的市镇人口除以 2000 年统计年鉴的非农人口得到一个比值，将该比值作为甘南藏族自治州城镇化水平测算的校正系数，校正系数为 1.15。

（2）预测结果

首先，基于 1978～2007 年的甘南藏族自治州人口数据，采用综合增长率法进行非农人口预测；然后，用非农人口数乘以校正系数 1.15，即可得到城镇人口预测值；城镇人口预测值占总人口预测值的比值即为预测年份的州域城镇化水平。

预测模型为

$$P = P_0(1+X)^n \qquad (5\text{-}5)$$

式中，P 为期末非农人口数；P_0 为 2007 年年底非农人口数；X 为非农人口年均递增率。1978～2007 年甘南藏族自治州非农人口年均增长率为 47.43‰，故在近期预测中 X 取值为 47‰，而在远期预测中 X 取值为 42‰。

从预测结果可看出，2020 年甘南藏族自治州城镇化水平将达到 37.33%，2030 年将达到 49.47%（表 5-11）。2015～2030 年城镇化水平将增长 18.51 个百分点，年均增长 1.23 个百分点，与 2005～2007 年的城镇化水平增幅（0.86%）相比，城镇化速度加快了 0.37 个百分点，这符合甘南藏族自治州的城镇化发展趋势。

表5-11　甘南藏族自治州城镇化水平预测结果

年份	总人口预测值/人	非农人口预测值/人	城镇人口预测值/人	城镇化水平/%
2015	761 453	205 025	235 779	30.96
2020	794 753	257 953	296 646	37.33
2030	850 305	365 755	420 619	49.47

采用同样的方法可对甘南藏族自治州各县（市）的城镇人口与城镇化水平进行预测，其中，非农人口的预测同样采用综合增长率法，其近期、远期增长率根据各县（市）近十年的人口增长情况来确定（表 5-12）。

表5-12　甘南藏族自治州县域城镇化水平预测结果

县（市）名	年份	总人口/人	非农人口/人	城镇人口/人	城镇化水平/%
合作市	2015	96 620	66 174	76 100	78.76
	2020	101 549	78 593	90 383	89.00
	2030	113 457	86 247	99 184	87.42
临潭县	2015	164 175	24 701	28 406	17.30
	2020	169 580	32 283	37 125	21.89
	2030	185 111	49 436	56 852	30.71
卓尼县	2015	110 371	20 297	23 342	21.15
	2020	113 722	25 905	29 791	26.20
	2030	122 120	37 809	43 481	35.60

续表

县（市）名	年份	总人口/人	非农人口/人	城镇人口/人	城镇化水平/%
舟曲县	2015	147 544	25 353	29 156	19.76
	2020	153 541	30 845	35 472	23.10
	2030	170 111	40 868	46 999	27.63
迭部县	2015	57 579	17 948	20 641	35.85
	2020	58 157	18 864	21 693	37.30
	2030	57 984	19 909	22 895	39.49
玛曲县	2015	54 269	11 392	13 101	24.14
	2020	60 065	14 889	17 122	28.51
	2030	74 412	22 800	26 220	35.24
碌曲县	2015	33 819	7 303	8 399	24.83
	2020	35 107	9 321	10 719	30.53
	2030	36 976	13 604	15 645	42.31
夏河县	2015	89 823	19 748	22 711	25.28
	2020	94 873	24 027	27 631	29.12
	2030	108 276	33 280	38 272	35.35

第二节　城镇发展的经济支撑力

一、产业发展现状

（一）产业结构演变态势

1. 产业结构演变轨迹

新中国成立前，甘南藏族自治州没有工业，畜牧业是其主导产业，农牧业生产条件极端落后。新中国成立后，采取了一系列恢复和发展生产的措施，甘南藏族自治州工农业生产条件不断改善，到1975年年末工农业总产值已达到8387.5万元，但与全省及全国相比差距仍较大，其落后面貌仍没有改变。20世纪80年代以来，甘南藏族自治州的工业有了长足发展，80年代初工业占工农业总产值的比重还不到20%，到20世纪80年代中期，该比重已上升到40%，随后，工业缓慢发展（图5-14）。

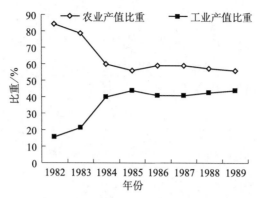

图5-14　20世纪80年代甘南藏族自治州工农业产值比重变化趋势

资料来源:《甘南统计年鉴》(1983～1991)

20世纪90年代以来,甘南藏族自治州产业结构经历了三次转型(图5-15):①从1991～1994年的"一、二、三",到1994～2001年的"一、三、二",再到2001～2010年的"三、一、二",最后到2010～2013年的"三、二、一";②第三产业比重上升明显,第一产业比重总体趋于下降,第二产业比重稳中略有上升;③三次产业产值比重的变动幅度不同,其中,第三产业产值比重变动幅度最大。

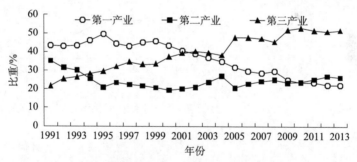

图5-15　20世纪90年代以来甘南藏族自治州产值结构变化趋势

资料来源:《甘肃年鉴》(1991～2013)

目前,甘南藏族自治州产业结构虽已达到较高的发展阶段,但其经济发展水平仍很低,2013年人均生产总值仅为15 605元,比全国平均水平低62.76%,出现了产业结构演进状态高和经济发展水平低共存的矛盾现象,产业结构呈现"虚高度化"。

从产业内部结构来看,从1981年起,畜牧业一跃成为第一产业内部比重最高的产业,成为推动经济增长的主要力量,之后种植业、林业、牧业、渔业的比重虽有一定波动,但牧业>种植业>林业>渔业的顺序未发生根本性变化,2005年种植业、林业、牧业、渔业比重为42.2∶3.47∶54.29∶0.04。在"重工业优先发展"战略的引导下，甘南藏族自治州形成了以重工业为主的工业体系，改革开放以来，这种趋势虽有所改善，但工业结构的基本格局仍未得到脱胎换骨的改变，1980 年重工业产值比重为 69.97%，到 2013 年重工业产值比重仍高达80%，工业重型化特征非常明显（图 5-16，图 5-17）。

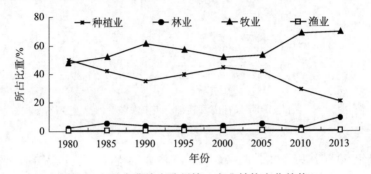

图5-16　甘南藏族自治州第一产业结构变化趋势

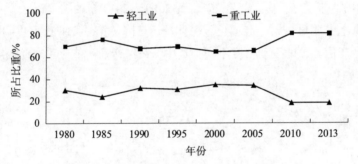

图5-17　甘南藏族自治州工业结构变化趋势

2. 产业空间结构

受资源禀赋、区位条件、历史基础、城镇建设等因素的影响，甘南藏族自治州形成了独具特色的产业空间结构。为了分析各产业的空间分布态势，特引入产业集中度指数。

从表 5-13 可以看出，①除临潭县、合作市外，其他地区的第一产业集中度均大于 1.0，说明该区第一产业空间分布比较均衡；②卓尼县、迭部县、玛曲县、碌曲县的第二产业集中度大于 1.0，说明该区第二产业的空间分布和矿产资源、森林资源的分布一致，玛曲县、碌曲县以矿产资源开发为主，迭部县则以森工企业为主；③合作市、临潭县的第三产业集中度大于 1.0，这主要是由于合作市是甘南藏族自治州的首府，而临潭县自古就是"丝路重镇"，因而第三产业集中于此。

从第一产业内部结构来看：①临潭县、卓尼县、舟曲县的种植业集中度大于 1.0；②林业集中度高于 1.0 的有夏河县、迭部县、舟曲县，其中舟曲县高达

4.02，迭部县高达 2.70，说明林业分布相对集中，与森林资源分布一致；③牧业集中度高于 1.0 的有临潭县、卓尼县、碌曲县、玛曲县、夏河县，牧业分布与草地资源的空间分布态势相对一致。

表5-13 甘南藏族自治州产业集中度

县（市）名	第一产业集中度	第二产业集中度	第三产业集中度	种植业集中度	林业集中度	牧业集中度
合作市	0.31	0.88	1.36	0.26	0.16	0.41
临潭县	0.95	0.64	1.20	3.32	0.20	1.10
卓尼县	1.29	1.09	0.83	1.60	0.92	1.09
舟曲县	1.27	0.83	0.97	3.65	4.02	0.57
迭部县	1.04	1.31	0.83	0.60	2.70	0.60
玛曲县	1.36	1.20	0.74	0.00	0.08	1.61
碌曲县	1.33	1.51	0.60	0.12	0.24	1.19
夏河县	1.28	0.97	0.90	0.55	1.15	1.56

资料来源：《甘南统计年鉴 2013》

3. 产业结构效益

英国经济学家西蒙·库兹涅茨研究了若干国家的收入及产业结构后发现：在产业结构演进过程中，第一产业的比较劳动生产率会趋于稳定，在进入较高收入水平后则明显上升，第二、第三产业的比较劳动生产率会明显降低，当第一产业的比较劳动生产率接近第二、第三产业的比较劳动生产率（表现为前者与后者比值较大）时可认为产业结构效益较高。因此，可利用比较劳动生产率反映产业结构的经济效益水平。

比较劳动生产率 (B) 是指产业的产值比重 (C) 与劳动力比重 (L) 之比，目前普遍认为各行业的比较劳动生产率越接近于 1，其产业结构的效益越好。为此，构建比较劳动生产率差异指数 S：

$$S = \frac{\sqrt{\sum_{j=1}^{3}\left(B_i - 1\right)^2}}{3} \quad (i=1,2,3) \tag{5-6}$$

式中，B_i 为第 i 次产业比较劳动生产率；S 为比较劳动生产率差异指数，S 越小，产业结构效益越好。

从表 5-14 中可以看出：①在 1980～2013 年，甘南藏族自治州的比较劳动生产率差异系数较大，不仅远高于同期东部发达地区水平，而且高于全国平均水平，说明该区产业结构的效益较差。究其原因，主要在于该区第二产业发展滞后，劳动力比重偏低，导致第二产业比较劳动生产率偏高，一直在3.0左右波动，而东部地区第二产业发展迅速，就业比重提高较快，其比较劳动生产率呈下降趋势。②全国及东部地区第一产业的比较劳动生产率呈逐年下降的趋势，符合结构变动普遍规律，但甘南藏族自治州第一产业比较劳动生产率起伏不定，有所波动，说明第一产业效益较差。与全国平均水平相比，甘南藏族自治州第一产业效率仍十分低下，2013年该区农业人口占总就业人口59.4%，高出全国28.02个百分点，而第一产业的贡献率却仅比全国高0.12个百分点，劳动力浪费严重。③第三产业的比较劳动生产率也有所波动。但总体来看，甘南藏族自治州的比较劳动生产率差异系数呈下降趋势，说明该区产业结构整体效益有所提高，产业结构正朝合理化方向转变。

表5-14　甘南藏族自治州、全国与东部地区的比较劳动生产率

年份	甘南藏族自治州				东部地区				全国			
	第一产业B_1	第二产业B_2	第三产业B_3	S	第一产业B_1	第二产业B_2	第三产业B_3	S	第一产业B_1	第二产业B_2	第三产业B_3	S
1980	0.74	4.13	1.71	1.07	0.37	2.77	1.58	0.65	0.44	2.67	1.64	0.62
1990	0.53	5.42	2.01	1.52	0.42	1.61	1.74	0.37	0.45	1.94	1.69	0.43
2000	0.61	2.43	1.76	0.55	0.28	1.91	1.32	0.38	0.33	2.23	1.22	0.47
2005	0.45	3.30	2.51	0.94	0.16	1.29	0.92	0.30	0.32	2.35	1.04	0.50
2010	0.33	3.65	2.46	1.03	0.20	1.03	1.02	0.27	0.28	1.63	1.25	0.33
2013	0.38	3.29	1.58	0.82	0.15	0.95	1.10	0.29	0.32	1.46	1.20	0.28

资料来源：相关年份甘南统计年鉴和中国统计年鉴数据

（二）产业竞争力

区域经济发展过程就是产业结构的调整过程，产业结构的合理化与高级化将促使区域社会经济持续、健康发展。随着国内、国际市场一体化进程的日益加快，产业竞争力已成为决定区域综合竞争力的首要因素。充分培育和发挥区域产业竞争力，不仅可以降低生产绝对成本和相对成本，提高区域劳动生产效率，而且对环境保护、社会全面进步具有十分重要的意义。

1.基于偏离－份额分析的产业竞争力评价

（1）研究方法

采用偏离－份额分析法(shift-share-analysis，简称SS分析法)可以进行区域产业竞争力评价。根据偏离－份额分析原理，一个地区的经济增长可以分为3个部分，即区域增长分量、产业结构偏离分量和区位偏离分量（竞争力分量）。具体指标及公式如下：

引入几个函数：$r(T)$ 表示 T 时期标准区域总产值；$r_i(T)$ 表示 T 时期标准区域 i 产业经济活动水平；$r_{i,j}(T)$ 表示 T 时期 j 区域 i 产业经济活动水平。其中，$T=t_0$ 为基期，$T=t$ 为研究期。

$$r_{ij} = r_{ij}(t) - r_{ij}(t_0) = r_{ij}(t_0)\left[\frac{r(t)}{r(t_0)} - 1\right] + r_{ij}(t_0)\left[\frac{r_i(t)}{r_i(t_0)} - \frac{r(t)}{r(t_0)}\right] + r_{ij}(t_0)\left[\frac{r_{ij}(t)}{r_{ij}(t_0)} - \frac{r_i(t)}{r_i(t_0)}\right] \quad （5-7）$$

1）区域增长分量（N_j）：又称为份额分量，假定当研究区域按标准区域增长时所应达到的增长水平，N_j 越大说明区域 j 内任一产业按照所在地区或全国部门的平均增长率发展所产生的变化量越大。其数学表达式为

$$N_j = r_{ij}(t_0)\left[\frac{r(t_0)}{r(t_0)} - 1\right] \quad （5-8）$$

2）产业结构偏离分量（P_j）：反映了研究区产业结构类型对其经济增长的影响。如果 $P_j>0$，表明该区域的产业结构（部门结构）优于标准区域产业结构（部门结构），说明区域产业结构素质较好，促进了区域经济水平的增长；相反，$P_j<0$，则表明该区域的产业结构落后于标准区域平均水平，说明区域产业结构素质较差，影响区域经济水平的增长。其数学表达式为

$$P_j = r_{ij}(t_0)\left[\frac{r_i(t)}{r_i(t_0)} - \frac{r(t)}{r(t_0)}\right] \quad （5-9）$$

3）区位偏离分量（竞争力分量 D_j）：反映了研究区域的区位条件或竞争能力对其经济增长的影响。$D_j>0$，表明该区域竞争力较强的部门所占比重较大，区域处于有利区位，产业竞争力强；反之，$D_j<0$，则表明该区域竞争力较弱的部门所占比重较大，区域处于不利区位，产业竞争力低。其数学表达式为

$$D_j = r_{ij}(t_0)\left[\frac{r_{ij}(t)}{r_{ij}(t_0)} - \frac{r_i(t)}{r_i(t_0)}\right] \quad （5-10）$$

4）总偏离量 $(P+D)_j$：反映了一定时期内研究区域的实际增长与"份额增长"之间的差值。其数学表达式为

$$(P+D)_j = P_j + D_j \quad （5-11）$$

5）区域经济总增长量（G_j）：

$$G_j = N_j + P_j + D_j = r_{ij} = r_{ij}(t) - r_{ij}(t_0) \quad （5-12）$$

其中，区位偏离分量（竞争力分量）受生产率水平、经营管理水平、投资规模等因素的影响。因此，如果一个区域的区位偏离分量小于 0，则可能是由区位因素造成的，也可能是由该地区生产、经营、管理水平低而造成的。实际上，区位偏离分量包括了除产业结构以外的其他一切因素的影响。

（2）评价结果

根据上述计算方法，分别以全国、甘肃省和全国少数民族地区为标准区域，对甘南藏族自治州的产业竞争力进行评价。其中，在全国少数民族地区层面的研究中，以畜牧业占第一产业的比重、所处的生态区为基准，引入了8个牧业比重较大的少数民族自治州作为比较对象，以便更加科学地反映甘南藏族自治州的产业发展水平。研究中取基期为2009年，末期为2013年。具体计算结果如下：

从表5-15可以看出，无论是以全国为标准还是以甘肃省为标准，甘南藏族自治州的总偏离值均为正值，说明甘南藏族自治州的经济发展速度要快于全国和甘肃省的平均水平。其中，产业结构分量的增量分别为296 789万元和373 930万元，而竞争力分量的增量分别为−6423万元和16 000万元，说明甘南藏族自治州产业结构对经济总量的贡献逐渐增大，并有效地促进了地区经济发展水平。该区的部分产业部门（主要是资源型工业和旅游业）在甘肃省内尚具有一定竞争力，但在全国范围内产业竞争力相对较差。从根本上来看，该区产业结构转型虽促进了经济发展，但其不合理性仍阻碍着经济的进一步发展。

表5-15　偏离–份额分析结果

地区		总增长		份额分量		产业结构分量		竞争力分量		总偏离	
		增量/万元	增率/%	增量/万元	增率/%	增量/万元	增率/%	增量/万元	增率/%	增量/万元	增率/%
甘南(以全国为标准)		390 853	0.68	100 487.96	0.174 3	296 789	0.47	−6 423	−0.01	290 365	0.464
甘南(以甘肃省为标准)		390 853	0.68	923.42	0.001 6	373 930	0.61	16 000	0.03	389 930	0.636
以全国少数民族地区为标准	果洛*	390 853	0.68	0.02	0.000 0	72 944	0.09	317 909	0.55	390 853	0.638
	玉树*	390 853	0.68	6.90	0.000 1	611 671	1.02	−220 825	−0.38	390 846	0.638
	海南*	390 853	0.68	15.90	0.000 3	394 134	0.64	−3 296	−0.01	390 837	0.638
	昌吉*	390 853	0.68	128.76	0.000 2	420 935	0.69	−30 211	−0.05	390 724	0.638
以全国少数民族地区为标准	迪庆*	390 853	0.68	22.31	0.000 4	404 520	0.66	−13 690	−0.02	390 831	0.638
	伊犁*	390 853	0.68	201.97	0.003 5	396 743	0.65	−6 092	−0.01	390 651	0.638
	阿坝*	390 853	0.68	34.70	0.000 5	420 658	0.69	−29 840	−0.05	390 818	0.638
	甘孜*	390 853	0.68	26.91	0.000 5	374 337	0.61	16 490	0.03	390 826	0.638

*均为州简称, 下同

当以全国少数民族地区为标准时，甘南藏族自治州相对于其他8个少数民族地区的总偏离值均为正值，说明甘南藏族自治州的经济发展水平要高于全国少数民族地区的平均水平，但各地区的情况又不尽相同。相对于8个少数民族地区，甘南藏族自治州的产业结构分量均为正值，而竞争力分量除果洛和甘孜为正值外，其余均为负值，说明甘南藏族自治州的产业竞争力仅比果洛和甘孜略高，而低于其他少数民族地区。究其原因，主要在于甘南藏族自治州第一产业比重过高、第二产业发展严重滞后、第三产业发展不充分（表5-16）。

表5-16 各产业偏离–份额分析明细　　　　　　（单位：万元）

地区		第一产业			第二产业			第三产业		
		N	P	D	N	P	D	N	P	D
甘南（以全国为标准）		6 299	81 979	-16 437	25 159	53 634	46 542	69 030	161 176	-36 528
甘南(以甘肃省为标准)		82	81 522	-9 763	293	94 500	30 541	548	197 907	-4 778
以全国少数民族地区为标准	果洛	-1	-61 256	133 098	-1	-26 843	152 179	2	161 044	32 631
	玉树	2	65 515	6 323	3	413 661	-288 330	2	132 494	61 181
	海南	3	81 761	-9 922	7	139 084	-13 756	6	173 289	20 382
	昌吉	24	91 044	-19 227	58	164 430	-39 153	46	165 461	28 170
	迪庆	1	45 126	26 714	6	122 852	2 477	16	236 542	-42 881
	伊犁	39	90 143	-18 340	56	106 759	18 520	107	199 842	-6 272
	阿坝	2	53 588	18 251	16	183 954	-58 636	16	183 116	10 544
	甘孜	5	99 313	-27 477	9	127 974	-2 648	13	147 050	46 615

2. 基于综合指标法的产业竞争力评价

为了更加全面地反映甘南藏族自治州的产业发展水平，在遵循综合性原则、可操作性原则、系统性与层次性原则的基础上，以畜牧业占第一产业的比重、所处的生态区为基准，引入了8个牧业比重较大的少数民族地区作为比较对象，构建了包括5个一级指标（表5-17），14个二级指标的区域产业竞争力指标体系（表5-18），采用主成分分析法对甘南藏族自治州的产业竞争力进行评价。

表5-17 对比区特征　　　　　　（单位：%）

地区	甘南	甘孜	阿坝	伊犁	果洛	玉树	昌都	那曲	阿里
牧业占农林牧渔比重	50.64	59.46	53.45	41.10	80.09	63.48	47.50	78.92	94.34
牧业占GDP比重	16.06	14.76	11.48	13.71	27.96	43.29	18.71	30.05	37.74

表5-18 区域产业竞争力指标体系

评价目标	一级指标	二级指标
产业竞争力	产业发展水平	畜牧业产值、工业总产值、第二产业比重、第三产业比重、第二产业就业比重、第三产业就业比重
	产业增长能力	第二产业增长率、第三产业增长率
	产业盈利能力	工业利润、工业增加值率、产值利税率、全员劳动生产率
	产业市场竞争力	市场占有率
	产业技术竞争力	R&D经费占GDP比重

数据标准化采用标准差标准化法，计算公式如下：

$$X_i^* = \frac{X_i - \overline{X}}{\sqrt{\dfrac{1}{N-1}\sum_{i=1}^{N}\left(X_i - \overline{X}\right)}} \qquad (5\text{-}13)$$

式中，X_i^* 为指标标准化值；X_i 为指标初始值；$\overline{X}$ 为指标初始平均值；N 为指标数。具体计算结果如表 5-19 所示。

表5-19 国内产业竞争力主成分载荷阵、特征根及累计贡献率

变量	主成分			
	C_1	C_2	C_3	C_4
X_1：畜牧业产值	0.819	−0.036	−0.502	0.261
X_2：工业总产值	0.912	−0.052	−0.355	0.188
X_3：第二产业比重	−0.176	0.451	0.426	0.710
X_4：第三产业比重	0.058	−0.117	0.609	0.678
X_5：第二产业就业比重	0.965	−0.180	−0.099	0.121
X_6：第三产业就业比重	0.719	−0.115	0.336	−0.259
X_7：第二产业增长率	0.145	0.673	−0.017	−0.453
X_8：第三产业增长率	−0.458	0.716	−0.298	0.322
X_9：工业利润	0.610	0.183	0.587	−0.318
X_{10}：工业增加值率	−0.085	0.722	0.234	0.380
X_{11}：产值利税率	0.181	0.959	0.144	−0.063
X_{12}：全员劳动生产率	0.119	0.917	0.114	0.276
X_{13}：市场占有率	0.922	−0.036	−0.333	0.184
X_{14}：R&D经费占GDP比重	0.068	−0.659	0.689	0.268
特征根	4.972	4.058	2.162	1.416
贡献率 / %	35.511	28.989	15.441	10.114
累计贡献率 / %	35.551	64.500	79.941	90.054

由表 5-19 可以看出，当提取出 4 个因子时，累计贡献率已达到 90.054%，且每个因子的特征根均大于 1，符合统计要求。从载荷阵表可以得出，X_1、X_2、X_5、X_6、X_9、X_{13} 六个变量在第一主成分上具有较大的正载荷值，说明第一主成分反映了产业发展水平和市场竞争力因素；X_7、X_8、X_{10}、X_{11}、X_{12} 五个变量在第二主成分上具有较大的正载荷值，说明第二主成分反映了产业增长速度和效益因素；X_{14} 等变量在第三主成分上具有较大的正载荷值，说明第三主成分反映了技术因素；X_3、X_4 等变量在第四主成分上具有较大的正载荷值，说明第四主成分反映了产业结构因素。

以各个主成分的贡献率作为权重，利用下式可计算出产业竞争力综合得分：

$$T_i = 0.36F_{1i} + 0.29F_{2i} + 0.15F_{3i} + 0.10F_{4i} \tag{5-14}$$

式中，T_i 为 i 地区产业竞争力的综合得分；F 为 i 地区各主成分的单项得分。

结果显示，甘南藏族自治州的产业竞争力综合得分为 -0.13（图 5-18），在参照区中排在第七位，比第一位的阿坝低 0.81，说明甘南藏族自治州的产业竞争力在我国少数民族地区中处于落后地位，该结果与偏离 – 份额分析法得出的结论一致。

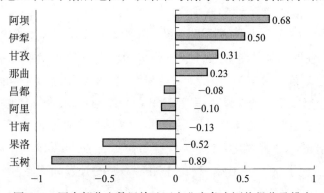

图5-18 国内部分少数民族地区产业竞争力评价得分及排序

3. 影响产业竞争力的主要因素

建州以来，甘南藏族自治州经济发展水平有了稳步提高，已形成了门类相对完整的产业体系。但与全国及发达地区相比，产业发展仍缺乏竞争力。究其原因，主要体现在以下几方面。

（1）产业结构虚高度化，专业化程度低，比较效益差

20 世纪 90 年代以来，甘南藏族自治州的产业结构经历了从"一、二、三"型到"三、二、一"型的转变，第三产业成为经济发展的主体，产业结构的优化速度有所提高。然而，对于工业基础薄弱、工业化程度较低的甘南藏族自治州来说，第三产业的高速发展并不能真正取代工业制造业而成为经济增长的动力引

擎，产业结构呈现"虚高度化"。与此同时，产业结构专业化程度和产业结构效益也比较低，导致产业缺乏竞争力。

（2）第一产业结构单一，发展后劲不足，牧民增收的长效机制尚未形成

甘南藏族自治州产业结构具有显著的农牧经济特征，但第一产业生产条件差，抵抗自然灾害能力低，使得第一产业大而不强，多样化水平较低。畜牧业是该区农牧民收入的主要来源，但受品种单一、草畜矛盾、经营方式落后等因素的制约，发展速度呈逐年下滑趋势，加之近年来实施了一系列退牧还草、休牧禁牧等生态建设项目，使牧业增效、牧民增收的步伐减缓。

（3）工业总量小，企业效益差，市场竞争力不强

甘南藏族自治州第二产业以森工、采掘、能源业为主。天然林禁伐后，由于森工产业转产慢、亏损企业多，产业效益非常低；采掘及能源企业基础差、规模小、主要提供初级产品，满足最终市场需求的能力低，长期处于"调出调入"不等价交换的境地。2013 年甘南藏族自治州第二产业增加值占生产总值的比重仅为 26.22%，比甘肃省低 18.53 个百分点，尚处于工业化前期阶段，对第一产业缺乏反哺能力。

（4）第三产业内部结构不合理

受原有体制和生产技术体系的限制，甘南藏族自治州金融保险业、房地产业、信息咨询业等新兴行业发展严重不足，2013 年金融保险业和房地产业仅占该区第三产业产值的 8.12% 和 3.23%，该比重仅相当于全国平均水平的 2/3 和 1/4，第三产业仍以传统的批发零售贸易餐饮业、交通运输仓储和邮电业为主。

甘南藏族自治州具有丰富的旅游资源，发展旅游业具有极其广阔的前景。2013 年共接待国内外游客 410.2 万人次，旅游综合收入达 17.4 亿元，旅游综合收入占 GDP 的比重达到 16.0%。但由于旅游资源的开发缺乏系统规划和规范管理、旅游设施无法与旅游环境和谐融合、对民族文化和历史遗迹缺乏保护等，旅游业发展仍较落后，对国民经济的引领作用并未凸显。

（5）产业链条短，经济带动作用不强

甘南藏族自治州产业链条短，提供的产品与日趋多元化的消费市场相比，结构相对单一，多为满足当地需求的低附加值产品，没有形成名牌产品，也没有足够的资金和技术积累来开发新产品；另外，省属企业与当地企业之间、轻工业与重工业之间、基础工业与加工业之间的产业关联度不高，未形成有序的产业组织，二元结构比较突出，导致产业发展对区域经济的促动作用不强。

二、经济发展态势

经济发展是推动地区发展的最基本动力源泉。新中国成立以来，我国少数民

族地区经济得到了较快发展，部分少数民族地区已经形成了富有地域特色的经济体系。然而，甘南藏族自治州推行的仍是资源开发导向型的传统发展战略，未能充分发挥生物资源多样性、民族文化多样性等优势，尚未建立起具有区域特色、民族特色的本土化经济体系，经济发展缺乏竞争力。

（一）经济发展轨迹

1. 经济发展轨迹

新中国成立以来，甘南藏族自治州的经济发展大体经历了三个阶段：1953～1957 年的经济初步建设时期、1958～1978 年的经济徘徊不前时期、1979～2013 年的经济持续快速发展时期（表 5-20，图 5-19）。

表5-20 甘南藏族自治州经济发展状况

时期	总体态势	工业	农业	人民生活
1953～1957年	经济快速恢复，发展较快	经济快速恢复，发展较快	通过土地改革，发展较快	物价稳定，生活改善
1958～1978年	国民经济遭受重大损失，经济发展徘徊不前	片面强调重工业，工业内部结构严重失调，生产大幅度下降	由于自然灾害，农业发展缓慢	生活水平没有明显改善
1979～2013年	实行改革开放，经济发展较快	工业生产持续增长，结构失调得到改善	农业生产稳步增长，结构优化，产业进程加快	生活水平迅速提高

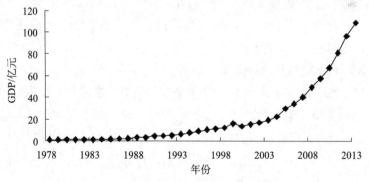

图5-19 甘南藏族自治州GDP演变轨迹

资料来源：《甘肃统计年鉴》(1978～2013)

（1）第一阶段（1953～1957 年）

这一阶段经济快速恢复，发展较快。尽管"一五"后期甘南藏族自治州的年度经济发展计划指标过高，粮食生产等没有完成计划，但在"一五"期间，甘南藏族自治州工农业生产还是得到了较快发展。1957 年工农业总产值达 3685 万元，比 1953 年增长 20.74%，年均增长 4.8%。其中，工业总产值为 141 万元，相当于 1953 年的 35 倍；农业产值为 3544 万元，比 1953 年增长 20.75%。

（2）第二阶段（1958～1978 年）

由于片面追求生产建设的"全面大跃进"，只强调重工业，导致工业内部结构严重失调，工业发展速度缓慢，生产能力大幅下降。再加上连续 3 年的自然灾害，致使国民经济遭受重大损失，经济总量及经济效益下降。此后，虽然出现过一段由经济调整所带来的短暂经济回升，但"文化大革命"又使甘南藏族自治州经济发展遭受重挫。此阶段，甘南藏族自治州的经济增长大起大落，增长率也多次降到了零点以下，具有典型的"古典周期"特点。

（3）第三阶段（1979～2013 年）

改革开放以来，甘南藏族自治州始终贯彻"以牧为主，牧农林结合，因地制宜，综合发展"的生产方针，国民经济快速增长，综合实力逐年增强。工农业结构失调得到明显改善，内部结构逐渐优化，生产能力大幅提高。同时，固定资产投资规模不断扩大，投资结构明显改善。畜牧业、旅游业等特色产业出现良好的发展势头，城乡居民收入不断增加，人民生活逐步提高。这一阶段经济增长率虽有时出现下降，但绝对量却持续上升，波动幅度在总体上逐渐趋于和缓，具有典型的"增长周期"的特点。1978～2004 年，甘南藏族自治州 GDP 由 1.1 亿元增加到 22.58 亿元，年均增加 0.79 亿元；2005～2013 年，GDP 飞速上升，由 2005 年的 29.97 亿元增加到 2013 年的 108.89 亿元，年均增加 8.77 亿元（图 5-19）。

但是，由于自然条件差，经济综合实力弱，自我发展能力不强，甘南藏族自治州的发展水平和发展阶段仍远远滞后于甘肃省和全国平均水平（图 5-20）。2013 年，甘南藏族自治州经济总量仅占甘肃省的 1.7%，处于甘肃省最末位，全国 30 个少数民族自治州中排在第 24 位。人均 GDP 仅相当于甘肃省平均水平的 64.23%，大口径财政收入仅占全省财政收入的 1.39%。人均 GDP 增长率与甘肃省的差距也逐渐扩大，"八五"期间二者的增长速度仅相差 1.7%，而 2013 年甘肃省人均 GDP 增速是甘南藏族自治州的 1.47 倍，使得甘南藏族自治州对甘肃省经济发展的贡献率下降。

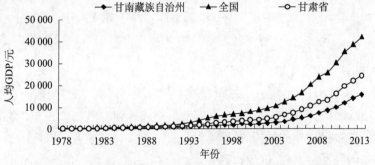

图5-20　甘南藏族自治州、甘肃省和全国人均GDP变化趋势

2. 经济空间格局演变态势

（1）GDP 的空间演变轨迹

2000 年以来，甘南藏族自治州各县（市）的 GDP 一直都保持着平稳上升的态势（表 5-21）。从 GDP 的排序变化来看，合作市的经济发展水平一直保持在全州第一位，而玛曲县有所下降。其中，2000 年 GDP 位居前三位的依次为合作市、玛曲县、夏河县；2005 年依次为合作市、玛曲县、夏河县；2010 年依次为合作市、玛曲县、夏河县；2013 年 GDP 位居前三位的依次为合作市、夏河县、临潭县。

表5-21 甘南藏族自治州GDP的空间分布

县（市）名	2000年		2005年		2010年		2013年	
	GDP/万元	占全州比例/%	GDP/元	占全州比例/%	GDP/万元	占全州比例/%	GDP/万元	占全州比例/%
临潭县	19 238	14.01	32 788	12.56	84 631	12.69	140 828	12.97
卓尼县	13 980	10.18	27 015	10.35	73 920	11.08	120 488	11.09
舟曲县	16 800	12.24	27 407	10.50	70 708	10.60	118 955	10.95
迭部县	9 528	6.94	19 750	7.57	51 751	7.76	89 824	8.27
玛曲县	23 751	17.30	42 750	16.38	95 165	14.26	135 876	12.51
碌曲县	9 050	6.59	16 890	6.47	48 086	7.21	83 722	7.71
夏河县	18 803	13.69	31 042	11.89	85 151	12.76	141 522	13.03
合作市	26 149	19.05	59 118	22.65	157 728	23.64	254 960	23.47

资料来源：《甘肃统计年鉴》(2000～2013)

从 GDP 的地区构成来看，近 10 年来，合作、卓尼、迭部、碌曲等县（市）占甘南藏族自治州 GDP 的比重逐年上升，而舟曲县、玛曲县、临潭县、夏河县所占比重下降，这与这些地区的资源型企业受到国际、国内市场的挑战及国有企业转制等因素有关。

（2）人均 GDP 的空间演变轨迹

2000 年以来，甘南藏族自治州各县（市）人均 GDP 持续增加，但增长速度在空间上并不均衡，其中，迭部县人均 GDP 的增长速度最高，年均增长 77.51%；卓尼县次之，年均增长 64.61%；玛曲县增长最慢，年均仅增长 29.20%。人均 GDP 的空间布局也发生了变化，其中，2000 年人均 GDP 位居前三位的依次为玛曲县、合作市、碌曲县，而 2013 年依次为合作市、玛曲县、碌曲县（图 5-21）。

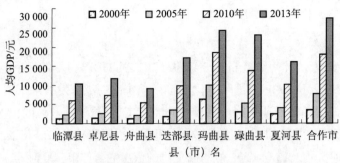

图5-21 甘南藏族自治州各县（市）人均GDP变化趋势

相对差距 R 值（各地区人均 GDP 与全州人均 GDP 相比的相对值）的变化，在很大程度上也反映了地区发展速度的差异程度和分布特征。从甘南藏族自治州各县（市）人均 GDP 与全州人均 GDP 的相对值来看（图 5-22），除了玛曲县、碌曲县、夏河县、合作市的 R 值始终大于 1 之外，其他县都落后于全州的整体水平。其中，玛曲县、夏河县、合作市的 R 值略有下降，其他几个县均有不同程度的增加。

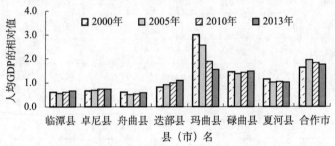

图5-22 甘南藏族自治州各县（市）人均GDP的相对值变化趋势

为了更好地分析甘南藏族自治州在空间上的发展差异，特引用"相对经济发展速度"对甘南藏族自治州 7 个县 1995～2005 年、2005～2013 年的经济发展状况进行对比分析（由于合作建市较晚，故没有包括）。具体计算方法如下：

$$某地区相对经济发展速度 = \frac{该地区期末年GDP}{甘南藏族自治州期末年GDP} \div \frac{该地区期初年GDP}{甘南藏族自治州期初年GDP} \quad (5-15)$$

与 1995～2005 年相比，2005～2013 年甘南藏族自治州除玛曲县外的其他六个县相对经济发展速度都有所提高。其中，迭部县的相对发展速度增幅最大，高达 0.93；舟曲县次之，为 0.59；临潭县与卓尼县分别为 0.41、0.44。而玛曲县的相对经济增长速度降低了 0.10（表 5-22）。

表5-22 甘南藏族自治州各县的相对经济发展速度

县名	1995～2005年	2005～2013年
临潭县	0.92	1.33
卓尼县	0.82	1.26

续表

县名	1995～2005年	2005～2013年
舟曲县	0.69	1.28
迭部县	0.46	1.39
玛曲县	0.79	0.69
碌曲县	0.87	1.24
夏河县	0.89	1.17

（3）经济密度的空间演变轨迹

从经济密度来看（表 5-23），近 20 年来甘南藏族自治州各县（市）的经济密度都呈明显的上升趋势，但由于历史和地域环境等因素的影响，经济密度在空间上并不均衡。1995 年，经济密度超过甘南藏族自治州平均水平（即区位商 >1）的县有 4 个，分别为临潭县、舟曲县、迭部县、夏河县；2013 年，经济密度超过甘南藏族自治州平均水平的县（市）降为 3 个，分别是临潭县、舟曲县、合作市。

表5-23 甘南藏族自治州经济密度的空间分布 （单位：万元/km²）

地区	1995年		2000年		2005年		2010年		2013年	
	经济密度	$SGDP_i$	经济密度	$SGDP_i$	经济密度	$SGDP_i$	经济密度	$SGDP_i$	经济密度	$SGDP_i$
临潭县	7.25	3.52	12.35	4.05	21.05	3.63	54.33	3.62	90.41	3.74
卓尼县	1.92	0.93	2.46	0.81	4.74	0.82	13.64	0.91	22.23	0.92
舟曲县	4.13	2.00	5.58	1.83	9.11	1.57	23.49	1.57	39.52	1.63
迭部县	2.73	1.33	1.87	0.61	3.87	0.67	10.13	0.68	17.58	0.73
玛曲县	1.37	0.67	2.33	0.76	4.19	0.72	9.34	0.62	13.33	0.55
碌曲县	1.08	0.52	1.71	0.56	3.19	0.55	9.07	0.60	15.80	0.65
夏河县	2.55	1.24	3.00	0.98	4.95	0.85	13.57	0.90	22.56	0.93
合作市			11.42	3.74	25.81	4.45	59.07	3.94	95.49	3.95
甘南藏族自治州	2.06		3.05		5.80		15.04		24.20	

注：$SGDP_i = \dfrac{i\text{地区的经济密度}}{\text{甘南藏族自治州的经济密度}}$，$SGDP_i$ 为 i 地区的 GDP 区位商；合作市建市于 1998 年，1995 年无数据

资料来源：《甘肃统计年鉴》(1995～2013)

（二）经济竞争力

1. 评价方法

（1）评价指标体系

在遵循综合性原则、可操作性原则、系统性与层次性原则的基础上，构建了包括 3 个一级指标、8 个二级指标和 23 个三级指标的区域经济竞争力指标体系（表 5-24）。在研究中由于涉及甘肃省域层面和全国少数民族地区层面，因而指标体系在具体研究过程中作了一些调整。在进行少数民族地区层面研究时，在"经济实力"指标中引入了人均牧业总产值，在"环境、生态承载力"指标中引入了理论载畜量、草地可利用率；而进行省域层面研究时，则采用环境指数、水土资源承载指数、生态弹性度。

表5-24　区域经济竞争力评价指标体系

一级指标	二级指标	三级指标
经济发展总量	经济实力	GDP(X_1)、固定资产投资额(X_2)、社会消费品零售总额(X_3)、金融机构各项存款余额(X_4)、人均牧业总产值(X_{21})
	政府实力	地方政府财政收入(X_5)、财政支出(X_6)
	居民收入	农民人均纯收入(X_7)、城镇居民人均可支配收入(X_8)
经济发展质量	经济发展活力	GDP增长率(X_9)、第三产业增长率(X_{10})
	人口发展状况	平均受教育年限(X_{11})、人口自然增长率(X_{12})
	环境、生态承载力	环境指数(X_{13})、水土资源承载指数(X_{14})、生态弹性度(X_{15})、理论载畜量(X_{22})、草地可利用率(X_{23})
	产业发展水平	第二产业比重(X_{16})、第三产业比重(X_{17})、第二产业比较劳动生产率(X_{18})、第三产业比较劳动生产率(X_{19})
经济发展流量	外贸水平	出口总值(X_{20})

（2）数据标准化

为了消除量纲的影响，首先对评价指标进行标准化处理。由于一类评价因子与因变量之间呈正相关关系，而另一类评价因子与因变量之间呈负相关关系，因此，分别对两类指标进行标准化处理。

正向指标标准化：

$$X'_{ij} = 100 \times \frac{X_{ij} - X_{j\min}}{X_{j\max} - X_{j\min}} \tag{5-16}$$

负向指标标准化：

$$X'_{ij} = 100 \times \frac{X_{j\max} - X_{ij}}{X_{j\max} - X_{j\min}} \qquad (5\text{-}17)$$

式中，X'_{ij} 为 i 区域 j 指标转换后的无量纲化值；X_{ij} 为 i 区域 j 指标标准化前的原值；$X_{j\max}$ 为各区域中 j 指标的最大原值；$X_{j\min}$ 为各区域中 j 指标的最小原值。

（3）评价模型

采用主成分分析法进行区域经济竞争力评价。若令主成分为 z_1，z_2，$\cdots$，z_n，原始指标为 x_1，x_2，$\cdots$，x_m，则抽取的主成分与原始指标之间的关系可以表示为

$$\begin{aligned}
z_1 &= a_{11}x_1 + a_{12}x_2 + \cdots + a_{1m}x_m \\
z_2 &= a_{21}x_1 + a_{22}x_2 + \cdots + a_{2m}x_m \\
&\cdots\cdots\cdots\cdots \\
z_n &= a_{n1}x_1 + a_{n2}x_2 + \cdots + a_{nm}x_m
\end{aligned} \qquad (5\text{-}18)$$

式中，a 为载荷系数，$n < m$。

根据式 (5-18)，就可以计算各区域的主成分得分，以各主成分的方差贡献率为权重建立经济竞争力评价模型：

$$V_j = \sum_{i=1}^{n} \omega_i z_{ij} \qquad (5\text{-}19)$$

式中，V_j 为第 j 个区域经济竞争力的综合得分；ω_i 为第 i 个主成分的方差贡献率；z_{ij} 为第 j 个区域第 i 个主成分的得分。

2. 经济竞争力评价

（1）甘肃省域层面的经济竞争力评价

根据上述指标体系和计算方法，以甘肃省内其他 13 个市（州）为参照对象，对甘南藏族自治州的经济竞争力进行评价，计算结果如表 5-25 和表 5-26 所示。

表5-25 甘肃省域层面经济竞争力主成分特征根及累计贡献率

因子	初始特征值		
	特征根	贡献率/%	累计贡献率/%
1	8.597	42.987	42.987
2	6.812	34.059	77.046
3	1.472	7.361	84.407

表5-26 甘肃省域层面经济竞争力评价得分及排序

地区	社会因子		经济和产业因子		生态环境因子		综合排名	
	得分	排序	得分	排序	得分	排序	得分	排序
兰州市	3.366 70	1	0.544 96	3	0.126 19	8	1.642 14	1
嘉峪关市	0.143 20	2	1.859 74	2	0.918 24	3	0.762 56	2
金昌市	−0.063 27	5	1.994 31	1	−0.500 19	12	0.615 23	3
白银市	−0.042 96	4	0.521 94	4	−0.692 21	13	0.108 35	5
天水市	−0.568 97	12	−0.885 97	12	0.159 03	7	−0.534 63	11
武威市	−0.216 25	8	−0.144 95	8	0.497 15	4	−0.105 73	7
张掖市	−0.156 37	7	0.026 18	7	1.014 95	2	0.016 41	6
平凉市	−0.063 49	6	−0.321 21	9	−0.494 14	11	−0.173 07	8
酒泉市	−0.017 41	3	0.072 49	6	1.459 81	1	0.124 66	4
庆阳市	−0.489 55	11	0.239 70	5	−2.683 10	14	−0.326 31	9
定西市	−0.230 88	9	−0.693 24	10	−0.158 81	9	−0.347 05	10
陇南市	−0.423 42	10	−1.240 36	14	0.487 78	5	−0.568 56	13
临夏回族自治州	−0.587 29	13	−0.820 18	11	−0.429 64	10	−0.563 43	12
甘南藏族自治州	−0.650 04	14	−1.153 42	13	0.294 95	6	−0.650 56	14

注：综合得分＝第1主成分 × 对应贡献率＋第2主成分 × 对应贡献率＋…＋第5主成分 × 对应贡献率

由表 5-25 可知，当提取 3 个主因子时，累计贡献率已达到 84.407%，且每个主因子的特征根均大于 1，符合统计要求。载荷矩阵表（因篇幅问题中间计算过程省略）显示，第 1 主因子主要用来解释 $X_1 \sim X_6$、$X_{17} \sim X_{19}$、X_{20} 等指标，可表征经济和产业因素；第 2 主因子主要用来解释 X_7、X_8、X_{11} 等指标，可表征生活质量因素；第 3 主因子主要用来解释 X_{12}、X_{13} 等指标，可表征环境因素。

利用建立的评价模型，可计算出甘南藏族自治州在甘肃省域层面上的经济竞争力指数，为 −0.650 56，在参照区中排最后一名，比排名第一的兰州市低 2.29，说明在甘肃省域层面上，甘南藏族自治州的经济竞争力很弱（表 5-26）。

（2）民族地区层面的经济竞争力评价

为了进一步研究甘南藏族自治州在全国少数民族地区经济发展中所处的位置，以畜牧业占第一产业的比重、所处的生态区为基准，在全国范围内选取了四川的阿坝藏族羌族自治州和甘孜藏族自治州，新疆的伊犁哈萨克自治州，青海的果洛藏族自治州和玉树藏族自治州，西藏的昌都地区、那曲地区和阿里地区（除新疆的伊犁哈萨克自治州以外，其他地区均分布在青藏高原上）8个少数民族地区进行比较研究，具体计算结果如表5-27和表5-28所示。

表5-27 民族地区层面的经济竞争力主成分特征根及累计贡献率

因子	初始特征值		
	特征根	贡献率/%	累计贡献率/%
1	10.011	55.618	55.618
2	2.571	14.284	69.902
3	2.145	11.919	81.821

由表5-27可以看出，当提取出3个主因子时，累计贡献率已达到81.821%，且每个因子的特征根均大于1，符合统计要求。载荷矩阵表（因篇幅问题中间计算过程省略）显示，第1主因子主要用来解释$X_1 \sim X_7$、X_{11}、$X_{21} \sim X_{23}$等指标，可表征经济、环境因素；第2主因子主要用来解释X_9、X_{10}等指标，可表征经济增长速度因素；第3主因子主要用来解释$X_{17} \sim X_{19}$等指标，可表征产业因素。

利用建立的评价模型，可计算出甘南藏族自治州在少数民族地区层面上的经济竞争力指数，为-0.32，在参照区中排名第七，比排名第一的伊犁低1.81，说明甘南藏族自治州不仅在甘肃省域层面上经济缺乏竞争力，在全国少数民族地区层面上仍然缺乏经济竞争力（表5-28）。

表5-28 民族地区层面的经济竞争力评价得分及排序

地区	甘南	阿坝	甘孜	伊犁	果洛	玉树	昌都	那曲	阿里
综合得分	-0.32	0.12	-0.08	1.49	-0.39	-0.42	-0.23	-0.09	-0.08
排序	7	2	3	1	8	9	6	5	4

3. 影响经济竞争力的主要因素

综合分析甘肃省省域层面和全国少数民族地区层面的经济竞争力评价结果，可以看出经济发展、社会和产业因素是导致甘南藏族自治州经济缺乏竞争力的主要因素。同时，严峻的生态环境问题也成为制约该区经济发展的重要阻力。

（1）经济发展因素

改革开放以来，甘南藏族自治州的经济总量一直在不断增长，经济实力有了进一步加强。但经济增长速度却始终低于甘肃省和全国平均水平，与东部经济发达地区相比，差距则更大。1978～2000年，甘南藏族自治州人均GDP的年均增长率为10.69%，比甘肃省和全国分别低1.2个百分点、4.1个百分点；2000～2013年，该区的经济发展速度加快，年均增长率提高到了16.6%，但与甘肃省和全国的差距并没有明显缩小（图5-20）。

（2）社会因素

a. 居民收入较低，城乡二元性凸现

经济发展水平滞后也直接导致了甘南藏族自治州居民收入和购买力水平低下（图5-23）。2012年甘南藏族自治州的农村居民人均纯收入为3610元，分别相当于甘肃省的80.12%、全国的45.6%；城镇居民可支配收入为13 970元，分别相当于甘肃省的81.42%、全国的56.87%。收入不足极大地抑制了居民的消费需求，2012年甘南藏族自治州的人均社会消费品零售总额仅为3561元，约相当于甘肃省的1/2、全国的1/4。与此同时，城乡居民间的收入差距也在进一步扩大，2000年甘南藏族自治州城乡居民收入比为2.82：1，2012年则增长到了3.87：1。

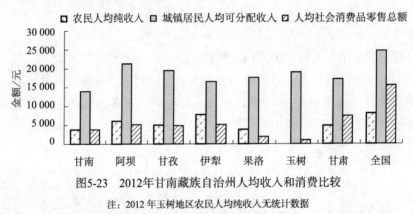

图5-23　2012年甘南藏族自治州人均收入和消费比较

注：2012年玉树地区农民人均纯收入无统计数据

b. 人口受教育程度偏低

甘南藏族自治州人口增长较快，1978～2012年人口年均增长1.28%，比同期甘肃省高0.2个百分点。但该区人口的受教育程度普遍较低，2010年第六次人口普查资料显示，甘南藏族自治州文盲率达13.97%，约为全国平均水平的3倍。对甘南藏族自治州农民受教育年限和农民人均纯收入进行相关分析，发现二者具有很强的相关性，相关系数 $R=0.753$，显著性水平 $P=0.007<0.01$，这充分说明受教育程度已成为影响甘南藏族自治州居民收入的最重要原因。

（3）产业因素

甘南藏族自治州产业结构虽已呈现"三、二、一"型，但与全国相比，尚处于工业化初期阶段，产业结构呈"两头大、中间小"的哑铃形状：第一产业比重高于全国，农业经济特征明显；第二产业比重低于全国，工业化水平低下；第三产业比重虽高于全国，但以传统的流通与服务业为主，新兴第三产业比重较低，对经济发展的服务支撑功能较差。另外，甘南藏族自治州的产业效益低下，大量劳动力集中在第一产业，2013 年甘南藏族自治州第一产业就业人口占总就业人口的比重为 59.4%，高出全国 22.34 个百分点，但第一产业对 GDP 的贡献率仅比全国高 1.46 个百分点；第二产业的贡献率比全国低 17.6 个百分点；第三产业的贡献率虽高于全国 5.4 个百分点，但由于甘南藏族自治州的产业结构存在"虚高度化"现象，第三产业的高速发展无法真正取代制造业而成为经济增长的动力引擎。加之，甘南藏族自治州三次产业的比较劳动生产率差异指数又远高于全国平均水平，致使产业结构效益较低，区域综合竞争力受到很大影响。

（4）生态环境因素

《中华人民共和国国民经济和社会发展第十一个五年规划纲要》将我国国土空间划分为优化开发区、重点开发区、限制开发区和禁止开发区四类主体功能区。优化开发区与重点开发区为实现集聚经济和人口的主体功能，将获得更多的发展机会；而限制开发区与禁止开发区为实现提供生态服务的主体功能，不但要丧失一些发展机会，还要为生态恢复和建设承担相应的支出。

甘南藏族自治州地处青藏高原东缘，它不仅是黄河上游重要的生态屏障，而且是黄河上游最关键的水源补给区，其蓄水、补水功能对整个黄河流域水资源调节起着关键作用。如果黄河首曲段的天然蓄水塔走向崩溃，将必然导致黄河流域水土流失加剧，同时导致雨季洪灾和旱季断流过程加快。据有关专家研究，黄河中下游地区因洪灾或断流造成的损失中有 20% 以上与甘南高原及以上地段的植被破坏有关。因此，国家"十一五"规划将其确定为限制开发区。这意味着甘南藏族自治州不但要丧失一些发展机会，还要为生态恢复和建设承担相应的支出，这必将使该区的经济发展遭受影响。为了使甘南藏族自治州能够享受到与优化开发区和重点开发区同等的基本公共服务，获得大致相同的发展机会，当前急需健全生态补偿机制。

重构篇

　　重点探讨高寒民族地区城镇体系的重构，包括：①城
镇化路径选择与模式重构；②城镇体系组织结构重构；
③城乡一体化格局重构；④空间管治。

第六章 城镇化路径选择与模式重构

新型城镇化是高寒民族地区全面建成小康社会的必由之路，是解决"三农"问题的重要途径，是促进区域协调发展的有力支撑，是实现高寒民族地区长治久安的现实需要。然而，高寒民族地区生态环境脆弱，单位面积环境容量狭小，且承担着重要的生态服务功能，其城镇化发展有着特殊的自然基础、人文基底、发展性质、发展阶段及发展动力，因此，应寻求一条符合特殊区情的城镇化路径，构建具有地域特色的城镇化模式。

第一节　城镇化路径选择

一、新型城镇化发展的机遇与挑战

（一）新型城镇化发展的机遇

1. 国家对民族地区的发展日益重视

新中国成立以来，我国政府就一直将扶持少数民族地区发展作为国民经济和社会发展的重要任务之一，通过实行特殊扶持政策，连续投入巨额资金，改善少数民族地区群众生产生活、基础设施、文化教育、卫生条件，帮助人口较少民族加快发展。近年来，国家对少数民族地区的发展稳定问题更加重视。为了实现各民族共同繁荣发展，中共中央国务院制定了《关于进一步加强民族工作，加快少数民族和民族地区经济和社会发展的决定》，并出台了一系列相关的优惠政策和措施，来推动少数民族地区经济社会的快速发展。财政部数据显示，2000～2007 年中央财政累计安排民族地区转移支付 717.3 亿元，这些资金有效缓解了少数民族地区资金短缺问题，成为推动少数民族地区经济社会发展的强大动力。

2007 年，胡锦涛等中央领导同志对青海藏区经济社会发展问题做出了重要批示，由中央统战部和国家发改委牵头开展支持青海藏区经济社会发展的政策措施研究工作，加大支持力度，对西藏以外的藏区统筹考虑，促进经济社会发展，使广大农牧民生活逐步得到明显改善。甘南藏族自治州根据国家政策措施研究工作部署，参照青海藏区享受国家特殊优惠政策的建议，完成了《甘南藏族自治州经济社会发展问题及请求中央支持的重点领域和政策建议研究报告》，提出了发展目标和需要国家支持的重点领域，该报告被纳入甘肃省的《甘肃藏区经济社会发展政策措施研究报告》。

2009 年 2 月，甘肃省扶贫开发领导小组下发的《关于实施特殊政策加大民族地区特困片带扶贫攻坚力度的意见》提出在今后 4～5 年内，加大对民族地区特困片带的资金投入力度，通过制定与民族地区相适应的扶贫标准，强化对口支援和全社会帮扶力度，在民族地区实施交通道路、人畜饮水、危旧房改造、农田水利工程、异地搬迁、地方病防治、重大灾情预防和村庄农田保护等建设项目，不断改善民族地区特困片带经济社会发展的基础条件。

2014 年 9 月 28 日召开的中央民族工作会议指出，我国少数民族地区要紧紧围绕全面建成小康社会目标，加强基础设施、扶贫开发、城镇化和生态建设，不断释放民族地区的发展潜力。该会议还提出民族地区推进城镇化，不仅要与我国经济支撑带、重要交通干线规划建设紧密结合，与推进农业现代化紧密结合；还要重视利用独特地理风貌和文化特点，规划建设一批具有民族风情的特色村镇。国家对民族地区社会经济发展的日益重视，无疑为甘南藏族自治州推进新型城镇化进程提供了重大机遇与支持。

2. 灾后重建为新型城镇化发展提供了契机

甘南藏族自治州地处青藏高原东缘，生态环境脆弱、地质灾害频发。2008年 5 月 12 日发生的四川汶川大地震波及了该区 8 个县（市），其中舟曲县、迭部县、卓尼县、临潭县损失严重，全州 99 个乡镇中有 88 个乡镇的 1068 个村共36.66 万人不同程度受灾，直接经济损失达 59.09 亿元。灾后甘肃省有关部门编制完成了《汶川地震甘肃省灾后重建城镇体系规划（2008～2015 年）》及农村建设、城乡住房建设、基础设施建设、公共服务设施建设、生产力布局和产业调整、市场服务体系、防灾减灾、生态修复和土地利用等灾后重建专项规划，计划实施六大类 744 项恢复重建项目。灾后重建专项规划对受灾县的城镇建设进行了科学规划，为甘南藏族自治州城镇化发展提供了科学依据。

舟曲县作为汶川地震 51 个重灾县之一，2010 年 8 月 7 日又遭受特大山洪泥石流灾害，致使居民住房大量损毁，交通、供水、供电、通信等基础设施陷于瘫痪，受灾面积约 2.4km^2，受灾人口达 26 470 人，损失严重。灾后甘肃省有关部门编制了《舟曲灾后重建老城区详细规划》和《舟曲灾后重建峰迭新区详细规划》，国务院也印发了《关于印发舟曲灾后恢复重建总体规划的通知》和《国务院关于支持舟曲灾后恢复重建政策措施的意见》，为舟曲县城镇建设进行了科学规划。同时，国家还提供了充足的资金用于居民住房、城乡基础设施、公共服务设施、灾害防治、产业及生态环境等恢复重建，为舟曲县城镇建设及新型城镇化发展提供了资金支持。

3. 生态移民与牧民定居促进了城镇发展

甘南藏族自治州地域辽阔、人口分布稀疏，人口密度仅为 16.57 人 /km^2，其中玛曲县人口密度仅为 5.32 人 /km^2；城镇数量较少，服务半径过大，每个城镇的平均服务面积达 2812.5 km^2，服务半径约为 29.9km，远远大于甘肃省的城镇平均服务半径（17.69km），其中玛曲县的城镇服务半径高达 56.98km。由于人口和居民点的高度离散性，导致基础设施建设和管理成本昂贵，受益面和受益人群相对有限。

实施游牧民定居工程，是改善牧民生产生活条件、提高牧民生活质量、减轻政府管理成本、推进牧区走向小康的重要途径。为了让牧民群众早日过上定居生活，甘南藏族自治州实施了牧民定居项目，着力引导牧民逐步向定居化发展，采取县城集中定居、乡镇集中定居、公路沿线集中定居、半农半牧区定居等方式，大力扶持定居点建设。2004 年以来，甘南藏族自治州已实施了自然保护区、湿地、江河源头等重点生态保护区的游牧民定居点建设工程，搬迁定居的牧民达 6686 户，共计 4 万多人。牧民定居项目得到了甘肃省与国家的高度关注，自 2004 年起就被列入甘肃省以工代赈异地搬迁试点项目，甘肃省和国家投入了大量财力，仅 2008～2009 年中央对牧民定居项目的预算内投资就达 3.21 亿元，其中第一期投资 0.8 亿元，定居 3140 户；第二期投资 2.41 亿元，定居 9488 户。生态移民与牧民定居项目促使农牧民向条件较好的乡镇集聚，带动了乡镇商业、餐饮、房地产等第三产业的快速发展，使城镇服务职能不断完善、服务能力不断提高，为积极推进城镇化进程奠定了基础。

4. 旅游业快速发展促进了城镇化进程

作为产业关联度高、带动性强、市场受众面广的新兴产业，旅游业的快速发展不仅直接带动了和旅游业密切相关的吃、住、行、游、购、娱等行业的发展，而且间接带动了其他行业发展。2009 年 12 月国务院颁布的《国务院关于加快发展旅游业的意见》，提出了将旅游业培育成国民经济战略性支柱产业和人民群众更加满意的现代服务业的目标。2010 年 8 月甘肃省委、省政府颁发的《中共甘肃省委、甘肃省人民政府关于加快发展旅游业的意见》，指出旅游业是实现甘肃省经济发展方式转变和实现跨越式发展的重要手段，提出了要把旅游产业培育成为现代服务业的龙头产业和国民经济战略性支柱产业的发展目标。2011 年 1 月甘南藏族自治州颁发的《中共甘南州委、甘南州人民政府关于进一步加快旅游业跨越式发展的实施意见》，也确立了将旅游业作为国民经济战略支柱性产业的目标，这为旅游业的健康快速发展提供了契机。

目前，旅游业已成为甘南藏族自治州经济发展的重要推动力。2003～2013年甘南藏族自治州县市财政共投入旅游建设资金 44.23 亿元，引进旅游开发项目188 个。2003～2013 年全州累计接待国内外游客 2037.7 万人次，实现旅游收入62.63 亿元，其中 2013 年接待游客 410.2 万人次，实现旅游收入 17.4 亿元，旅游收入 GDP 的比重达 15.98%。旅游业的快速发展也加快了甘南藏族自治州的城镇化进程（图 6-1），模型拟合发现甘南藏族自治州城镇化率和人均旅游收入之间的相关系数高达 0.936，人均旅游收入每增加 100 元，城镇化率将提高 0.05%。可见，旅游业对甘南藏族自治州城镇化的拉动作用已经凸显。未来，随着旅游产业体系的逐步完善，必将进一步带动该区特色城镇建设，稳步推进富有地域特色的城镇化进程。

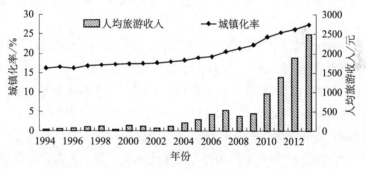

图6-1　甘南藏族自治州城镇化率与人均旅游收入的变化趋势

（二）新型城镇化发展面临的挑战

1. 主体功能区定位约束着城镇化发展

主体功能区划是根据资源环境承载能力、现有开发密度和发展潜力，统筹考虑未来我国人口分布、经济布局、国土利用和城镇化格局，将国土空间划分为优化开发、重点开发、限制开发和禁止开发四类主体功能区，以主体功能定位调整完善区域政策和绩效评价，规范空间开发秩序，以形成合理的空间开发结构的一种空间管治方式。鉴于甘南藏族自治州的重要生态地位，《中华人民共和国国民经济和社会发展第十一个五年规划纲要》将该区列入限制开发区，将其定位为黄河重要水源补给生态功能区。2007年12月，由国家发改委批复实施了《甘南黄河重要水源补给生态功能区生态保护与建设规划》，规划划定的黄河重要水源补给生态功能区包括玛曲县、碌曲县、夏河县、卓尼县、临潭县和合作市5县1市，总面积达 $3.057 \times 10^4 \ km^2$，占甘南藏族自治州土地总面积的67.9%，其中重点保护区和恢复治理区的面积达 $2.904 \times 10^4 \ km^2$，约占生态功能区总面积的95%，占全州土地总面积的64.53%。未来，在国家尺度的国土开发中，甘南藏族自治州的生态屏障地位将不断得到强化，其限制开发区的主体功能定位无疑将对该区城镇发展形成较强的约束。

2. 经济发展水平难以为城镇化提供强劲的支撑

第二、第三产业发达及农业剩余是城镇化的必要条件。当经济社会处于仅以农业为中心的阶段时，产生城市聚落的条件尚不具备，直到第二、第三产业的出现和聚集，加强了生产的社会化和专业化，才导致了不同产业在空间场所上的分工，城镇化进程才开始。可以说，城镇化就是第二、第三产业区位的形成、聚集和发展，以及随之产生的消费区位的形成和聚集过程。同时，城镇化还依赖于农业剩余，城镇化的推进需要农业为其提供产品贡献、市场贡献、要素贡献及外汇贡献。

然而，甘南藏族自治州地处相对封闭的内陆，大部分属高寒阴湿的贫困地区，由于自然环境恶劣，农牧业生产条件差，使得该区农牧产品产量低而不稳。同时，由于长期投入不足，生产方式粗放，劳动生产率和商品率较低，部分地区至今尚未摆脱"靠天种地养畜"的局面；农牧业产业化程度不高，产品附加值低，农牧业缺乏竞争力，难以有效地支撑城镇化进程。

与此同时，该区工业化进程缓慢，工业化水平较低，龙头企业数量少、规模小、经济效益差、创新和带动产业发展的能力弱，组织运行机制不完善。大多数非农产业仍以能源、初级矿产品和基础原材料为主，资源开发利用程度不高，产品加工程度和技术含量低，竞争力不强，难以有效带动其他产业的发展，也无力为城镇化进程提供强劲支撑。

3. 灾害频发及基础设施薄弱制约着城镇发展

甘南藏族自治州属典型的高寒生态脆弱区，处于青藏高原地震带东段，地质结构复杂，地震基本烈度为8度，属地震高烈度区域之一。同时，干旱、冰雹、霜冻、山洪、泥石流、滑坡等自然灾害频发，其中舟曲县境内共有滑坡、泥石流灾害点134处，仅两河口至舟曲县城17km的路段两侧就分布着13处灾害性滑坡和12条泥石流沟道，方圆不足 $2 \ km^2$ 的舟曲县城区就受到锁儿头、南桥、南山泄流坡等 10 多个规模巨大的滑坡和寨子沟、硝水沟、三眼峪沟和罗家沟等高频泥石流沟的直接威胁。脆弱的生态环境成为制约甘南藏族自治州城镇化进程的重要障碍，对其城镇发展产生恒久性、控制性作用。

甘南藏族自治州基础设施建设滞后，目前尚未形成综合交通运输体系，运输网络不完善，现有公路技术等级低，通达度不高，等外公路里程达 2045.96km，占公路总里程的 43.93%，二级公路仅 289km，仅占公路里程数的 6.4%；此外，农牧村生产生活基础条件差，尚有 29 个乡镇不通油路，266 个行政村不通标准村道，29 个自然村不通电，134 个行政村不通电话，薄弱的基础设施已严重制约了该区的城镇化进程。

二、城镇化路径选择的基本理念

新型城镇化是甘南藏族自治州全面建成小康社会的必由之路，但由于其新型城镇化发展有着特殊的自然本底、人文基底、发展性质、发展阶段及发展动力，为此，该区的城镇化路径必须彰显地域特色文化，必须与主体功能定位相适应，必须与全面建设小康社会目标相一致，在高寒民族地区和高原生态文明区背景下选择一条富有地域特色的城镇化路径。

（一）城镇化路径选择的特殊性

1. 城镇化发展性质的特殊性

甘南藏族自治州城镇化发展的性质完全不同于内地。首先，该区的城镇化不是简单的人口城镇化，而是旅游人口带动的城镇化。2013 年该区总人口仅为 74.57 万人，城镇人口仅为 19.11 万人，但年接待国内外旅游者达 410.2 万人次以上，年增长 33.3% 以上。在这样的人口态势下，当年甘南藏族自治州城镇化水平仅为 27.39%，可见，通过单纯集聚城镇人口提升城镇化水平的人口城镇化模式在甘南藏族自治州并不适用，未来该区应走旅游带动型的城镇化道路。

其次，甘南藏族自治州地域辽阔，面积达 $4.5 \times 10^4 \ km^2$，占甘肃省国土面积的 9.9%，大部分地区海拔在 3000m 以上，有大面积可供开发的土地但不适于人类生存居住，建设用地面积有限，其城镇化并非简单的土地城镇化。

同时，该区工业化程度较低，第二产业增加值占 GDP 的比重由 1978 年的 19.68% 缓慢提升至 2013 年的 26.22%，年均仅增加 0.18%，比全国、甘肃省同期平均水平分别低 27.78 个百分点、17.67 个百分点，依靠工业化拉动城镇化，实现工业化进程与城镇化进程同步一致的模式不可取。该区产业结构呈现

"虚高度化"，2013 年第三产业增加值比重达 51.5%，非农产业增加值比重高达 77.65%，三次产业产值结构比重为 22.26：26.22：51.52，但就业结构比重为 59.5：7.99：32.5，其中第二产业就业比重由 2000 年的 7.79% 仅增至 2013 年的 7.96%，第一产业就业比重由 70.83% 下降至 59.4%，第三产业就业比重由 21.2% 提升至 32.48%。可见，该区的城镇化并不是工业拉动的城镇化，而是服务业拉动的城镇化。

更重要的是，甘南藏族自治州的城镇化目标是要将扩大就业、提升质量、延伸基本公共服务到重点村镇，要将确保社会稳定和国家安全摆在优先位置，城镇化不仅要使基础设施改善，而且要使村民和城镇居民享受均等的公共服务。因此，该区的新型城镇化不是追求速度的城镇化，而是追求社会效益最大化的城镇化，城镇化要以提升城镇化质量、提高藏族农牧民生活水平、维护民族和谐、守土固边为核心。

2. 城镇化发展动力的特殊性

甘南藏族自治州的新型城镇化是投资拉动型的城镇化。从产投比分析，1978～2013 年，甘南藏族自治州地区生产总值与全社会固定资产投资之比由 1978 年的 9.22：1 降至 2013 年的 1：1.88，2013 年地区生产总值达 108.89 亿元，年均增长 29 944 元，全社会固定资产投资达 205 亿元，年均增长 56 911 元，投资总量超过了 GDP。投资来源中，60% 左右依靠国家预算内投资拉动。

甘南藏族自治州丰富、独特、神奇的高原生态旅游资源和民族文化旅游资源，吸引着国内外游客前来观光，2013 年游客数量达 410.2 万人次，旅游业的快速发展带动了城镇化进程。因此，甘南藏族自治州在城镇化进程中必须加强物质和非物质文化遗产保护、保持历史文化魅力和浓郁的民族风情，为日益增多的游客提供各种便捷的基础设施和公共服务设施，促进现代文化与传统文化交相辉映，建设具有历史记忆、文化脉络、地域风貌、民族特色的城镇。

3. 城镇化发展阶段的特殊性

受自然环境、资源禀赋、历史文化、经济发展等因素的制约，甘南藏族自治州的城镇化水平较低。1978 年该区城镇化水平只有 13.9%，到 2013 年缓慢提升至 27.39%，比全国、甘肃省平均水平分别低 5.55%、4.96%。目前，甘南藏族自治州处于城镇化初期、产业结构"虚高度化"、人均 GDP 低下等多指标交互作用的情境中，经典的城镇化发展阶段性规律与经济发展阶段性规律根本不适合该区，因而无法用正常的指标判断，更无法对比甘南藏族自治州所处的城镇化发展阶段和经济发展阶段，使其城镇化发展阶段具有特殊性。

4. 新型城镇化发展格局的特殊性

甘南藏族自治州地域辽阔，人口分布稀疏，大部分居民分散分布在广大农牧区，使得该区不仅城镇化发展水平低，而且城镇数量小，只有 16 个镇，建制镇占乡镇总数的比例不到 16.2%，城镇密度仅为 3.56 个 / 万 km²，比全国平均城镇密度低 17.4 个 / 万 km²，绝大部分城镇镇域人口不到 0.5 万～0.6 万人，布局相当分散，辐射带动能力弱。全州仅有 1 个县级城市，城镇的辐射带动作用不明显，城镇分布不均衡，基础设施薄弱，服务功能欠缺。

（二）城镇化路径选择的基本理念

1. 城镇化路径要彰显地域文化特色

城镇化是伴随工业化发展，非农产业在城镇集聚、农业人口向城镇集中的自然历史过程。然而，甘南藏族自治州城镇化水平低、城镇数量少、规模小、城镇职能单一，且城镇间经济联系微弱，其城镇化发展主要依靠外来力量。但是，该区地处藏汉文化交流的前缘区和农耕文化、游牧文化的交汇区，属于由中国中原文化、印度佛教文化、雪域高原的苯教文化和其他文化因子融合而成的藏族文化圈的重要组成部分，具有重要的文化传承功能。因此，甘南藏族自治州城镇化发展要立足于高寒民族地区的特殊区情，彰显独特的地域文化特色，建设体现历史记忆、文化脉络、地域风貌及民族特色的城镇，建立旅游业与城镇化互动的良性机制，在高寒民族地区和高原生态文明地区背景下选择一条以彰显地域文化为核心的城镇化路径。

2. 城镇化路径要与主体功能区定位相适应

甘南藏族自治州生态环境脆弱，单位面积环境容量狭小，且承担着生态服务供给的主体功能，城镇发展不能超越腹地资源供给的"有限性"和生态环境承载的"阈值"，只受利润驱使而忽视腹地资源供给"有限性"的城镇化路径必将导致城镇化与生态环境不相协调，使其陷入无序化与非持续性，为此城镇建设规模必须与自身的资源环境承载力相适应，只有这样才能确保城镇可持续发展。基于此，甘南藏族自治州城镇化的路径选择必须与其主体功能定位相适应，遵循高效集约利用和最大限度地保护生态环境的原则，将城镇化发展对资源环境的代价降到最低限度，将资源与生态环境对城镇化进程的限制降到最低限度，基于资源与生态环境容量，推行资源节约型、环境友好型的城镇化路径。

3. 城镇化路径要与全面建设小康社会目标相一致

到 2020 年我国将实现全面建成小康社会，在优化结构、提高效益、降低消耗、保护环境的基础上，促进国民经济又快又好发展，实现人均 GDP 比 2000 年翻两番。社会主义经济体制更加完善，自主创新能力显著提高，科技进步对经济增长的贡献率大幅上升，进入创新型国家行列，居民消费率稳步提高，形成消费、投资、出口协调拉动的增长格局，城乡、区域协调发展互动机制和主体功能区布局基本形成，社会主义新农村建设取得重大进展，城镇化水平明显增加。

推进城镇化是甘南藏族自治州全面建成小康社会的必由之路，是解决"三农"问题的重要途径，是促进区域协调发展的有力支撑，是实现该区长治久安的现实需要。为此，甘南藏族自治州城镇化路径的选择必须确保与全面建设小康社会、和谐社会、资源节约型和环境友好型社会的目标一致。

第二节　城镇化模式重构

一、城镇化模式重构的基本思路

（一）基本思路

甘南藏族自治州生态环境脆弱、自然灾害频发、经济发展水平较低，藏族人口集聚、民族文化底蕴深厚，文化传承价值巨大，且承担着重要的生态服务功能。未来，城镇发展应立足于该区经济社会发展的阶段性特征、自然地理资源条件和欠发达的少数民族地区等特殊性，按照"科学规划、因镇制宜、突出特色、梯次推进"的指导思想，以基础设施建设为重点，突出地域、民族、文化特色，坚持以人为本、优化布局、生态文明建设、传承文化的基本原则，坚持以人的城镇化为核心，有序推进农牧业转移人口镇民化，有重点、有选择、有序地发展现有城镇，通过科学规划、合理布局，构建以合作市为核心、以临潭县城关镇及拉卜楞镇为两翼，适当集中、小规模、多层次、多中心的城镇空间格局，形成职能类型协调、规模等级有序、空间布局合理、生态环境优越的区域城镇体系，构建更加公平的社会保障制度，积极稳妥地推进符合甘南特色的新型城镇化进程。

1. 立足区情，该快则快，需稳则稳

围绕国家主体功能区建设，充分认识甘南藏族自治州城镇化的特殊性和长期性，坚持从特殊区情出发，准确把握甘南藏族自治州经济社会和城镇化所处的特殊发展阶段及规律，统筹考虑特殊的民族生活习惯和特殊的生产方式，正确处理好城镇化速度与质量之间的关系，该快则快，需稳则稳，积极稳妥，有序推进。

2. 适度聚散，宜聚则聚，需散则散

甘南藏族自治州国土面积大，人口总量小，居住很分散，人口密度仅为 16.57 人 /km²，在这样一个分散的国土上推进以农牧民为核心的主动型城镇化，就需要宜聚则聚、宜散则散，适度集聚，适度规模，聚散结合，突出中心城市、国省干线节点城镇和特色小城镇等城镇化发展的重点区域，将高海拔地区、高山峡谷生存条件艰苦区和地质灾害频发区的农牧民疏散到人口承载能力强的河谷城镇地区。在疏解集聚过程中，既要充分尊重农牧民意愿，又要统筹考虑农牧民生活习惯、城镇综合承载能力，积极稳妥地推进农牧区人口向小城镇适度聚集，增强农牧民非农就业能力，让进入小城镇的农牧民留得住、回得去、过得好，逐步融入城镇，公平享受社会公共服务。

3. 牧在乡里，住在镇里，就近落户，就地就业

推进甘南藏族自治州城镇化的最佳途径就是在小城镇建牧民集中社区住家，乡下办牧场，即把家安在小城镇里，老人、小孩等住在城镇里，青壮年在乡下放牧或者雇人放牧。通过这种过渡办法，由农牧民到城镇居民，经过若干年完全脱离畜牧业，转入第二、第三产业，剩下的一部分牧户变成规模较大的家庭牧场。早在"九五"期间，甘肃阿克塞、肃北县相当一部分牧民紧紧抓住县城搬迁机遇，雇人放牧，自己在城里从事第二、第三产业，政府出台了优惠政策，积极引导牧区人口向县城聚集，在县城修建了标准化牧民定居点——民族村、牧民新村和花园式牧民小区。这些成功经验值得甘南藏族自治州借鉴。

4. 突出特色，彰显民风，弘扬文化

推进甘南藏族自治州的城镇化必须紧密结合甘南实际，从规划、设计、建设各环节，都要充分体现民族特色、文化特色、地域特色和时代特点，不能搞内地城镇翻版，城镇村街建设既要满足当地居民需要、赋予时代气息，又要保持历史传统、展现民族风情；还要突出文化特点，弘扬传承藏传佛教优秀文化，要把城镇建设成为承载民族特色、传承民族文化的历史名镇。

（二）发展原则

1. 坚持突出重点、分层次推进的原则

必须从甘南的实际情况出发，按照效率优先原则，在各个不同的发展阶段，集中优势资源有选择、有重点地发展一批区位优势强、经济实力强、要素聚集力强的小城镇，在此基础上依次推进，最终形成市—县城—中心镇——般建制镇的等级规模体系。

2. 以人为本的原则

坚持人性化的需要是社会经济发展的根本动因和最终归宿，在规划中要求处处着意营造适宜的人居环境，优化区域、城镇空间形态，配置健全的生活服务设施，满足人们的多样性与多元化需求。

3. 可持续发展原则

应立足于区域的可持续发展，统筹安排区域自然资源开发利用、产业发展和生态环境保护，节约有限的土地资源，减少土地浪费。严格控制城镇建设用地的投入总量，最大限度地减少开发建设对资源保护的冲击，以及对自然生态环境的冲击，处理好当前与长远发展之间的矛盾，为未来的各种潜在发展留有余地。

二、新型城镇化模式重构

甘南藏族自治州生态环境脆弱、藏族人口集聚、民族文化底蕴深厚，文化传承价值巨大，且承担着重要的生态服务功能。这种自然基础、人文本底、发展阶段及发展动力决定了该区不能过分强调人口等生产要素集聚，不能沿袭内地的被动式城镇化，不能追求城镇化的均衡布局，更不能追求城镇化的速度和水平，只能追求城镇化的效益与质量及据点式发展，构建独特的适合甘南特点的个性化发展模式。

（一）渐进式的城镇化模式

甘南藏族自治州不宜大规模推进城镇化和市民化，将更多的农牧民集聚到城镇里，而要结合地广人稀的特点和守土固边的历史使命，更多地引导农牧民就近集聚到附近的小城镇里，把小城镇作为就近就地镇民化的主体，把改善小城镇的基础设施和公共服务设施作为甘南城镇化的重中之重，把城市和县城的基础设施和公共服务设施延伸到小城镇里，逐步拓展到农牧区，实现以小城镇为主导的农牧民镇民化。

同时，应推进以农牧民社区建设为主导的渐进城镇化模式，以标准化农牧民社区拉动人口集聚。一方面对于就近集中到小城镇里的农牧民，修建标准化的农牧民定居点，实现农牧民小区社区化；另一方面，可在条件较好的农牧区集中建设农牧民标准化社区，合并改造分散的农牧民定居点，扩大农牧民社区规模，实现"牧区养殖，社区加工"的经营模式，多渠道增加就业岗位。按照新社区建设标准，加快推进以确保农牧民增收和民生改善为主目标的城镇化，有序推进农牧业人口镇民化和社区化，这样既可保证农牧民土地经营权和草场放牧权不受损失，又可让农牧民享受城镇化成果。同时，应做好农牧民进入小城镇或农牧民社区后的就业、就学、就医、居住等各项保障工作。

（二）特色产业带动型城镇化模式

城镇化是通过人口非农化实现的，根据各县不同的自然环境、资源条件、历史文化内涵寻找具有内在增长实力和未来增长潜力的产业亮点，通过亮点产业带动城镇化发展。

1. 牧业产业化带动型城镇化模式

甘南藏族自治州是甘肃省重要的草原畜牧业生产基地，草原畜牧业是该区国民经济的主导产业和特色产业。然而，传统松散、粗放的游牧经营方式不符合可持续发展原则，同时长期以来对单一资源的高强度开发利用已造成草地退化，并由此引发了严重的生态问题，威胁着国家的生态安全。因此，甘南藏族自治州需要积极发展现代畜牧业，走牧业集约化道路，建立健全生态产业链，提高畜牧产品附加值，增加牧民收入，减轻生态压力，推进农牧业人口非农化，加快城镇化发展，走"牧业产业化带动"型城镇化道路。

2. 农产品开发型城镇化模式

传统农业容纳了大量的劳动力资源，不利于甘南藏族自治州的城镇化发展。为了加快城镇化进程，未来应充分利用甘南高原独特的环境特点，重点发展无污染的农业及农产品深加工业，开发不同系列的"绿色产品"，将资源优势变为经济优势和市场优势，走"农产品开发型"城镇化发展道路。

3. 农牧结合型城镇化模式

目前，甘南纯牧区畜牧业已近饱和，草畜矛盾日渐突出，而半农半牧区畜牧业发展相对滞后。未来，可在农区和半农半牧区种草养畜，这样既可转移牧区牲畜，减轻天然草场的压力，维护草畜平衡，又能通过舍饲圈养、育肥等办法解决四季均衡出栏的问题，促进生态环境的良性循环。通过农牧结合的方式，发挥各自的优势，达到产业结构优化，以"农牧结合"带动城镇化发展。

（三）生态移民型城镇化模式

甘南藏族自治州生态环境脆弱，一旦破坏恢复非常困难。大规模地推进城镇化必然会对现有生态系统造成破坏，同时随着城镇化水平的提高，林地生态系统、草地生态系统、湿地生态系统将转变为城市生态系统，所提供的生态服务将大幅度下降，必然会严重威胁下游地区乃至全国的生态安全。因此，甘南藏族自治州不适合大规模地推进城镇化进程，而应该实施生态移民战略，将自然保护区、生态严重退化区部分牧民转移到生态环境较好的城镇，减轻生态环境压力。加快定居点的供水、供电、道路、学校、医院等基础设施建设，形成一批牧民定居城镇，从而带动城镇化进程。

（四）生态旅游型城镇化模式

与传统产业相比，旅游业是与环境保护、生态建设冲突最小的产业。甘南藏族自治州生态环境极为脆弱，农业、工业生产都很难兼顾经济发展与环境保护的双重目标，而基于自然风光与民族风情的旅游业则能很好地实现这两个目标。未来，甘南藏族自治州可通过发展旅游业带动相关第三产业的发展，从而推动农牧村富余劳动力向第三产业转移，从事旅游服务、餐饮娱乐等产业，进而实现居民收入增长和人口向城镇化转化，建设一批生态旅游型城镇。

（五）宗教文化型城镇化模式

甘南藏族自治州的城镇在早期形成过程中大多围绕寺庙而建，这类城镇具有极强的宗教文化特点，如夏河县拉卜楞镇。充分发挥其独特的宗教特色，以突出生态和藏族文化特色为出发点，大力发展特色旅游，提高城镇的知名度和综合经济效益，使甘南旅游业从单一的藏传佛教文化型向综合型旅游业发展转变，突出当地独特的宗教文化特色、丰富多样的生态景观特色和"天人合一"的草原风光、民族民俗风情特色。通过民族文化、宗教文化、生态旅游等方式让外界更多地了解甘南，实现文化交流、信息传递，从而带动甘南藏族自治州的城镇化快速发展。

（六）商贸型城镇化模式

甘南藏族自治州一些区位条件较好的地区形成了一批农牧村商品集散中心和集贸市场，如临潭县新城镇、舟曲县立节乡等，但目前这些地区只承担着为周围地区提供商品交换、物资集散等初级职能。未来，应充分利用独具特色的民族文化，发展特色民族产品，提高产品的市场竞争力和附加值。同时，通过基础设施改造和产品升级，完善自身的职能，提高集聚力，促进城镇快速发展。

（七）综合型城镇化模式

城市作为信息交流平台、社交场所、文化传播中心，为人们提供了政治、经济、文化等服务功能。作为甘南藏族自治州的区域中心，合作市的主要职能是指导区域健康发展并为区域内的居民提供优良的服务。未来，应采取综合性城镇化模式，着力推动城镇基础设施建设，健全城市各项功能，更好地发挥其政治、经济、文化、公共服务等功能。

第七章 城镇体系组织结构重构

城镇体系是在一定地域范围内，以中心城市为核心，由一系列不同等级规模、不同职能分工、相互密切联系的城镇组成的有机整体。高寒民族地区具有重要的生态服务功能，但生态环境脆弱、经济发展水平低，且城镇数量少、规模小、职能单一、吸引与辐射能力低、城镇间经济联系微弱。当前，急需重构城镇体系组织结构，优化城镇体系的规模等级结构、职能类型结构及地域空间结构，增强城镇间的经济联系，充分发挥中心城镇辐射与带动功能，确保其主体功能的发挥。

第一节 城镇发展潜力评价

一、建制镇发展潜力评价

（一）评价指标选取原则

1. 完整性原则

城镇发展受到城镇内外多种因素的影响和制约。因此，在指标遴选时必须全面、完整地选择影响城镇发展的各类因素，以免遗漏某些重要信息，导致评估结果的偏差。

2. 代表性原则

描述城镇发展条件的指标很多，且各指标之间往往存在信息的重叠，因此需考虑指标的典型性和代表性，选取对城市发展潜力影响较大的主导因素，把全面性和简洁性有机地结合起来，避免指标重复造成多重共线或序列相关。

3. 操作性原则

指标选取中，应考虑指标的量化及数据获取的难易程度和可靠性，立足于现有统计年鉴或文献资料，选择易于采集并可用于比较的指标。

（二）评价指标的选取

基于上述原则，结合甘南藏族自治州城镇发展的特殊性，选择交通状况、行政等级、经济区位、经济实力、人口规模、旅游资源、宗教影响力、用地条件、用水条件9个指标进行城镇发展潜力评价（表7-1）。其中，交通状况，用通达性指数表征，反映了城镇与外界交流联系的便捷性，在一定程度上影响着城镇的吸引范围与服务范围；行政等级，决定了城镇政府的管理权限及获取发展资源的能力大小，在很大程度上影响着城镇建设投资规模和职能等级；经济区位，用各评价单元距省会兰州市和州府合作市的加权总里程表征，反映了城镇在城市经济圈中的位置和作用，可揭示中心城市对城镇的辐射带动作用；经济实力，用各评价单元的国内生产总值表征，反映了城镇经济发展水平，决定着城镇的辐射能力及城镇建设投资规模；人口规模，用常住人口表征，反映了城镇的集聚规模，是城镇发展的基础；旅游业已成为甘南藏族自治州城镇发展的重要驱动力，用旅游资源优势度表征旅游资源，可反映旅游业对城镇发展的带动能力；依托、围绕寺院的城镇扩展模式在甘南藏族自治州较为普遍，用宗教寺院对城镇发展的影响大小表征宗教影响力；用地条件，反映了城镇建设用地的潜力和优劣；用水条件，反映了水资源对城镇发展的支撑程度。

（三）评价指标的量化和分级

在对上述指标进行量化时，根据指标的获取方式，采用绝对数量分级法和专家打分法确定评价单元的指标等级。其中，绝对数量分级法适用于通过统计资料、实地考察等方式获取的绝对量数据，如交通状况、经济区位、人口规模、经济实力、旅游资源等。

交通状况，用通达性指数来表示，其中，一级公路通过的城镇，通达性为15分；二级公路通过的城镇，为12分；三级公路通过的城镇，为9分；三级以下主要县乡道路通过的城镇，为6分。根据甘南藏族自治州各镇道路交通现状，结合《甘南藏族自治州综合交通发展规划（2006～2020年）》，将城镇的过境交通线路得分相加，即可得到该城镇的通达性指数。

经济区位，用各评价单元距省会兰州市和州府合作市的加权总里程表示，里程权重依据兰州市和合作市的经济辐射力确定，其中，距兰州市里程的权重为0.3，距合作市里程的权重为0.7，经济区位 =0.3× 距兰州市里程 +0.7× 距合作市里程。

旅游资源，用旅游资源优势度表示，假设旅游资源优势度与旅游资源品质的平方成正比。根据甘南藏族自治州旅游规划，将景区分为"王牌景区"、"重点景区"和"普通景区"，分别赋值为 16 分、4 分、1 分，即可得到每个城镇的旅游资源品质得分。再用下式计算旅游资源优势度：

$$T_i = \frac{R_i^2}{S_i P_i} \tag{7-1}$$

式中，T_i 为旅游资源优势度；R_i 为旅游资源品质得分；P_i 为城镇非农人口；S_i 为景区到镇区的距离。

表7-1 甘南藏族自治州城镇发展潜力评价指标

城镇		通达性指数	经济区位/km	经济实力/万元	人口规模/人	旅游资源优势度
合作市		70	161.0	43 448	80 200.000 0	5.230
玛曲县尼玛镇		36	366.6	1 258	11 374.560 0	0.180
迭部县电尕镇		25	392.4	1 443	5 732.143 0	0.041 0
卓尼县	柳林镇	21	224.7	997	9 509.000 0	3.650
	木耳镇	12	232.7	1 389	2 305.150 0	40.640
	扎古录镇	30	243.9	1 042	2 040.519 0	1.300
舟曲县	城关镇	28	395.2	1 443	24 460.140 0	0.370
	大川镇	21	399.6	830	681.000 0	0.000
临潭县	城关镇	33	216.6	2 659	28 422.210 0	0.210
	新城镇	21	287.6	1 314	5 847.215 0	0.470
	冶力关镇	36	143.8	697	2 948.533 0	160.460
碌曲县	玛艾镇	63	245.0	1 664	4 334.040 0	0.017
	郎木寺镇	37	324.0	1 358	1 484.187 0	1 168.950
夏河县	拉卜楞镇	30	187.9	2 222	12 919.000 0	19.910
	阿木去乎镇	30	202.3	1 228	658.608 1	6.130
	王格尔塘镇	33	148.8	1 088	1 230.857 0	0.650

对表 7-1 中 5 个指标的原始数据进行分级，分级标准如表 7-2 所示。

表7-2 评价指标的分级标准

指标	级别				
	I	II	III	IV	V
通达性指数	>35	30~35	25~30	20~25	<20
经济区位	<165	165~220	220~280	280~370	>370
经济实力	>3 000	2 000~3 000	2 000~2 500	1 500~2 000	<1 200
人口规模	>30 000	20 000~30 000	9 000~20 000	2 000~5 000	<2 000
旅游资源优势度	>100	15~100	1~15	0.1~1	<0.1

专家打分法适用于不能直接量化的指标，如行政等级、宗教影响力、用地条件、用水条件等，采用5分值对各指标进行赋值，分值越大意味着发展条件越好。其中，行政等级，合作市为5分，各县城镇为3分，一般镇为1分；宗教对城镇发展的影响力，由各县（市）有关人员及专家打分来确定宗教对城镇发展的影响力分级；各单元的用地、用水条件由各县（市）有关专业人员评出级别。

（四）评价方法

采用双等差级数法对甘南藏族自治州城镇发展潜力进行综合评价。双等差级数法的具体计算过程如下。

1. 计算评价指标的权重

根据专家对影响甘南藏族自治州城镇发展的指标重要性排序确定其权重，指标位序自动生成权重，权重值是等差级数列，依次为1，$(n-1)/n$，…，$1/n$ $(n=9)$。专家对9个评价指标重要性的综合排序依次为交通状况、行政等级、经济区位、经济实力、人口规模、用地条件、用水条件、旅游资源、宗教影响力。

2. 对评价指标进行分级

将各评价指标分为$M+1$级，分值依次为1，$M/(M+1)$，…，$1/(M+1)$ $(M=4)$。

3. 计算城镇发展潜力

各城镇的发展潜力得分值为各指标分值与权重相乘后的总和。

4. 确定城镇发展潜力的分级

假设n个指标均为I级，可得S_1分；n个指标均为II级，可得S_2分；同理

可得 S_3, S_4, $\cdots$, S_{m+1}, 用 $S_1 - S_2$, $S_2 - S_3$, $\cdots$, $S_M - S_{M+1}$ 之间的 M 个区间，城镇按其得分值分为 M 级。

（五）评价结果

根据甘南藏族自治州城镇发展潜力评价值，可将各评价单元分为以下 4 级。

Ⅰ级城镇（综合得分 ≥ 4）：仅有 1 个，为合作市（4.51）。合作市为甘南藏族自治州州政府所在地，经济发展水平高，交通区位条件好，人口规模大，城镇发展的综合条件最好，但存在水资源短缺的潜在约束。

Ⅱ级城镇（3 ≤ 综合得分 < 4）：有 5 个，包括夏河县拉卜楞镇（3.91）、临潭县城关镇（3.40）、碌曲县玛艾镇（3.38）、玛曲县尼玛镇（3.27）、临潭县冶力关镇（3.24）。本级城镇多为县城镇、旅游重镇，其中拉卜楞镇、临潭县城关镇、玛艾镇、尼玛镇为县城镇，作为县域政治中心而得到优先发展，形成政治、经济、文化等综合职能，加之交通区位条件较好，从而整体发展条件优于其他县城镇。冶力关镇由于资源丰富，等级较高，交通区位条件较好，决定了综合发展条件较好。

Ⅲ级城镇（2 ≤ 综合得分 < 3）：有 9 个，包括碌曲县郎木寺镇（2.89）、卓尼县柳林镇（2.82）、夏河县阿木去乎镇（2.80）、夏河县王格尔塘镇（2.76）、舟曲县城关镇（2.69）、迭部县电尕镇（2.62）、卓尼县扎古录镇（2.60）、临潭县新城镇（2.36）、迭部县木耳镇（2.04）。本级中的 4 个县城镇，较上一级县城镇交通区位条件较差，经济实力较弱，综合发展条件一般。

Ⅳ级城镇（综合得分 < 2）：仅有 1 个，为舟曲县大川镇（1.58），该镇交通区位、经济实力、人口规模、旅游资源等条件等都较差，导致综合发展条件差（表 7-3）。

表7-3 甘南藏族自治州城镇发展潜力评价结果

城镇	交通状况	行政等级	经济区位	人口规模	经济实力	用地条件	用水条件	旅游资源	宗教影响力	综合得分	等级
合作市	5	5	5	5	5	4	1	3	3	4.51	Ⅰ
夏河县拉卜楞镇	4	3	5	3	4	4	4	5	5	3.91	Ⅱ
临潭县城关镇	4	3	4	4	4	3	1	2	2	3.40	Ⅱ
碌曲县玛艾镇	5	3	3	3	3	5	4	1	4	3.38	Ⅱ
玛曲县尼玛镇	5	3	1	3	3	5	4	2	2	3.27	Ⅱ
临潭县冶力关镇	5	1	5	2	3	2	4	5	1	3.24	Ⅱ

续表

城镇	交通状况	行政等级	经济区位	人口规模	经济实力	用地条件	用水条件	旅游资源	宗教影响力	综合得分	等级
碌曲县郎木寺镇	5	1	2	1	3	4	4	5	4	2.89	III
卓尼县柳林镇	2	3	3	3	3	3	3	3	4	2.82	III
夏河县阿木去乎镇	4	1	5	1	1	5	3	3	1	2.80	III
夏河县王格尔塘镇	4	1	5	1	1	5	3	2	1	2.76	III
舟曲县城关镇	3	3	1	4	3	1	5	2	1	2.69	III
迭部县电尕镇	3	3	1	2	3	4	4	1	3	2.62	III
卓尼县扎古录镇	4	1	3	2	2	3	4	2	2	2.60	III
临潭县新城镇	3	1	4	2	3	2	1	2	1	2.36	III
迭部县木耳镇	1	1	3	2	1	4	4	4	1	2.04	III
舟曲县大川镇	2	1	1	1	1	3	4	1	1	1.58	IV

二、乡级发展潜力评价

（一）评价指标的选取

根据指标选择的完整性、代表性和可操作性原则，选择交通状况、人口规模、经济实力、用水条件来评价甘南藏族自治州各乡的发展潜力。其中，交通状况，用过境道路的最高等级表征，反映道路的通行能力；人口规模，用乡总人口表征，反映人口规模大小；经济实力，考虑到各乡均以农牧业为主，故选择人均农林牧渔产值来表征；用水条件，用乡政府所在河流的等级表征。

（二）指标的量化和分级

采用4分制对各指标进行赋值，其中，交通状况，用道路等级所得总分表征，二级公路过境为4分，三级公路为3分，四级公路为2分，四级以下为1分，将通过乡境的道路等级得分相加即可得道路等级总分，然后根据分值进行分级；人口规模，根据乡总人口数量进行分级；经济实力，根据人均农林牧渔业产值进行分级；用水条件，根据乡政府所在地河流的等级进行分级，其中位于黄河、大夏河、洮河、白龙江沿岸的乡赋值为4分，在上述河流二级支流沿岸的乡为3分，三级支流沿岸的乡为 2 分，三级以上支流沿岸的乡为 1 分。

（三）评价方法

在评价甘南藏族自治州各乡发展条件时，仍采用双等差级数法。

（四）评价结果

根据乡级发展潜力得分，可将甘南藏族自治州 80 个乡分为以下 4 级。

Ⅰ级乡（分值≥3.2）：有 18 个，包括那吾乡（3.5）、洮滨乡（3.4）、峰迭乡（3.4）、藏巴哇乡（3.4）、尕海乡（3.4）、甘加乡（3.4）、洛大乡（3.4）、喀尔钦乡（3.3）、纳浪乡（3.3）、阿万仓乡（3.3）、博拉乡（3.3）、洮砚乡（3.3）、立节乡（3.3）、王旗乡（3.2）、麻当乡（3.2）、益哇乡（3.2）、阿拉乡（3.2）、曲告纳乡（3.2）。本级乡交通条件较好，人均农林牧业产值较高，人口规模较大，综合发展条件较好，有发展成一般建制镇的潜力。但尕海乡处在湿地保护区内，应适度发展。

Ⅱ级乡（3≤分值＜3.2）：有 14 个，包括桑科乡（3.1）、齐哈玛乡（3.1）、曼日玛乡（3.1）、旺藏乡（3.1）、双岔乡（3.1）、流顺乡（3.1）、卡加曼乡（3.1）、佐盖曼玛乡（3.1）、科才乡（3.1）、古战回族乡（3.0）、勒秀乡（3.0）、申藏乡（3.0）、扎油乡（3.0）、阿子唐乡（3.0）。

Ⅲ级乡（2.5≤分值＜3）：有 19 个，包括采日玛乡（2.9）、欧拉乡（2.8）、西仓乡（2.8）、果耶乡（2.8）、店子乡（2.8）、长川回族乡（2.8）、武坪乡（2.8）、憨班乡（2.7）、曲奥乡（2.7）、唐乃昂乡（2.7）、羊永乡（2.7）、腊子口乡（2.7）、石门乡（2.7）、卓洛回族乡（2.6）、南峪乡（2.6）、达麦乡（2.6）、欧拉秀玛乡（2.6）、佐盖多玛乡（2.6）、羊沙乡（2.5）。

Ⅳ级乡（分值＜2.5）：有 29 个，包括巴藏乡（2.4）、拉仁关乡（2.4）、完冒乡（2.4）、初布乡（2.3）、插岗乡（2.3）、木西合乡（2.2）、恰盖乡（2.2）、东山乡（2.2）、吉仓乡（2.2）、尼傲乡（2.1）、卡坝乡（2.1）、尼巴乡（2.1）、八楞乡（2.1）、大峪乡（2.1）、八角乡（2.1）、拱坝乡（2.1）、卡加道乡（2.1）、江盘乡（2.0）、刀告乡（2.0）、勺哇土族乡（1.8）、桑坝乡（1.8）、三岔乡（1.7）、博峪乡（1.7）、曲瓦乡（1.6）、康多乡（1.4）、坪定乡（1.4）、达拉乡（1.3）、多儿乡（1.1）、阿夏乡（1.0）。本级乡经济发展条件较差，发展潜力不大（表 7-4）。

表7-4 甘南藏族自治州乡级发展潜力评价结果

县(市)名	乡	交通状况	人口规模	人均农林牧业产值	用水条件	分值	分级	县(市)名	乡	交通状况	人口规模	人均农林牧业产值	用水条件	分值	分级
合作市	那吾乡	4	4	3	1	3.5	I	卓尼县	藏巴哇乡	3	4	4	2	3.4	I
	卡加曼乡	4	2	3	3	3.1	II		喀尔钦乡	3	4	3	3	3.3	I
	佐盖曼玛乡	3	4	3	1	3.1	II		纳浪乡	3	3	4	4	3.3	I
	勒秀乡	3	4	2	2	3.0	II		洮砚乡	3	3	4	4	3.3	I
	佐盖多玛乡	3	3	2	1	2.6	III		申藏乡	3	3	4	1	3.0	II
	卡加道乡	3	1	2	2	2.1	IV		阿子唐乡	3	3	4	1	3.0	II
临潭县	洮滨乡	3	4	3	4	3.4	I		完冒乡	3	2	2	2	2.4	IV
	王旗乡	3	4	3	2	3.2	I		恰盖乡	3	2	1	2	2.2	IV
	流顺乡	3	3	4	2	3.1	II		尼巴乡	1	3	3	2	2.1	IV
	古战回族乡	3	3	3	3	3.0	II		刀告乡	2	2	2	2	2.0	IV
	店子乡	4	2	2	2	2.8	III		勺哇乡	3	1	1	1	1.8	IV
	长川乡	3	2	4	2	2.8	III		康多乡	2	1	1	1	1.4	IV
	羊永乡	2	3	4	2	2.7	III	舟曲县	峰迭乡	3	4	2	2	3.4	I
	石门乡	3	2	4	1	2.7	III		立节乡	4	3	2	4	3.3	I
	卓洛回族乡	3	2	2	4	2.6	III		曲告纳乡	3	4	2	4	3.2	I
	羊沙乡	3	2	3	2	2.5	III		果耶乡	2	3	4	3	2.8	III
	初布乡	3	1	2	4	2.3	IV		武坪乡	3	2	4	2	2.8	III
	八角乡	2	2	2	1	2.1	IV		憨班乡	3	3	2	4	2.7	III
	三岔乡	2	1	2	2	1.7	IV		南峪乡	3	2	2	4	2.6	III
迭部县	洛大乡	3	4	3	4	3.4	I		巴藏乡	2	2	3	4	2.4	IV
	益哇乡	4	3	2	3	3.2	I		插岗乡	3	1	2	4	2.3	IV
	旺藏乡	3	3	4	4	3.1	II		东山乡	1	3	4	1	2.2	IV
	腊子口乡	3	3	2	2	2.7	III		八楞乡	3	1	2	2	2.1	IV
	尼傲乡	3	1	1	4	2.1	IV		大峪乡	1	3	3	2	2.1	IV
	卡坝乡	3	1	1	4	2.1	IV		拱坝乡	2	2	3	1	2.1	IV
	桑坝乡	3	1	1	1	1.8	IV		江盘乡	1	2	3	4	2.0	IV
	达拉乡	1	2	1	1	1.3	IV		博峪乡	2	1	2	2	1.7	IV
	多儿乡	1	1	1	2	1.1	IV		曲瓦乡	1	2	2	2	1.6	IV
	阿夏乡	1	1	1	1	1.0	IV		坪定乡	1	1	3	1	1.4	IV
玛曲县	阿万仓乡	3	4	3	3	3.3	I	碌曲县	尕海乡	4	4	2	2	3.4	I
	齐哈玛乡	3	3	3	4	3.1	II		阿拉乡	4	2	3	4	3.2	I
	曼日玛乡	3	3	4	2	3.1	II		双岔乡	3	3	3	4	3.1	II
	采日玛乡	3	3	2	2	2.9	III		西仓乡	4	2	1	4	2.8	III
	欧拉乡	2	4	2	4	2.8	III		拉仁关乡	3	2	1	4	2.4	IV
	欧拉秀玛乡	3	3	1	3	2.6	III	夏河县	甘加乡	3	4	4	2	3.4	I
	木西合乡	1	4	1	4	2.2	IV		博拉乡	4	3	3	2	3.3	I
夏河县	曲奥乡	3	2	2	4	2.7	III		麻当乡	4	4	2	2	3.2	I
	唐乃昂乡	4	2	2	1	2.7	III		桑科乡	4	2	3	3	3.1	II
	达麦乡	3	2	2	2	2.6	III		科才乡	4	2	3	3	3.1	II
	吉仓乡	2	3	2	1	2.2	IV		扎油乡	3	3	3	3	3.0	II

通过分析不同发展潜力乡的空间分布,发现:①西部牧区乡的发展潜力优于半农半牧区,合作市、玛曲县、碌曲县和夏河县发展条件为Ⅰ级和Ⅱ级的乡占各县乡总数的比重超过了50%,而临潭、舟曲、迭部三县中Ⅰ级乡所占比重均不超过30%;②Ⅰ级乡共有18个,主要分布在交通条件较好的国道、省道沿线或县乡道枢纽位置。其中,分布在国道、省道沿线的Ⅰ级乡有11个,县乡道枢纽位置的Ⅰ级乡有7个,充分说明交通条件对乡的发展非常关键(表7-5)。

表7-5 甘南藏族自治州乡级发展潜力

县(市)名	乡的数量/个	Ⅰ级乡所占比重/%	Ⅱ级乡所占比重/%	Ⅲ级乡所占比重/%	Ⅳ级乡所占比重/%
合作市	6	16.67	50.00	16.67	16.67
临潭县	13	15.38	15.38	46.15	23.08
卓尼县	12	33.33	16.67	0.00	50.00
舟曲县	17	17.65	0.00	23.53	58.82
迭部县	10	20.00	10.00	10.00	60.00
玛曲县	7	14.29	28.57	42.86	14.29
碌曲县	5	40.00	20.00	20.00	20.00
夏河县	10	30.00	30.00	30.00	10.00

三、重点发展乡镇的选择

(一)重点镇的选择

根据发展潜力和发展实力(表7-6),可以将甘南藏族自治州现有城镇分为三级:Ⅰ级为合作市,Ⅱ级为7个县城中心镇,Ⅲ级为8个其他建制镇(表7-7)。

表7-6 甘南藏族自治州城镇发展实力与发展潜力比较

城镇	发展实力	发展潜力	得分
合作市	1.95	4.51	2.974
拉卜楞镇	0.77	3.91	2.026
临潭县城关镇	0.10	3.40	1.420
电尕镇	0.37	2.62	1.270
玛艾镇	−0.13	3.38	1.274
尼玛镇	−0.06	3.27	1.272

续表

城镇	发展实力	发展潜力	得分
舟曲县城关镇	0.22	2.69	1.208
柳林镇	0.05	2.82	1.158
冶力关镇	−0.29	3.24	1.122
王格尔塘镇	−0.44	2.76	0.840
郎木寺镇	−0.53	2.89	0.838
新城镇	−0.20	2.36	0.824
扎古录镇	−0.37	2.60	0.818
阿木去乎镇	−0.60	2.80	0.760
木耳镇	−0.44	2.04	0.552
大川镇	−0.39	1.58	0.398

Ⅰ级城镇（综合得分≥2.5）：有1个，为合作市。该市是甘、青、川交界处藏区中心城市，也是甘南藏族自治州的州政府所在地，其综合发展实力和发展潜力都比较大，在整个城镇体系内具有重要的地位，未来要进一步强化其中心城市地位的作用。

Ⅱ级城镇（1.15≤综合得分＜2.5）：有7个，包括夏河县拉卜楞镇、临潭县城关镇、迭部县电尕镇、碌曲县玛艾镇、玛曲县尼玛镇、舟曲县城关镇、卓尼县柳林镇。这七个城镇都是各县的中心镇，其经济基础、基础设施相对较好，发展实力较强。其中，夏河县拉卜楞镇、临潭县城关镇、卓尼县柳林镇是甘南藏族自治州北部的县城中心镇，对周边城镇具有较强的辐射力，其辐射范围超出了县域，在本区域发展中具有重要的地位，未来要进一步增强其实力，优化其职能。

Ⅲ级城镇（综合得分＜1.15）：有8个，包括碌曲县郎木寺镇、临潭县冶力关镇与新城镇、夏河县王格尔塘镇与阿木去乎镇、卓尼县扎古录镇与木耳镇、舟曲县大川镇。这八个城镇都属于一般建制镇，其中，郎木寺镇处于国道兰郎公路上，是甘南藏族自治州通往四川九寨沟的重要节点，是甘南与成渝经济区联系的门户，有"中国小瑞士"的美称；冶力关镇是甘南藏族自治州东北部通向兰州－白银经济区的门户，距离兰州市、合作市都比较近，被誉为"兰州的后花园"，城镇发展基础较好。其他6个建制镇中，部分城镇发展实力比较弱，如阿木去乎镇、扎古录镇；部分发展潜力较差，如王格尔塘镇、新城镇、木耳镇及大川镇，未来应增强其发展实力，使其成为县域的中心城镇。

表7-7　甘南藏族自治州城镇类型

级别	数量	城镇	城镇地位	发展思路
I	1	合作市	区域中心	增强实力
II	7	拉卜楞镇、临潭县城关镇、电尕镇、玛艾镇、尼玛镇、舟曲县城关镇、柳林镇	县城中心镇	增强城镇实力或优化其职能
III	8	冶力关镇、郎木寺镇、王格尔塘镇、扎古录镇、阿木去乎镇、新城镇、木耳镇、大川镇	一般镇	优化职能

（二）重点乡的选择

　　未来，以优化甘南藏族自治州城镇空间结构为核心，可选择发展潜力大、交通较为便利、人口较为集中（以乡政府驻地3km半径范围内的村庄和人口为依据）、具有一定辐射带动能力的乡进行重点培育，加快乡政府所在地的道路、供排水、污水处理、垃圾处理、集中供热、绿化及亮化等基础设施建设，改善其服务功能，将它们培育成建制镇，与中心城市、县域中心镇、一般镇共同形成较为完善的城镇空间结构，从而辐射带动甘南藏族自治州的整体发展。

　　近期可将洮砚乡、立节乡、洛大乡、王旗乡、麻当乡、曲告纳乡、阿万仓乡撤乡建镇，将其建成区域节点城镇，以点带面，促进农牧村旅游、商贸、建材及农牧业发展；远期可将洮滨乡、古战回族乡、纳浪乡、恰盖乡、藏巴哇乡、峰迭乡、旺藏乡、益哇乡、齐哈玛乡、阿拉乡、科才乡、甘加乡、卡加曼乡、勒秀乡、佐盖曼玛乡撤乡并镇，建成各具区位优势，布局合理，环境优美，基础设施配套，能带动周边乡村协调发展的小城镇（表7-8）。

表7-8　未来甘南藏族自治州的重点乡

县（市）名	数量	乡
合作市	3	卡加曼乡、佐盖曼玛乡、勒秀乡
夏河县	2	麻当乡、甘加乡
临潭县	4	王旗乡、洮滨乡、流顺乡、古战回族乡
卓尼县	4	洮砚乡、藏巴哇乡、喀尔钦、纳浪乡
碌曲县	1	阿拉乡
玛曲县	2	阿万仓乡、齐哈玛乡
迭部县	3	洛大乡、益哇乡、旺藏乡
舟曲县	3	立节乡、曲告纳乡、峰迭乡

第二节　等级规模结构重构

一、等级规模结构重构的依据

（一）城镇发展条件及其在城镇体系中的职能

通常，发展条件良好、职能等级高的城镇，未来人口增长速度会较高；而发展条件较差的城镇，未来的增长速度则会较低。

（二）城镇人口规模及近十年人口增长情况

城镇人口规模及近十年城镇人口的增长情况是确定城镇未来规模的重要依据。近十年来，甘南藏族自治州非农人口的年均增长速度为 2.73%，其中，合作市为 3.54%。

（三）城镇人口发展规模预测

人口和城镇化水平的发展预测为城镇体系等级规模结构重构提供了总量控制指标。经预测，2020 年和 2030 年甘南藏族自治州城镇人口将分别达到 29.66 万人、42.06 万人。

二、等级规模结构重构

城镇等级规模结构具有随经济发展阶梯式演进的过程特点，对处于不同自然地理环境、不同发展阶段的地区来说，其城镇体系等级规模结构优化的目标模式应存在区别，城镇体系的位序－规模分布不一定优于首位分布。

到 2030 年，甘南藏族自治州城镇数量将达到 27 个。其中，中心城市 1 个，县城中心镇 7 个，一般建制镇 19 个（表 7-9）。甘南藏族自治州城镇首位度将由 2010 年的 2.03 上升到 2015 年的 2.29，到 2030 年再降为 2.28，但等级规模结构的首位分布格局在短期内不会得到根本性改变（图 7-1）。

表7-9　甘南藏族自治州城镇体系等级规模结构重构（2030年）

等级	规模/万人	数量/个	城镇人数/万人	平均规模/万人	城镇名称
I	5.0~12.0	1	11.40	11.40	合作市
II	1.0~5.0	8	16.03	2.00	夏河县拉卜楞镇、临潭县城关镇、迭部县电尕镇、玛曲县尼玛镇、舟曲县城关镇、卓尼县柳林镇、碌曲县玛艾镇、临潭县新城镇

续表

等级	规模/万人	数量/个	城镇人数/万人	平均规模/万人	城镇名称
III	0.25~1.0	9	5.44	0.39	碌曲县郎木寺镇、临潭县冶力关镇、临潭县王旗乡、卓尼县洮砚乡、卓尼县藏巴哇乡、卓尼县木耳镇、卓尼县扎古录镇、迭部县洛大乡、合作市佐盖曼玛乡
IV	<0.25	9	1.95	0.21	夏河县王格尔塘镇、夏河县阿木去乎镇、夏河县麻当乡、临潭县洮滨乡、玛曲县阿万仓乡、舟曲县峰迭乡、舟曲县大川镇、舟曲县立节乡、碌曲县阿拉乡

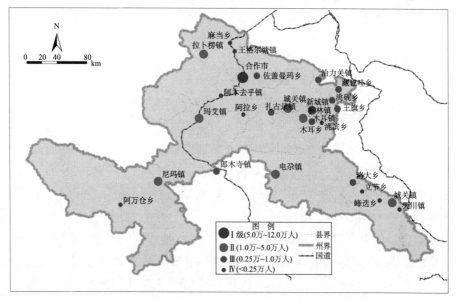

图7-1 甘南藏族自治州城镇体系等级规模结构重构

城镇首位度逐渐降低的县域为卓尼县和碌曲县，它们的第二位城镇分别是木耳镇和郎木寺镇，在现状职能中，二者均为旅游型城镇，具有一定的聚集能力；城镇首位度增长的县域为临潭县和舟曲县，其中，临潭县城关镇与周边城镇的联系比较紧密，城镇聚集能力较强，而舟曲县首位度之所以增加，在于第二位城镇大川镇发展潜力比较低；夏河县的首位度和整个州域城镇体系等级规模结构的变化一致（表7-10）。

表7-10 甘南藏族自治州城镇首位度与城镇化水平

县名	2010年		2015年		2030年	
	首位度	城市化水平	首位度	城市化水平	首位度	城市化水平
夏河县	10.49	0.20	11.82	0.25	11.64	0.35
临潭县	4.86	0.12	4.90	0.17	4.92	0.31

续表

县名	2010年		2015年		2030年	
	首位度	城市化水平	首位度	城市化水平	首位度	城市化水平
卓尼县	4.13	0.15	3.81	0.21	3.72	0.36
碌曲县	2.92	0.18	2.78	0.25	2.74	0.42
玛曲县	—	0.19	—	0.24	10.74	0.35
迭部县	—	0.34	—	0.36	—	0.39
舟曲县	35.92	0.15	42.35	0.20	44.73	0.28

第三节　职能类型结构重构

一、职能结构重构的依据

甘南藏族自治州城镇体系职能结构重构需要考虑以下问题：①各城镇的资源禀赋、综合发展实力和发展潜力；②各城镇在城镇体系空间结构与各级发展轴线中的相对位置及其空间联系强弱；③现状职能结构的特点和存在问题；④各城镇的规模等级。

在综合考虑以上四个问题的基础上，明确各级城镇发展的主导方向，并将其纳入到统一协调的城镇职能体系之中。可将甘南藏族自治州城镇按职能划分为四个等级，即中心城市—县城中心镇—重点镇——般镇（表7-11，图7-2）。

未来，甘南城镇体系职能等级结构将由目前的三级结构（中心城市、县城中心镇、一般镇）调整为五级结构（中心城市、片区中心镇、县城中心镇、重点镇、一般镇），比例由1：7：8调整为1：2：5：3：12（包括重点镇），各城镇（市）的职能分工将更为明确。

表7-11　甘南藏族自治州城镇职能结构重构

职能等级	职能类型	数量	城镇	产业发展方向
中心城市	综合型	1	合作市	以发展旅游、商贸、物流、文化科教等产业为主
县城中心镇	综合型	7	夏河县拉卜楞镇	以藏传佛教旅游、商贸为主
			临潭县城关镇	以商贸、农副产品加工、旅游为主
			迭部县电尕镇	以旅游、水电、农副产品深加工、中药材加工为主
			玛曲县尼玛镇	以畜牧产品加工、生态旅游服务为主
			碌曲县玛艾镇	以农畜产品加工、旅游服务为主
			舟曲县城关镇	以商贸、旅游服务为主
			卓尼县柳林镇	以发展旅游和特色农副产品加工为主

续表

职能等级	职能类型	数量	城镇	产业发展方向
重点镇	综合型	2	临潭县新城镇	以商贸服务业、旅游业、建材业、农畜产品加工业为主
			舟曲县峰迭乡	以经济服务、旅游服务为主
	旅游型	4	夏河县冶力关镇	以发展生态旅游业为主
			碌曲县郎木寺镇	以藏传佛教旅游、商贸为主
			卓尼县木耳镇	以旅游服务业、商贸为主
			玛曲县阿万仓镇	以湿地生态旅游、商贸为主
	工贸型	2	夏河县麻当镇	以建材加工业、商贸为主
			卓尼县洮砚镇	以洮砚开采、加工服务、商贸服务为主
	商贸型	1	迭部县洛大镇	以商贸、旅游为主
	交通型	1	卓尼县扎古录镇	以商贸、交通运输业为主
	农贸型	6	夏河县王格尔塘镇	以发展建材和包装业、农副产品加工业及集市贸易为主
			夏河县阿木去乎镇	以发展小型商贸物流、农副产品加工为主
			临潭县王旗镇	以农副产品加工业、旅游业为主
			舟曲县立节镇	以农副产品加工、交通运输、旅游服务为主
			舟曲县大川镇	以农副产品加工、旅游服务为主
			舟曲县曲告纳镇	以水电、交通运输业、制造业为主
一般镇	旅游型	2	迭部县益哇镇	以藏族风情旅游、商贸为主
			夏河县甘加镇	以旅游、商贸为主
	工贸型	1	合作市佐盖曼玛乡	以发展乳制品加工、旅游业、绿色矿产资源开发为主
	商贸型	2	迭部县旺藏镇	以商贸、旅游为主
			玛曲县齐哈玛镇	以商贸为主导的畜牧产品集散地
	交通型	1	碌曲县阿拉镇	以商贸、交通运输业为主
	农贸型	8	合作市勒秀镇	以农畜产品贸易、水电开发、农副产品加工为主
			合作市卡加曼	以畜牧产品贸易为主
			夏河县科才镇	以畜牧产品贸易为主
			临潭县洮滨镇	以农副产品加工业、旅游业为主
			临潭县古战镇	以商贸服务业、建筑业、交通运输业为主
			卓尼县藏巴哇镇	以农畜产品贸易为主
			卓尼县恰盖镇	以农畜产品贸易为主
			卓尼县纳浪镇	以农畜产品贸易为主

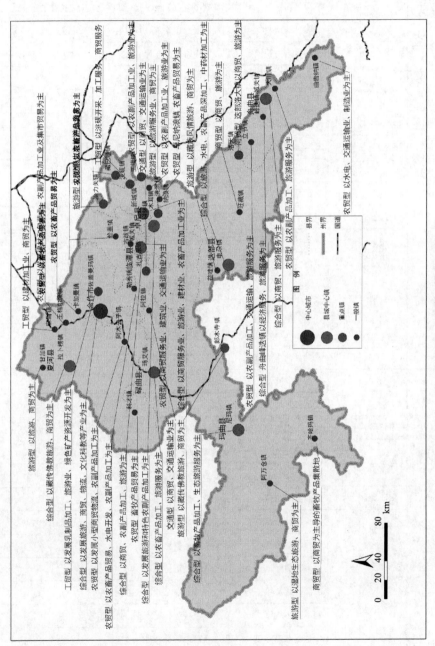

图7-2 甘南藏族自治州城镇体系职能结构重构

二、城镇职能优化

（一）中心城市的职能优化

合作市为甘、青、川交界藏区及甘南藏族自治州的中心城市，也是甘南藏族自治州北部经济区的中心，承担着带动甘南藏族自治州和周边藏区发展的职能，但就目前的发展实力而言，经济基础比较薄弱，经济职能不突出，工业化水平有待进一步提高。

未来，应依托当地自然资源和人文资源，加强与周边城市的联系与合作。因其地处国家重点生态功能区内，其主导产业应以旅游为主的文化产业、以农畜产品加工及生物制药为主的加工业、以物资集散为中心的商贸业为重点，应依托华羚干酪素有限公司、科瑞乳品开发有限公司等龙头企业，发展畜牧产品加工产业；依托甘南佛阁藏药有限公司、甘南藏药制药有限公司等企业，发展生物制药产业，形成以畜产品加工和生物制药为主导的工业体系；以拉卜楞寺、郎木寺、冶力关三大景区为依托，完善旅游服务设施，形成高品质的旅游文化产业体系；加快物流园区和批发市场建设，形成较为完善的商贸流通产业体系。通过加快非农产业的发展，增强合作市的综合发展实力，从而辐射和带动全州乃至周边藏区的发展。

（二）县城中心镇的职能优化

通常，县城中心镇是全县的政治、经济、文化中心，属于综合发展型城镇，是县城小城镇建设的重点。甘南藏族自治州县城中心镇包括尼玛镇、电尕镇、拉卜楞镇、柳林镇、临潭县城关镇、舟曲县城关镇，其中，尼玛镇、电尕镇分别是玛曲经济区、舟迭经济区的中心城镇。未来，应重点优化县城中心镇的城镇功能、完善基础设施和公共服务设施。

1. 集中财力加快城镇基础设施建设

县城中心镇作为一个区域的中心，为了充分发挥其政治、经济、文化中心的作用，必须配备较为完善的基础设施，以保证城镇运行的高效率。例如，畅通的道路系统可保障城镇交通的顺利运行；完备的给排水系统可保障居民的生活、生产的需要及环境的清洁；充足的电力供应可保障城镇发展的动力需求；超前的通信能力可满足信息时代城镇发展的要求。

2. 大力发展科学文化事业

县城中心镇是县域的科学文化中心，是县域科技创新、文化传播的核心单元。在知识经济时代，知识创新与传播对于城镇发展愈来愈重要，它不仅影响综合型城镇的科学文化中心功能的发挥，也将影响其政治、经济等功能的发挥。因此，应大力发展中心镇的科学文化事业，提升县城中心镇的文化内涵，安排充足的科学文化设施和科研文教用地，建设图书馆、科技馆、博物馆、文化活动中心等。

3.建设良好的城镇环境

随着城镇化水平的提高，人们对城镇环境的要求越来越高。县城中心镇作为一个县的中心应在城镇环境建设方面起带头与示范作用，这既是提升城镇化质量的要求，也是保障城镇功能充分发挥和正常运行的要求。因此，未来县城中心镇应加强生态环境与人文环境建设，营造生态环境优良、人文环境和谐的宜居型城镇。

（三）旅游型城镇的职能优化

旅游型城镇一般都具有悠久的历史，文化积淀深厚、景观特色鲜明，甘南藏族自治州旅游型城镇主要包括郎木寺镇和冶力关镇。未来，应注重旅游资源的开发与保护，完善旅游服务体系。

1.保护旅游资源

旅游资源是旅游型城镇发展的基础，对旅游景点的保护可分为两个层次：一是对景点本身的保护；二是对景点周围环境的保护。由于旅游景点的经济价值显而易见，因此对景点本身的保护较易引起人们的重视，而对景点赖以存在的周边环境的保护却往往被忽视。未来，不仅应加强旅游型城镇旅游景点的保护，更应注重周边环境的保护。

2.营造清新宜人的环境

旅游型城镇也是一种旅游资源，因而旅游型城镇建设不仅要完善其城镇功能，还应追求城镇建设的艺术美感，以强化旅游景点的整体效果。未来，应完善服务设施，建设有一定档次的宾馆、商店、餐馆等，满足旅客的需要；严格控制工业建设，禁止污染企业进入，尽量发展一些无污染的小型旅游工艺品生产企业；风景点和城镇要统一规划，协调发展。

3.开发与保护并重

（1）拓展国内外旅游市场

旅游型城镇应当利用区位优势、资源互补优势，提高管理人员和从业人员的素质，改进旅游服务质量，塑造区域旅游形象，扩大旅游宣传，吸引省内外游客，发展国内旅游，开拓旅游市场，增加旅游外汇收入。

（2）设计有特色的旅游项目

旅游型城镇旅游资源的开发应适应当代旅游发展趋向，彰显地域特色，开发内容应以有地方特色的旅游项目为中心。

（3）开发高档次的旅游商品

旅游商品是商品性旅游的重要特征。应开发富有特色、综合配套、适应不同经营条件的旅游商品和休闲、娱乐途径，以促进旅游者由低档次的观光旅游向高层次的康乐旅游、文化旅游转变，推动旅游活动向高效益、高层次、文明化和现代化方向发展。

（4）限制旅游开发速度和规模

旅游型城镇旅游资源的开发应注重开发与保护相结合、利用与管理相结合。在开发建设中，不能只追求速度与效益，而要遵循可持续发展原则，限制开发速度和建设规模，使旅游资源开发既能满足游客需要，又能保持生态环境优良。

（四）工贸型城镇的职能优化

工贸型城镇包括交通沿线的工贸城镇和企业较为发达的农牧区工贸城镇两类。工贸型城镇不仅是一个乡镇乃至更大范围内的商品、物资交换地，也是该区的工业生产中心。

1.合理组织过境交通

内外交通状况是制约城镇发展的重要因素，尤其是工贸型城镇，其发展一般依托一条或几条主要公路。未来，一方面应充分利用过境交通，发展商品经济，增加城镇居民的收入；另一方面要尽量减少过境交通带来的噪声、尘埃污染等不利影响。

2.促进商贸市场的改造和功能完善

商贸市场对于工贸型城镇的发展非常重要，它既可通过商品交换，实现农副产品、特色产品增值；也可促进信息交流，引导生产者组织生产；还可吸纳农村剩余劳动力，推动城镇的第三产业发展。未来，应在工贸型城镇大力培育要素市场，确立发展大商贸的目标，努力进行市场改造，促使其上规模、上档次；同时，应做到市场数量、规模与交易品种、流通辐射范围相适应。

3. 促进企业生产力集聚发展

单一的服务业发展仅能增强城镇的流通和消费功能，缺乏生产功能，且繁荣程度只能是局部的、镇区范围内的，无法对周围农牧村产生较强的经济辐射能力，难以带动农牧村经济稳步发展。未来，商贸型城镇除了大力发展商贸业以外，还应当积极发展清洁型的加工业。

（五）农贸型城镇的职能优化

农贸型城镇是乡镇工业不甚发达的农村地区小城镇，这类城镇是农村地区的服务中心，承担着管理、商贸、文化科技服务等职能，农贸镇一般规模较小，远离中心城镇和交通干线，较为封闭，甘南藏族自治州的县辖建制镇大多属于农贸型城镇。未来，应充分体现农贸镇为农村、农牧民和农牧业服务的特点，将其建成广大农村的服务基地。

1. 重点完善服务于农牧业的各种设施

农贸镇的建设要有利于农业生产和生态环境的要求。未来，应加强服务于农业的各类设施建设，如农业生产资料销售店、种子公司及农副产品交易市场，满足广大农牧民的生产及贸易需要，提高农业效益，加速向现代农业的转化。

2. 采用动态观点规划，增强规划弹性

相对其他类型的小城镇而言，农贸镇第二、第三产业发展水平较低，城镇聚集力差，城镇规模较小。未来，应采用动态观点规划农贸镇，增强规划弹性，做好农贸镇各类用地的功能分区，控制好用地规模。

3. 促进农贸镇建设与农业产业化相结合

农业产业化必须依托于农贸镇才能有广阔的前途和生命力。未来，应积极扶持龙头企业，充分发挥龙头企业的带动作用，以当地的龙头企业、合作经济组织为依托，实行种养加、产供销、工农商一体化经营，使分散的农户小生产转化为社会化大生产。

4. 建立完整的农业生产体系和多层次的农村经济结构

未来，应充分调动农民的生产积极性，促进农业生产的专业化分工，加强农业科技服务，以农贸镇为依托，建立完整的农业生产体系和多层次的农村经济结构。

第四节 地域空间结构重构

城镇体系的地域空间结构是城镇体系内各个城镇在空间上的分布、联系及其组合状态。从本质上讲，它是一定地域范围内经济和社会物质实体——城镇的空间组合形式，也是地域经济结构、社会结构与自然环境的空间投影。甘南藏族自治州不仅生态环境脆弱，又是国家级贫困县连片集中区，更承担着重要的生态服务功能。因此，其城镇体系地域空间的重构必须以生态保育、环境友好为基点，确保主体功能的发挥。

一、城镇体系发展轴重构

（一）一级发展轴

甘南藏族自治州地处远离我国主要出海口和经济高度发达地区的内陆封闭区域，距离西部开发的重点都市经济区和交通线较远，获得外来资金、技术和信息支持的强度较小；同时，又处于我国自然地理分异的第一阶梯青藏高寒区，恶劣的地理环境也对经济发展造成难以改变的自然约束。当前，该区正处于从传统经济向现代经济的转变阶段，区域发展不平衡状态将持续较长时间，极化效应仍将占据要素流动方向与状态的主导地位。未来，应选择发展基础和潜力较好、区位条件较为优良的城镇（市）作为重点发展区域，聚集区内的人口、资源、技术等要素，突破各种不利因素的制约，打通与主要出海口和沿海都市连绵区的联系通道，构建一个内接外联、功能优化的主廊道，作为区域发展的主骨架，延伸主要经济联系方向，为该区参与经济全球化和市场一体化奠定基础。

鉴于此，甘南藏族自治州城镇体系空间结构的主廊道，除了组织区内的空间联系与交流外，更重要的功能是连接区外更高层级的发展中心。从较大空间范围看，要北上东转连接京津冀都市连绵区，依托天津出海口；南下东转连接长江三角洲都市连绵区，依托上海出海口；从较小空间尺度看，要向北加强与兰州－西宁都市经济区的联系，向南拓展与成都－重庆经济区的往来。未来，还应加强与大西南滇桂出海通道的联系。

基于此，甘南藏族自治州城镇体系空间结构的一级发展轴包括主线国道213（现状）、兰州至郎木寺高速公路、兰州至重庆铁路；支线X402、X404等公路。这条主廊道通达性强，是中心城市遥接我国参与全球化的重点区域——京津冀和长三角的主廊道，是甘南藏族自治州对外经济联系的主要方向，它南北串联了夏河、合作、碌曲三个县（市）的重要城镇（合作市、玛艾镇、郎木寺镇、麻当镇、王格尔塘镇、阿木去乎镇），向北可与兰州 – 白银城市经济区及西陇海兰新廊道重点经济带发生联系，并依托西北重要的交通枢纽——兰州，与京津冀（以天津为出海港）发生主要经济联系，进而参与经济全球化；向南可接受成渝经济区的综合辐射，并通过成渝，进而与长三角发生联系，参与国际经济交流与合作（表 7-12）。

表7-12　甘南藏族自治州城镇体系主廊道

主干线	国道213、兰州至郎木寺高速公路、兰州至重庆铁路
支线	X402、X404
主要城镇	合作市、玛艾镇、郎木寺镇、麻当镇、王格尔塘镇、阿木去乎镇

（二）次级发展轴

主廊道贯通南北，主要承担着对外经济联系并组织区内空间结构的功能，其功能的发挥还需次级发展轴的辅助和支持。甘南藏族自治州自古就与青海、西藏及甘肃陇南、天水，甚至关中地区有经贸往来和宗教文化交流，未来二级发展轴应从中心腹地出发，向外发散，连接东西，与主廊道共同组成甘南藏族自治州城镇体系空间结构的整体骨架，传承该区的民族经济、文化交流传统。

1.北部联系束

北部联系束包括主线王夏公路、合作至同仁高速、机场高速、西宁至合作铁路、岷合公路、岷合高速、合作至九寨沟铁路、合冶公路、X429；支线 X403、X409、X423、X412、X420，主要城镇有王格尔塘镇、拉卜楞镇、合作市、临潭县城关镇、新城镇、冶力关镇、扎古录镇、柳林镇、木耳镇（表 7-13）。这两个联系束串联了甘南藏族自治州北部的夏河、合作、卓尼、临潭四个县（市）的重要城镇，其中，沿省道 312 的联系束是甘南藏族自治州与青海联系的主要通道、沿岷合公路的联系束是甘南藏族自治州东联关中城市群的重要通道；随着岷县至青海同仁高速、夏河机场高速的建成，合作至哈达铺、至天水铁路的建成，将会使甘南藏族自治州北部东西向的联系更加紧密。

表7-13　甘南藏族自治州北部联系束

主干线	王夏公路、合作至同仁高速、机场高速、西宁至合作铁路、岷合公路、岷合高速、合作至九寨沟铁路、合冶公路、X429
支线	X403、X409、X423、X412、X420
主要城镇	拉卜楞镇、王格尔塘镇、合作市、临潭县城关镇、新城镇、冶力关镇、扎古录镇、柳林镇、木耳镇、洮滨乡、王旗乡

2. 南部联系束

南部联系束包括主线 S313（两玛公路），两玛公路是联系甘南藏族自治州南部玛曲片区和舟迭片区的重要通道，串联了玛曲县、迭部县、舟曲县的重要城镇（尼玛镇、郎木寺镇、电尕镇、舟曲县城关镇、大川镇、阿万仓乡、洛大乡、峰迭乡），是甘南藏族自治州与陇南市、青海果洛藏族自治州联系的通道（表 7-14）。

表7-14 甘南藏族自治州南部联系束

主干线	S313（两玛公路）
支线	
主要城镇	尼玛镇、郎木寺镇、电尕镇、舟曲县城关镇、大川镇、阿万仓乡、洛大乡、峰迭乡

为了进一步完善城镇体系空间网络，优化空间结构，并扩展与区外城镇体系的联系，未来还需沟通主要发展轴线，构建轴间联络线。例如，化马－大川－武坪－插岗－博峪、腊子口－洛大－花园－多尔－王瓦、冶力关－羊沙－新城－木耳－尼奥－恰盖－申藏－扎古录－尼巴－电尕、甘加－拉卜楞－桑科－科才－玛艾－尕海－尼玛－阿万仓等。

二、城镇经济区重构

（一）经济区的划分

1. 中心城市（镇）的确定

选取城镇的综合发展能力（城镇发展潜力和实力的综合值）、城镇间的引力和、引力大于 0.05 的城镇三个指标，并结合城镇所在的区域位置确定中心城镇（市）（表 7-15）。其中，合作市、拉卜楞镇、柳林镇、临潭县城关镇、玛艾镇之间的联系比较紧密，而尼玛镇、电尕镇、舟曲县城关镇在整个城镇体系中处于离散状态。进一步根据辐射强度分布图，可把整个城镇体系分为三大片区：北部合作片区、西南玛曲片区、东南舟迭片区；将合作市、尼玛镇、电尕镇确定为甘南藏族自治州城镇体系的中心城镇（图 7-3）。

表7-15 城镇体系城镇综合比较表

城镇名称	综合发展能力	引力和	引力大于0.05的城镇
合作市	6.022	4.3200	城镇体系所有城镇
拉卜楞镇	2.860	1.8900	玛艾镇（0.07）、王格尔塘镇（0.23）、阿木去乎镇（0.09）

城镇名称	综合发展能力	引力和	引力大于0.05的城镇
柳林镇	1.758	2.0500	木耳镇（0.93）、临潭县城关镇（0.2761）、新城镇（0.47）、扎古录镇（0.06）
临潭县城关镇	2.026	1.3725	柳林镇（0.2761）、新城镇（0.1806）、扎古录镇（0.2678）、木耳镇（0.0976）
玛艾镇	1.880	0.6046	拉卜楞镇（0.07）、阿木去乎镇（0.0666）

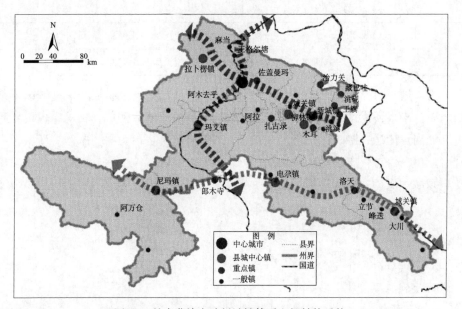

图7-3　甘南藏族自治州城镇体系空间结构重构

2. 经济区腹地的确定

利用断裂点公式（根据城镇综合实力计算断裂点位置）计算各主要中心城镇（市）的吸引范围（表7-16），发现尼玛镇的吸引范围超出其行政单元，可达尕海附近；舟迭经济区的吸引范围也包含卓尼县的一小部分，但考虑到行政区域的完整性，玛曲经济区的腹地仅包括玛曲县，舟迭经济区的腹地包括舟曲县和迭部县。

表7-16　甘南藏族自治州中心城镇（市）吸引范围

项目	综合实力（甲，乙）	直线距离/km	断裂点距离/km	实际断裂点距离/km
（合作，尼玛镇）	（7.03,0.94）	29.8	20.55	27.0
（合作，电尕镇）	（7.03,1.45）	23.7	14.23	18.0
（尼玛，电尕镇）	（0.94,1.45）	23.6	18.28	21.5

注：比例尺为1：450 000

3.经济区的划分

根据区域经济发展状况、城镇密集程度、城镇的辐射带动能力、交通条件和行政区划等因素,可将甘南藏族自治州划分为合作综合经济区、玛曲生态经济屏障区、舟迭生态农业经济区(表7-17)。其中,合作综合经济区属于山原区及山地丘陵区,城镇发展的用地约束相对较小,是甘南藏族自治州的核心区,无论从国土面积、人口、GDP总量,还是城镇数量、城镇密度来看,它都占全州的大部分;玛曲生态经济屏障区属于黄河重要的水源补给区,生态地位突出,是黄河流域重要的生态屏障区,为纯牧区,人口密度低,城镇数量少;舟迭生态农业经济区为高山峡谷区,境内山地面积较大,地形较为破碎,城镇多分布在狭长的河谷地带,人口密度大,城镇发展面临着较强的用地约束,建设用地难以支撑城镇的大规模发展。

表7-17 甘南藏族自治州经济区

经济区	合作综合经济区	玛曲生态经济屏障区	舟迭生态农业经济区
中心城镇(市)	合作市	尼玛镇	电尕镇
腹地范围	合作市、夏河县、碌曲县、卓尼县、临潭县	玛曲县全部	舟曲县、迭部县
地貌类型区	山原区、山地丘陵区	山原区	高山峡谷区
土地面积/km²	23 633.69	10 190.8	7 808.73
土地占全州的比例/%	57	24	19
人口数量/人	464 475	45 799	195 098
人口占全州的比例/%	65.8	6.5	27.7
人口密度/(人/km²)	19.65	4.49	24.98
GDP/万元	228 447	54 849	66 317
GDP占全州的比例/%	65.3	19	15.7
人均GDP/元	4 918	11 976	3 399
城镇数量/个	12	1	3
城镇密度/(个/万km²)	5.07	0.98	3.84
三次产业比例	1:0.77:1.96	1:1.64:0.84	1:0.46:1.24

（二）合作综合经济区

1. 资源禀赋

合作综合经济区包括甘南藏族自治州北部和中部的合作市、夏河县、碌曲县、卓尼县、临潭县一市四县。其中，夏河县和碌曲县属于纯牧业县，合作市、卓尼县、临潭县为半农半牧区，该区国土面积达 23 633.69km² ，占甘南藏族自治州国土面积的 57%；总人口为 464 475 人，占甘南藏族自治州人口总数的 65.8%；GDP 总量为 228 447 万元，占甘南藏族自治州经济总量的 65.3%；境内城镇（市）包括合作市、拉卜楞镇、王格尔塘镇、阿木去乎镇、玛艾镇、郎木寺镇、临潭城关镇、新城镇、冶力关镇、柳林镇、木耳镇、阿木去乎镇 12 个城镇（市），占甘南藏族自治州城镇总数的 75%，城镇分布相对密集，且与中心城市联系比较紧密。合作市对该区其他城镇的辐射力强；夏河县拉卜楞镇与王格尔塘镇、阿木去乎镇、碌曲县玛艾镇联系比较紧密；东北部的临潭县城关镇、柳林镇、新城镇、木耳镇、扎古录镇之间也存在较强的联系。该区属于甘南藏族自治州城镇体系中空间网络比较完善的区域，是甘南藏族自治州的核心经济区。

合作综合经济区特色产业包括以牦牛、藏系绵羊、蕨麻猪养殖等为主的特色畜牧业，以药材、油菜籽和青稞种植为主的特色种植业，以蕨菜、羊肚菌和野生药材为主的山野珍品及藏、中药材加工业。旅游资源包括以夏河县拉卜楞寺和禅定寺、郎木寺、米拉日巴佛阁等为主的藏传佛教寺院，以冶力关、大峪沟、甘加、桑科草原为主的森林草原风光，以明代洮州卫城、甘加八角城、临潭明代长城等为主的历史文化遗产，以及香浪节、插箭节、锅庄舞、洮岷"花儿"等民俗风情。

2. 发展思路

（1）优化种植业结构，加强草地资源保护

合作综合经济区油菜、药材等种植面积和产量居甘南藏族自治州之首，农区应进一步优化种植结构，扩大具有地方特色和市场前景的豆类和药材的种植面积，稳定青稞、油菜面积；强化农田建设，培肥地力，提高单产；在退耕坡地加强优质牧草种植，为农牧区地域互补提供优质人工饲草。牧区应加强草地资源保护，实施轮区放牧制度，扩大紫花苜蓿、垂穗披碱草、中华羊茅等多年生优质牧草的种植面积。

（2）培育农牧业生产基地群和农畜产品加工基地群

在保证生态环境不受破坏的前提下，加大开发腹地特色农牧业资源，搞好生产基地建设，培育和壮大华羚干酪素有限公司、科瑞乳品开发有限公司、临潭县

金洮州清真肉食品开发有限公司、雪域熏肉有限责任公司、甘南佛阁藏药有限公司等龙头企业，发展各种合作经济组织，以合作市为中心，依托卓尼县柳林镇、碌曲县玛艾镇等中心城镇，发展肉类、乳制品、毛纺、皮革制品、生化制品和特色食品、山野珍品加工，大力开展特色农牧业产业化经营，提高农牧民收入水平，培育较为完备的特色农牧业生产基地群和农畜产品加工基地群。

（3）建立以合作市为中心的旅游空间结构

合作综合经济区有较为丰富的旅游资源，应以市场为导向，依托拉卜楞寺、郎木寺和冶力关景区，不断完善交通网络和旅游服务设施，开发具有民族特色的旅游商品，以区域合作、优势互补、资源共享、共同发展为原则，以科技支撑、精品开发、整体营销为手段，重点开发，有序推进，充分发挥合作市的交通枢纽作用，辐射带动合作综合经济区乃至甘南藏族自治州旅游业的发展，逐步将旅游产业培育成合作综合经济区的新型支柱产业，最终形成以合作市为中心，以拉卜楞寺、冶力关、郎木寺为重要节点的旅游空间结构。

（4）构建以合作市为中心的商贸流通体系

合作综合经济区是甘南藏族自治州交通较为发达的经济区，随着兰州至合作、合作至成都、西宁－合作－九寨沟铁路，以及兰州至重庆、合作至岷县、机场高速等高速公路的建成，合作综合经济区将形成以合作市为中心，以航空、铁路、高速公路为主体的高速交通网，这为商贸业的发展提供了较为便利的条件。未来，该经济区应围绕特色农牧业和旅游业，结合城镇建设，逐步改善投资环境和商业环境，在交通沿线城镇建设一批辐射面广、带动性强的大型专业市场；在条件较好的市、县（如合作市、夏河县、临潭县）兴建上档次、上规模的商场、特色街等；加大农村商品流通市场的开拓，逐步形成以合作市为中心，以拉卜楞镇、临潭县城关镇为二级中心，覆盖其他镇（乡）的商贸流通体系。

（三）玛曲生态经济屏障区

1. 资源禀赋

玛曲生态经济屏障区地处三江源国家级生态保护区和甘南黄河重要水源补给生态功能区的核心区，黄河穿境而过，区内有阿尼玛卿山草原生态系统保护区、首曲湿地生态系统保护区，是黄河重要的水源补给区和"黄河蓄水池"，生态屏障功能十分突出，是甘南藏族自治州乃至整个黄河流域的生态屏障区，属于纯牧区，国土面积为 10 190.8 km^2，占甘南藏族自治州国土面积的 24%；总人口为 45 799 人，占甘南藏族自治州人口总数的 6.5%；GDP 总量为 54 849 万元，占甘南藏族自治州经济总量的 19%，人口密度只有 4.49 人 /km²，是甘南藏族自治州人口最稀疏的区域。境内只有尼玛镇一个建制镇，建制镇仅占甘南藏族自治州城镇总数的 6.25%。片区中心城镇尼玛镇与其他城镇之间的相互作用微弱，在城镇体系中处于离散状态，可通过尕玛路、两玛公路与合作综合经济区、舟迭生态农业经济区相连。

玛曲生态经济屏障区是甘肃省重要的畜牧业基地之一，区内有面积广阔的天然草地资源。经过漫长的自然选择和辛勤培育，玛曲生态经济屏障区形成了极具特色、与高寒生态环境相适应的畜种资源——青藏牦牛、欧拉藏羊；龙头企业主要有玛曲清真肉食品厂、玛曲县宏达实业有限责任公司、玛曲县雪原肉业冷冻厂等，同时草原兴发食品有限公司、天玛生态科技食品有限公司等大中型企业也在玛曲生态经济屏障区建立了生产基地，生态畜牧业发展具有一定的基础；该区内有藏传佛教寺院、石刻岩画、纯朴浓厚的传统民俗风情等人文景观，围绕"格萨尔文化"、"天下黄河第一弯"、"亚洲一号天然草场"、"草原马背民族文化"四大品牌，旅游业已有了一定程度的发展。

2. 发展思路

玛曲生态经济屏障区是甘南黄河重要水源补给生态功能区的核心，未来应在保护草原和湿地的前提下，围绕畜牧业产业化经营和牧民定居工程，引导牧民逐渐转变生产方式，实现由传统畜牧业向现代畜牧业的转变；以做强中心镇尼玛镇为目标，增强其为腹地提供生产服务、旅游集散、商贸服务和生态环境保护等职能，通过要素的集聚与扩散，形成以尼玛镇为中心、经济联系紧密、产业分工明确，以高效生态畜牧业、旅游业、绿色畜产品加工等产业为主的生态经济屏障区。

（1）生态畜牧业的发展

生态畜牧业是以草畜关系为主的生态经济体系，它以明确草场的使用权为制度保证，以草地的生态环境改善和生产力提高为手段，以调整畜种结构、畜群结构为基础，以特色龙头企业建设为动力，形成绿色畜牧业产品生产、加工为一体的畜牧业产业化基地。

未来，应对退化的天然草地采取人工种草、围栏封育和草地施肥、补播等措施进行综合治理；应积极向国家争取资金，开展草地防治鼠虫害工程，使鼠虫危害得到有效控制；应对核心保护区内的草场实行减畜育草工程，根据现有草地的载畜量，采取以草定畜的办法，减少载畜量，恢复草地植被。同时，应积极改造传统畜牧业，发挥地区优势，通过畜牧业基地建设、龙头企业的扶持和培育，以及经纪人队伍建设，建立产、供、销一条龙的牧业生产基地。

（2）生态旅游业的发展

生态旅游业是玛曲生态经济屏障区极具发展潜力的产业，发展生态旅游业可有效地促进该区产业结构调整，带动经济社会的全面发展。未来，应遵循"保护为主，适度开发"的指导思想，在保护自然环境和自然资源的前提下，突出藏族特色和民族风情，适度开发景区景点，科学合理地控制旅客规模；应多方筹资，加强交通、餐饮、住宿等基础设施建设，可适当地建设旅游服务中心、藏家家庭旅馆及民俗村；应加强导游和服务人员培训力度，提高服务质量；应完善生态旅游的管理机制，加大对乱建、乱捕、乱挖、滥采等行为和妨碍野生动物生息繁衍等非法行为的打击力度。

（3）湿地生态经济的发展

玛曲生态经济屏障区湿地面积较大，但由于过牧超载、鼠害猖獗、草地退化等，湿地面积逐步减少，湿地生态系统已失去平衡。未来，应加强对湿地的多学科综合考察，建立高原湿地生态研究基地；应建立湿地生态保护区，保护特有高寒湿地生态系统；应减少人为因素对生态湿地的破坏，加大湿地管理力度。

（4）生态加工业的发展

玛曲生态经济屏障区的冬虫夏草等高原名贵山珍藏药多达上百种。未来，应以优势牧业资源的开发为主体，以特色生物产品加工为补充，建立特有生物资源加工基地，形成融绿色、特色为一体的畜产品和藏药产业链；应重视技术创新，改造和提升传统产业，培育标志性企业、标志性产品，扶持和发展具有玛曲特色的地方名牌产品，不断增强企业的市场竞争力；应积极改善投资环境，加大招商引资力度，坚持工业发展与环境保护相结合的原则，将经济发展与生态环境建设有机结合起来。

（四）舟迭生态农业经济区

未来，舟迭生态农业经济区应大力发展交通设施，扩建区内主干线公路，打通舟迭生态农业经济区中心城镇与九寨沟的联系（九迭公路），形成较为完善的区域交通系统；在保护生态环境的前提下，积极发展生态农业和高效观光农业；同时，要以扶持片区中心镇电尕镇、优化舟曲县城关镇为目标，加强特色农业生产基地建设与龙头企业培育，完善旅游服务基础设施建设，将该区建设成以高效农业、生态旅游为主的生态农业经济区。

1. 资源禀赋

舟迭生态农业经济区处于岷迭山区，山大沟深，生态环境脆弱、自然灾害频发，是甘南藏族自治州的主要农区和重要林区，包括迭部和舟曲两县，国土面积为 7808.73km²，占甘南藏族自治州国土面积的 19%，耕地较少；总人口为 195 098 人，占甘南藏族自治州人口总数的 27.7%；GDP 为 66 317 万元，占甘南藏族自治州经济总量的 15.7%，人口密度为 24.98 人 /km²，此区以全州 19% 的国土面积承载着甘南藏族自治州 27.7% 的人口，是甘南藏族自治州人口最稠密的区域，人均收入只有 3999 元，经济水平低；境内有电尕镇、舟曲县城关镇、大川镇三个建制镇，建制镇仅占甘南藏族自治州城镇总数的 18.75%；片区中心城镇与合作综合经济区、玛曲生态经济屏障区内的城镇相互作用力较弱，在城镇体系中处于离散状态。

舟迭生态农业经济区拥有较丰富的旅游资源。例如，寺哇文化、古叠州城、芳州城遗址、仰韶文化等古文化遗址和俄界会议会址、天险腊子口等的红色人文自然遗产，翠峰山寺、拉尕山景区、大峡沟森林公园等自然景点，以博峪采花节、元宵灯会、民间乐舞等为主的民俗风情等；特色农牧业资源主要包括以蚕豆、青稞、糜子、谷子、荞麦等为主的特色作物和特色中药材，以花椒、核桃、柿子等为主的特色林果，以牦牛、藏羊为特色的牲畜，以薇菜、蕨菜、刺五加等为主的山野珍品。但目前，境内仅有一条省道三级公路 S313 线贯穿东西，抵御自然灾害的能力差，农业生产条件薄弱，生产效率低下；工业企业数量少，规模小，竞争力弱，且过分依赖水力、矿藏等资源；农产品、中藏药及山野珍品精深加工企业少。

2. 发展思路

（1）生态农业的发展

未来，应重点发展对劳动力需求量大、附加值高，对环境污染较小，但市场需求不断扩大的有机农业，把该区打造成甘肃省东南部重要的生态农业生产基地和全国高山峡谷区生态农业示范区。首先，应扶持一批具有品牌和核心技术力量的有机农业龙头企业，重点发展水果、蔬菜等产业，以市场需求为纽带，把企业与农户联合起来，形成"企业＋农户"的农业生产体系；应突出特色，推进有机农业生产认证体系建设，形成不同特色的生态农业生产基地；应推广大棚、无土栽培等设施农业，提高农作物的资源利用效率，开发工厂化的育苗、栽培、养殖和病虫害防治技术，集中建设一批规模化、标准化的农业生产示范基地。

（2）生态林业的发展

舟迭生态农业经济区是典型的生态脆弱区，滑坡、泥石流等自然灾害频发，水土流失严重，脆弱的生态环境已成为该区可持续发展的严重障碍。因此，以生态林和生态经济林为主的综合林业发展模式成为该区的必然选择。未来，应在25°以上坡耕地采取以生态林为主体的林草间作模式，以增强林地生态系统的水土保持功能；在水热组合条件较好的地区发展柠条、沙棘等生态经济林，或发展林果业，并保持一定比例的薪柴林。同时，应延伸林业产业链，如将林业与旅游业相结合，发展森林旅游业。同时，可采取"林菌模式"、"林药模式"、"林禽模式"及"林菜模式"等林下经济模式，通过合理的林粮、林菜、林药间作，有效地防治水土流失、改良土壤结构、提高土壤肥力，促使农户增收。

（3）旅游业的发展

未来，应基于旅游资源优势及有限的生态环境容量，将生态和文化作为旅游开发的重点方向，以"休闲、文化、生态"为旅游主题，重点打造老城区、新城区文化之旅旅游区、拉尕山密藏养身保健旅游区、沙滩林场文化旅游区、大峡沟生态观光旅游区；逐步改善交通、住宿、餐饮等基础设施，完善景区内旅游步道、停车场，改造给排水、供电、环保、卫生、通信、安全防护等设施，提高景区接待和应急救援能力；开发具有地域特色的旅游商品，完善旅游商品的结构体系，加强旅游商品生产与销售管理；突出强势旅游资源，营造旅游资源的品牌效益，把旅游业转化成为具有独特卖点的市场竞争优势，将该区建成传统村落观光与体验目的地、特色民俗文化旅游产业传承与创新基地、希望之旅与大爱之旅旅游区、长江流域白龙江中下游生态旅游示范区。

第八章 城乡一体化格局重构

城乡一体化既是城乡融合的理想模式，也是区域社会经济发展的长期过程，是社会 – 自然 – 经济复合生态系统演替的顶级状态。然而，受特殊高寒地理环境和特定多元民族文化的深刻影响，高寒民族地区生态地位重要，但环境脆弱，城乡一体化发展的生态基质较差；经济发展水平低，支持城乡一体化发展的经济基础薄弱；人口和居民点分布具有高度离散性，城乡一体化发展的互动机制和空间结构不合理；基础设施落后，瓶颈作用强烈，城乡一体化联系通道有限；公共设施配置不均衡，城乡差距较大，城乡矛盾突出。当前，急需重构城乡一体化发展格局，建立以城带乡、以乡促城、城乡互动的新格局，这不仅是深入贯彻落实科学发展观的重要任务，也是全面建设小康社会与和谐社会的内在要求，更是维护国家战略安全的必然要求。

第一节 城乡一体化发展水平

一、城乡一体化发展基底

（一）城乡一体化发展的自然基质较差

甘南藏族自治州是国家主体功能区划中"两屏三带"、甘肃省主体功能区划中"三屏四带"生态安全战略格局中的主要组成部分，在维系黄河水源涵养、补给乃至整个黄河流域生态安全方面具有不可替代的作用。但由于该区海拔高、气候寒冷、动植物种类少、生长期短、生物链简单、生物量低，生态系统中物质循环和能量转换过程缓慢，致使本区生态环境非常脆弱。近年来，在全球气候变化与人类活动的双重胁迫下，草地资源严重退化、水源涵养能力下降、水土流失加剧、沙化土地扩展、湿地萎缩、生物多样性损失。与 20 世纪 80 年代初相比，退化草地面积增加了近 120 倍，重度退化草地已占退化草地的 34.07%，优质牧草所占比例由 80% 下降到 50%，杂草由 20% 上升到 50%，植被覆盖度由 80%～95% 下降到 45%～65%（中度退化），亚高山草甸的生物多样性由 29.1 种 /m² 减少为 22 种 /m²（中度退化）、8.7 种 /m²（重度退化）；玛曲段补给黄河的水量减少 15% 左右，洮河与大夏河径流量分别减少 14.7%、31.6%；水土流失面积增加 47.57%，湿地面积减少 67.68%，玛曲县黄河沿岸沙化草地面积增加 3.66 倍，已出现了长 220km 的流动沙丘带。这直接影响当地农牧民的生产生活，使大部分农牧民生活水平长期处于贫困线以下。为了满足基本的生活需求，农牧民加剧了对免费资源的开发利用，超载过牧、滥采乱挖、草地开垦日趋严重，进一步加剧了该区生态环境的脆弱性。

（二）城乡一体化发展的经济基础薄弱

城乡关系发展历程大致可分为城乡依存阶段、城市统治乡村阶段和城乡融合发展阶段。发达国家城乡关系的演化进程大体经历了乡村孕育城市、城乡分离发展、城市统治乡村、城市辐射乡村、城市反哺乡村和城乡融合几个阶段。马克思关于城乡关系的发展思路是"城乡一体—城乡分离—城乡融合"。社会学、经济学界从城乡关系角度出发，认为城乡经济社会一体化是城市与乡村互相取长补短的双向演进过程，城市和农村打破相互分割的壁垒，逐步实现生产要素的合理流动和优化组合，促使生产力在城乡之间合理分布，从而使城市和乡村融为一体。

然而，甘南藏族自治州社会经济发展滞后，传统游牧经济仍占主导地位，无法为城镇化提供基本的推动力；工业增长极缓慢，对城镇化的拉力同样不足；虽然第三产业发展较快，但以传统的流通业与服务业为主，新兴产业比重很低，对经济社会发展的支撑功能较弱，使得城乡发展处于相对孤立的状态，城乡互动发展的格局尚未形成。

（三）城乡一体化发展互动作用微弱

受地理环境和地域经济基础的影响，甘南藏族自治州人口与居民点分布均具有高度离散性，村落规模小、分布分散，目前尚有不少农牧民仍处于游牧状态，导致基础设施与公共服务覆盖面降低，受益人数受限，建设成本增加，难以有效实现基础设施公共服务均等化配置。从城镇服务面积来看，该区地域广阔，城镇数量较少，致使城镇服务半径过大，服务能力和有效性不足（表 3-30）。甘南藏族自治州城镇的平均服务面积达 2628.84km²，服务半径约为 28.93km，远远大于甘肃省的城镇平均服务半径（17.69km）。城镇服务半径过大，一方面使城镇服务面临巨大的需求压力；另一方面又使获取城镇服务的时间和经济成本增加，迫使农牧民放弃城镇所提供的服务，导致城镇服务的质量和有效性较差。

（四）城乡一体化发展通道不畅

甘南藏族自治州基础设施建设落后，尤其向农牧村镇延伸不足，使得城乡一体化发展的通道不畅，降低了城乡联系的强度与深度。目前，该区交通运输主要依靠公路，公路总里程达 7556.103km，其中，等级最高的是二级公路，仅 668.832km，占 8.85%；而 1561.747km 为等外公路，占 20.67%。农牧民生产生活基础条件差，行路难、上学难、看病难、用水难及通信难等问题比较突出。2013 年年底，该区乡村公路里程达 4083.202km，占公路总里程的 54.04%，其中，未铺装路面占 55.1%；尚有 29 个乡镇不通油路，266 个行政村不通标准村道，29 个自然村不通电，无线电广播综合覆盖率仅为 89.95%，广播电视农村直播卫星用户仅占 20.38%，拥有各类电话用户占 86.6%，32.43 万人饮用水不达标，通信基础设施覆盖面窄，有 134 个行政村部分不通电话或通话不畅，城乡居民居住环境较差（表 8-1，图 8-1）。

表8-1 甘南藏族自治州各县（市）乡村交通情况　（单位：个）

地区	通油路的县	乡镇				行政村	
		总数	通汽车的	通公路的	通班车的	通机车的	通公路的
甘南藏族自治州	8	95	95	95	95	615	615
合作市	1	6	6	6	6	36	36
临潭县	1	16	16	16	16	130	130
卓尼县	1	15	15	15	15	97	97
舟曲县	1	19	19	19	19	186	186
迭部县	1	11	11	11	11	48	48
玛曲县	1	8	8	8	8	35	35
碌曲县	1	7	7	7	7	19	19
夏河县	1	13	13	13	13	64	64

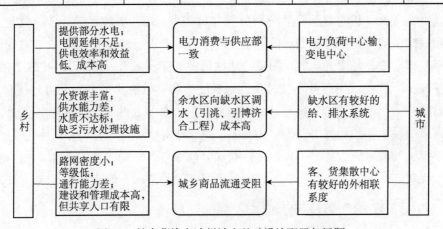

图8-1　甘南藏族自治州城乡基础设施配置与问题

（五）城乡居民收入差距大

甘南藏族自治州农牧业生产受自然条件制约较大，主导产业优势不明显，畜牧业发展方式粗放，产业化程度低，农牧民增收难度大。农牧村镇基础设施建设非常薄弱，"三农（牧）"问题相当突出，扶贫任务很艰巨，目前该区仍有绝对贫困人口8.28万人，占全州总人口的12.2%；低收入人口30.66万人，占全州总人口的45.2%。2013年，该区农牧民人均纯收入仅为甘肃省平均水平的83.4%、全国平均水平的47.89%，分别比2005年的76.46%和39.17%上升了6.9个百分点和8.7个百分点；城镇居民可支配收入仅为甘肃省平均水平的85.42%、全国平均水平的60.1%；城乡居民收入差距由2005年的1∶3.48拉大到2013年的1∶3.8。这使得甘南藏族自治州推进城乡一体化进程的难度加剧。

（六）城乡居民消费差距较大

甘南藏族自治州城乡居民收入差距明显，使其消费数量和消费结构也产生很大差异。2013年，该区城镇居民家庭人均消费支出为11 983元，而农牧民人均消费支出仅为3176元，城乡居民人均消费支出比为3.77∶1，城镇居民人均消费水平远远高于农牧民；从消费结构来看，2013年该区城镇居民家庭恩格尔系数为38.7%，而农牧民恩格尔系数高达52.8%。联合国粮食及农业组织提出恩格尔系数在59%以上为贫困、50%～59%为温饱、40%～50%为小康、30%～40%为富裕、低于30%为最富裕，按照这个标准，甘南高原广大农牧民处于温饱水平，而城镇居民已处于小康水平；从主要耐用消费品拥有量来看，城镇居民家庭的耐用消费品拥有量远高于农村居民家庭。

（七）城乡居民享有的公共服务差距大

甘南藏族自治州城乡居民享有的公共服务差距较大。其中，乡村只是小规模、低层次教育资源的分布区（只有小学分布），且教师素质不达标，学生求学半径过大，文化教育与职业教育脱节。城镇尽管拥有优质的教育资源，但缺乏向农村地区传导的路径；该区医疗资源城乡配置不均衡，广大农牧民看病难、看病贵等问题依然非常突出，在这一背景下，导致寺院医疗的介入，公共医疗的公信力和服务能力受到质疑。另外，乡村是该区优质传统文化资源的富集地，但挖掘不够，公共文化设施（读书屋和各种体育设施等）供给不足。

（八）城乡居民享有的社会保障差距大

甘南藏族自治州城乡社会保障也存在很大差距，这集中表现在社会保障项目构成、社会保障覆盖面、社会保障水平、社会保障服务设施等方面。从社会保障项目构成来看，城乡居民的社会保障体系构成完全不同，城镇居民的社会保障体系是以基本养老保险、基本医疗保险、失业保险和最低生活保障为主体，保障项目齐全、保障水平较高的保障体系，而农村居民的社会保障体系主要包括农村养老保险、农村合作医疗和五保户制度，该区农村合作医疗已全面推行，但农村养老保险制度起步较晚。

从社会保障覆盖面和社会保障水平来看，城镇远高于农村。2013 年，该区城镇五项保险参保人数为 24.09 万人，参保率达 86.6%，城镇养老保险参保人数为 1.70 万人，低保人数为 38 436 人，占城镇人口的 19.88%，而农村低保享受人数为 168 041 人，占农村人口的 33.16%。从社会保障服务设施来看，乡村社会保障设施建设缺乏，难以为农村居民提供有效服务。

二、城乡一体化发展水平评价

（一）村庄发展条件评价

1. 评价指标体系

以甘南藏族自治州合作市、碌曲县为研究区进行村庄发展条件评价。从经济发展条件、社会发展条件、区位条件出发，建立村庄发展条件评价指标体系。其中，经济发展条件由镇（乡）中心影响度、人均农业增加值、人均耕地面积、人均牲畜存栏量表征，反映村庄的经济发展条件；社会发展条件用总人口、劳动力数量、游牧民定居点数量、异地搬迁点数量、整村推进点数量、安全用水普及率表征，反映村庄规模和政府的扶持力度；区位条件用交通状况表征，反映村庄与周边乡镇的联系便捷度。各指标的权重采用专家打分求取（表 8-2）。

表8-2　村庄发展条件评价指标体系

一级指标	二级指标及权重	三级指标及权重
村庄发展条件	经济发展条件（0.3）	镇(乡)中心影响度(0.3)
		人均农业增加值(0.3)
		人均耕地面积(0.2)
		人均牲畜存栏量(0.2)
	社会发展条件（0.3）	总人口(0.2)
		劳动力数量(0.2)
		游牧民定居点数量(0.2)
		异地扶贫搬迁点数量(0.1)
		整村推进点数量（0.1）
		安全用水普及率(0.2)
	区位条件（0.4）	国道服务村（0.4）
		省道服务村（0.3）
		县乡道服务村（0.2）
		村道服务村（0.1）

2. 评价结果

将各村相应指标值代入上述指标体系，利用层次分析法得出各村庄发展的综合实力，评价结果见表8-3。

表8-3 合作市、碌曲县村庄发展条件评价结果

乡镇	村	经济发展条件	社会发展条件	区位条件	综合得分	乡镇	村	经济发展条件	社会发展条件	区位条件	综合得分
卡加道乡	其乃合村	2.040	0.133	0.22	0.7399	玛艾镇	玛艾村	0.576	0.456	0.40	0.4700
	日加村	0.880	0.055	0.10	0.3205		甲格村	0.576	0.282	0.40	0.4170
	木道村	2.038	0.222	0.10	0.7180		花格村	0.576	0.354	0.40	0.4390
	土房村	0.754	0.032	0.10	0.2758		红科村	0.276	0.486	0.20	0.3090
卡加曼乡	新集村	1.673	0.145	0.40	0.7054	郎木寺镇	郎木村	0.655	0.590	0.40	0.5340
	香拉村	1.021	0.186	0.40	0.5221		贡巴村	0.305	0.454	0.40	0.3880
	格来村	0.533	0.266	0.40	0.3997		波海村	0.305	0.300	0.10	0.2220
	海克尔村	0.543	0.131	0.10	0.2422		尕尔娘村	0.155	0.014	0.30	0.1710
佐盖多玛乡	德合茂村	0.908	0.287	0.22	0.4465	尕海乡	秀哇村	0.642	0.580	0.40	0.5270
	仁多玛村	0.890	0.221	0.10	0.3733		尕秀村	0.432	0.650	0.40	0.4850
	当江村	0.908	0.365	0.10	0.4219		加仓村	0.432	0.578	0.40	0.4630
	新寺村	2.144	0.182	0.22	0.7378	西仓乡	新寺村	0.666	0.330	0.20	0.3790
佐盖曼玛乡	美武村	1.895	0.274	0.22	0.7387		唐多龙村	0.516	0.116	0.20	0.2700
	地瑞村	1.219	0.097	0.22	0.4828		贡去乎村	0.516	0.094	0.30	0.3730
	岗岔村	0.599	0.182	0.10	0.2743	拉仁关乡	则岔村	0.338	0.338	0.20	0.2830
	扎代村	1.265	0.212	0.10	0.4831		唐科村	0.388	0.250	0.10	0.2310
	克莫村	1.259	0.069	0.10	0.4384		玛日村	0.388	0.052	0.10	0.1720
	德吾鲁村	0.677	0.044	0.10	0.2563	双岔乡	二地村	0.416	0.372	0.20	0.3160
那吾乡	多河尔村	1.050	0.084	0.30	0.4602		洛措村	0.416	0.722	0.20	0.4210
	绍玛村	1.648	0.202	0.40	0.7150		青科村	0.266	0.332	0.20	0.2590
	塔瓦村	1.042	0.129	0.10	0.3913		毛日村	0.266	0.592	0.20	0.3370
	加拉村	1.602	0.246	0.22	0.6424	阿拉乡	田多村	0.450	0.56	0.20	0.3830
	麻岗村	0.976	0.156	0.40	0.4996		博拉村	0.450	0.342	0.20	0.3180
	一合尼村	1.600	0.110	0.40	0.6730		吉扎村	0.450	0.216	0.20	0.2800
	早子村	0.396	0.223	0.10	0.2257	勒秀乡	罗哇村	0.566	0.129	0.10	0.2485
	达洒村	1.618	0.110	0.40	0.6784		吉利村	1.166	0.125	0.10	0.4273
	卡四河村	1.622	0.105	0.40	0.6781		阿木去乎	0.490	0.151	0.10	0.2323
勒秀乡	麻拉村	1.164	0.063	0.30	0.4881		峡村村	1.082	0.085	0.10	0.3901
	西拉村	1.194	0.167	0.10	0.4483		仁占道村	1.716	0.222	0.22	0.6694
	加门村	0.556	0.142	0.10	0.2494		邓应高村	1.038	0.080	0.10	0.3754
	俄河村	1.060	0.108	0.10	0.3904						

3.村庄分类

根据村庄综合实力的大小,可将村庄分为以下四级。

Ⅰ级村庄(分值≥0.5):包括合作市的其乃合村、美武村、新寺村、木道村、绍玛村、新集村、达洒村、卡四河村、一合尼村、仁占道村、加拉村、香拉村,以及碌曲县的郎木村、秀哇村。其中,其乃合村、美武村、新寺村、绍玛村、新集村、仁占道村、郎木村均为乡镇政府所在地中心村,达洒村、卡四河村、一合尼村、加拉村地处合作市城郊,而香拉村处于国道312旁,秀哇村是碌曲县较大的牧民定居点和异地扶贫搬迁安置点,区位条件优越,综合发展能力强。

Ⅱ级村庄(0.4≤分值<0.5):包括合作市的麻岗村、麻拉村、扎代村、地瑞村、多河尔村、西拉村、德合茂村、克莫村、吉利村、当江村,以及碌曲县的尕秀村、玛艾村、尕加仓村、花格村、洛措村、甲格村。这些村庄区位条件较好,经济实力较强,综合发展能力较好。

Ⅲ级村庄(0.3≤分值<0.4):包括合作市的格来村、塔瓦村、俄河村、峡村村、邓应高村、仁多玛村、日加村,以及碌曲县的贡巴村、田多村、新寺村、贡去乎村、毛日村、博拉村、二地村、红科村及则岔村。其中,格来村、塔瓦村、俄河村、峡村、邓应高村、日加村是整体推进项目实施点,格来村、仁多玛村是异地搬迁工程的迁入地;田多村、新寺村、二地村均为乡政府所在地,则岔村境内有则岔石林景区,毛日村是碌曲县最大的牧民定居点。这些村庄具有一定的社会经济发展潜力。

Ⅳ级村庄(分值<0.3):包括合作市的土房村、岗岔村、德吾鲁村、早子村、加门村、罗哇村、海克尔村、阿木去乎村,以及碌曲县的唐多龙村、青科村、唐科村、波海村、玛日村、尕尔娘村。这些村庄交通条件普遍较差,乡镇中心影响度低,经济发展条件、社会发展条件及区位条件均较差。

总体来看,城镇周边村庄发展条件优于偏远村庄,牧区村庄优于半农半牧区;合作市北部村庄优于南部村庄,碌曲县国道213沿线村庄优于洮河沿线村庄。

(二)城乡一体化发展水平评价

1.评价指标体系

为了更好地对甘南藏族自治州城乡一体化发展水平进行评价,指标体系的建立应遵循以下原则:

1)科学性和全面性原则。指标体系应建立在充分认识和系统研究城乡一体化发展内涵与目标的基础上,应较好地体现"五个统筹"的要求。

2）层次性原则。各类指标应分类明确、层次分明。

3）针对性和可操作性原则。应充分考虑区域特色、数据的代表性及可获取性。

基于上述原则，从空间、人口、经济和社会四个方面出发，建立了由4个准则层（空间一体化、人口一体化、经济一体化、社会一体化）和23个指标层构成的城乡一体化发展水平评价指标体系（表8-4）。

表8-4 城乡一体化发展水平评价指标体系

目标层	准则层	指标层	指标含义	指标性质	权重
城乡一体化	空间一体化	区域内建制市镇密度	市镇个数/土地总面积	正	0.0895
		区域内居民点密度	自然村个数/土地总面积	逆	0.0415
		农村自来水普及率	农村自来水受益人口/农村总人口	正	0.0531
		通车等级路的行政村比例	通车等级的行政村数/总行政村数	正	0.0424
		公路网密度	公路运营里程/土地总面积	正	0.0427
	人口一体化	人口城市化率	非农人口数/总人口数	正	0.0411
		牧业人口比重	牧业人口数/总人口数	逆	0.0474
		民族人口比重	民族人口数/总人口数	正	0.0489
		城乡就业人数差异度	农村就业人数/城镇就业人数	逆	0.0388
	经济一体化	人均GDP	国内生产总值/总人口	正	0.0485
		非农业产值比	非农产业产值/总产值	正	0.0373
		农业占财政支出的比重	农业支出/财政总支出	逆	0.0476
		牧业产值比	牧业产值/总产值	逆	0.0488
		人均社会消费品零售总额	社会消费品零售总额/总人口	正	0.0398
		二元经济结构系数	传统部门和现代部门的关系	逆	0.0417
	社会一体化	城乡恩格尔系数差异度	农村居民家庭恩格尔系数/城镇居民家庭恩格尔系数	逆	0.0419
		城乡居民收入差异度	农村居民家庭人均纯收入/城镇居民家庭人均可支配收入	逆	0.0456
		城乡学生人均拥有教师数差异度	农村学生人均拥有教师数/城镇学生人均拥有教师数	逆	0.0428
		城乡人均居住面积差异度	农村人均居住面积/城镇人均居住面积	逆	0.0388
		人均邮电业务量	邮电业务总量/总人口	正	0.0423
		每百人拥有电话数	电话台数/总人口	正	0.0390
		每万人拥有医院床位数	医院床位数/总人口	正	0.0483
		每万人拥有图书馆个数	图书馆个数/总人口数	正	0.0424

注：二元经济结构系数为区域农业产值比重和农业劳动力比重的乘积除以非农业产值比重和非农业劳动力比重乘积的平方根，其值越大，表明传统部门和现代部门经济结构反差越大，二元经济结构特征越突出

2. 评价方法

（1）指标权重的确定

通常，指标权重的确定可采用主观赋权法（如古林法、Delphi 法、AHP 法等）和客观赋权法（如主成分分析法、均方差决策法等）两种，本书运用均方差决策法对各指标进行赋权。

均方差决策法以各评价指标为随机变量，各方案 A_j 在指标 C_j 下的无量纲化属性值为该随机变量的取值，首先求出随机变量（各指标）的均方差，将这些均方差归一化，其结果即为各指标的权重系数。计算步骤为

随机变量均值：

$$E(C_j) = \frac{1}{n} \sum Z_{ij} \tag{8-1}$$

求 C_j 的均值：

$$D(C_j) = \sqrt{\sum_{i=1}^{n}(Z_{ij} - E(C_j))^2} \tag{8-2}$$

求指标 C_j 的权重系数：

$$W(C_j) = \frac{D(C_j)}{\sum_{j=1}^{m} D(C_j)} \tag{8-3}$$

式中，Z_{ij} 为第 i 个区域的第 j 个评价指标的无量纲化值。

（2）指标数据的无量纲化

由于各指标的原始数据量纲不同，不具有可比性。为了便于比较，需对原始数据进行标准化处理，以消除指标间的量纲差别。数据标准化公式如下：

正向指标：

$$Z_{ij} = \frac{X_j - X_{j\min}}{X_{j\max} - X_{j\min}} \tag{8-4}$$

负向指标：

$$Z_{ij} = \frac{X_{j\max} - X_j}{X_{j\max} - X_{j\min}} \tag{8-5}$$

式中，X_j 为第 j 个评价指标的实际值；$X_{j\max}$ 和 $X_{j\min}$ 分别为第 j 个评价指标中的最大值和最小值。

（3）评价方法

采用线性加权求和法将各指标所代表的信息综合成一个指数，以此来反映甘南藏族自治州城乡一体化发展水平。计算公式为

$$C = \sum_{i=1}^{n} \omega_i Z_i \qquad （8\text{-}6）$$

式中，Z_i 为第 i 个评价指标的数值；ω_i 为第 i 个评价指标的权重。

为了便于比较县域间的城乡一体化发展水平，采用下式对其进行处理，可得到城乡一体化发展水平综合评价值。

$$D_i = \frac{A_i}{A_{max}} \times 100\% \qquad （8\text{-}7）$$

式中，D_i 为第 i 个地区标准化值；A_i 为第 i 个地区综合指标值；A_{max} 为地区综合评价值中的最大值。

3. 评价结果

（1）城乡一体化发展水平地域差异

根据甘南藏族自治州各县（市）的实际发展情况，并参照董晓峰、尹亚等对甘肃省城乡一体化发展阶段的划分，可将甘南藏族自治州城乡一体化发展进程分为 4 个阶段，即综合评价值 <40 为积累阶段、40～55 为起步阶段、55～70 为发展阶段、>70 为基本融合阶段。

甘南藏族自治州城乡一体化发展水平地域差异显著，这与各县（市）经济发展水平、城镇体系、基础设施和公共服务运行效益、生态环境及综合发展状况较为一致。其中，夏河县、卓尼县、舟曲县处于城乡一体化起步阶段，临潭县、玛曲县、迭部县处于城乡一体化发展阶段，只有合作市和碌曲县处于基本融合阶段（表 8-5，图 8-2）。

表8-5 甘南藏族自治州城乡一体化水平评价结果

地区	城乡一体化指数	综合评价值	排序
合作市	0.74	98.36	1
临潭县	0.47	62.48	3
卓尼县	0.39	52.50	7
舟曲县	0.38	51.48	8
迭部县	0.44	58.66	4
玛曲县	0.42	56.09	5
碌曲县	0.53	70.86	2
夏河县	0.40	53.24	6

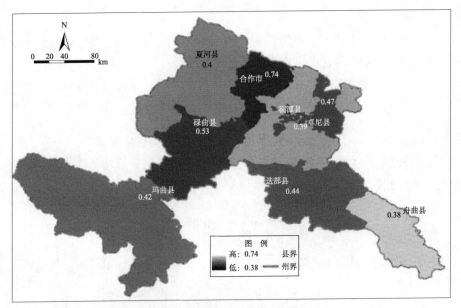

图8-2 甘南藏族自治州城乡一体化发展水平地域差异

（2）二元经济格局与城乡一体化关联分析

二元经济结构系数越小，说明传统部门与现代部门之间的差距越小，城乡一体化发展水平越高。从城乡一体化发展水平与二元经济结构系数关联图（图 8-3）可以发现，甘南藏族自治州二元经济结构系数曲线与城乡一体化水平走势基本吻合，说明二元经济结构的空间格局决定了该区城乡一体化水平的空间格局。

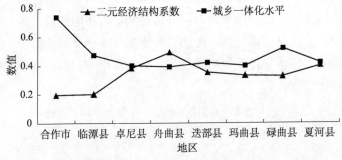

图8-3 甘南藏族自治州二元经济系数与城乡一体化水平关联图

（3）城镇化水平与城乡一体化发展水平对比

将甘南藏族自治州各县（市）城乡一体化发展水平与城镇化水平进行对比（表8-6），发现该区城乡一体化发展水平与城镇化水平总体上处于吻合状态，表现出 3 种类型，即城乡一体化水平与城镇化水平基本吻合区（如合作市、卓尼县等)、城乡一体化水平高于城镇化水平区 (如临潭县)、城乡一体化水平低于城镇化水平区 (如迭部县、夏河县)。其中,基本吻合区可分为高水平吻合区与低水平吻合区,高水平吻合区是经济发展相对较好、城镇化水平较高的地区 (如合作市、碌曲县),此类地区城乡关系紧密,城乡一体化水平较高;低水平吻合区是城镇化水平相对较低的地区 (如卓尼县、舟曲县、玛曲县),该类地区二元经济结构较突出,生产力相对落后,城镇体系不合理,城镇对乡村的辐射带动微弱。

表8-6 甘南藏族自治州城乡一体化水平与城镇化水平对比

城乡一体化水平与城镇化水平基本吻合区			城乡一体化水平高于城镇化水平区			城乡一体化水平低于城镇化水平区		
地区	城乡一体化水平	城镇化水平	地区	城乡一体化水平	城镇化水平	地区	城乡一体化水平	城镇化水平
合作市	1	1	临潭县	3	8	迭部县	4	2
卓尼县	7	6				夏河县	6	4
舟曲县	8	7						
玛曲县	5	5						
碌曲县	2	3						

(三)城乡融合度评价

1.评价指标体系

从城乡经济融合度、人口融合度、社会发展融合度及生活融合度四方面建立城乡融合度评价指标体系 (表 8-7),并以甘南藏族自治州合作市为例进行城乡融合度评价。

表8-7 城乡融合度评价指标体系

系统层	准则层	指标层
城乡经济融合度	城乡人均国内生产总值比	城区人均国内生产总值、农村人均增加值
	城乡居民人均可支配收入比	城区居民人均可支配收入、农牧民人均纯收入
	第二、第三产业比重与第一产业比重比	第一产业产值、第二产业产值、第三产业产值
城乡人口融合度	人口城市化率	非农人口数量、总人口数量
	城乡就业人数比	城区从业人数、农村从业人数

系统层	准则层	指标层
城乡社会发展融合度	城乡每万人拥有床位数比	城区每万人拥有床位数、农村每万人拥有床位数
	城乡生均拥有的教师数比(以小学教师和学生数来计算)	城区生均拥有的教师数、农村生均拥有的教师数
城乡生活融合度	城乡恩格尔系数比	城区恩格尔系数、农村恩格尔系数
	城乡每百户拥有信息工具数比（包括电话机、手机、电视机)	城区每百户拥有信息工具数、农村每百户拥有信息工具数
	城乡安全饮用水普及率比	城区自来水普及率、农村安全用水普及率
	城乡人均居住面积比	城区居民人均居住面积、农牧民人均居住面积

城乡经济融合度用城乡人均国内生产总值比、城乡居民人均可支配收入比、第二、第三产业比重与每一产业比重比测度。其中，城乡人均国内生产总值可反映城乡经济发展协调水平；城乡居民人均可支配收入比反映城乡居民收入水平的融合度；第二、第三产业比重与第一产业比重比可反映产业融合度。

城乡人口融合度用人口城镇化率和城乡就业人数比测度。其中，人口城市化率可反映社会结构变化，城乡就业人数比可反映农业剩余劳动力转移程度及农村非农化水平。

城乡社会发展融合度用城乡每万人拥有床位数比、城乡生均拥有的教师数比测度。其中，城乡每万人拥有床位数比可反映城乡医疗卫生资源的融合程度，城乡生均拥有的教师数比可反映城乡教育资源融合程度。

城乡生活融合度用城乡恩格尔系数比、城乡每百户拥有信息工具数比、城乡安全饮用水普及率比和城乡人均居住面积比测度。其中，城乡恩格尔系数比可反映城乡居民生活水平融合程度，城乡每百户拥有信息工具数比可反映城乡居民信息化水平的融合程度，城乡安全饮用水普及率比可反映城乡居民用水条件融合程度，城乡人均居住面积比可反映城乡居民居住条件融合程度。

2. 评价方法

首先，对评价指标进行标准化处理，鉴于城乡融合发展水平评价指标体系中既有正向指标又有逆向指标，当指标值越大对系统发展越有利时，采用正向指标计算公式进行处理；当指标值越小对系统发展越有利时，采用负向指标计算公式进行处理。

正向指标：

$$Z_{ij} = \frac{X_j - X_{j\min}}{X_{j\max} - X_{j\min}} \qquad (8\text{-}8)$$

负向指标：

$$Z_{ij} = \frac{X_{j\max} - X_j}{X_{j\max} - X_{j\min}} \qquad (8\text{-}9)$$

其次，采用主成分分析法对经济融合度、人口融合度、社会发展融合度及生活融合四个系统层指标进行降维，得到各系统层的得分。

最后，对四个系统层赋予相同权重，采用加权求和法，求取城乡融合度。

3. 评价结果

2000～2008 年，合作市城乡融合度在 2.15~5.02，城市综合发展水平要高于农村发展水平，且城乡差距逐渐扩大。其中，经济融合度的指数值从 3.09 持续扩大到 15.58，是城乡差距扩大的主要推动力；人口融合度指数由 0.32 逐渐提升到 0.42，人口城镇化水平逐年提高；社会融合度由 0.70 提升到 1.46，社会融合度较好，但城乡社会事业发展普遍不高；生活融合度由 4.49 下降到 2.60，是城乡差距缩小的主要贡献因素。未来，该区城乡一体化发展的任务依旧非常艰巨。

（1）经济融合度持续扩大

合作市的经济融合度指数从 3.09 持续扩大到 15.58，城乡经济差距呈逐年拉大趋势 (表 8-8, 图 8-4)。改革开放以来，虽然合作市城乡经济得到快速发展，GDP 由 2000 年的 26 149 万元增加到 2008 年的 120 063 万元，增加了 4.6 倍，城镇居民可支配收入和农民人均纯收入分别增长了 2.7 倍和 1.9 倍，三次产业结构由 2000 年的 0.18 ：0.22 ：0.60 变为 2008 年的 0.07 ：0.21 ：0.72。但是，由于城乡经济联系松散，互补能力差，导致城乡经济差距逐渐扩大。

表8-8 合作市城乡融合度

指标	2000年	2001年	2002年	2003年	2004年	2005年	2006年	2007年	2008年
经济融合度	3.09	3.35	3.65	3.57	4.14	6.42	7.70	8.96	15.58
人口融合度	0.32	0.31	0.32	0.32	0.37	0.36	0.38	0.42	0.42
社会融合度	0.70	0.99	0.72	0.80	0.95	0.95	1.40	0.97	1.46
生活融合度	4.49	4.95	6.61	6.44	3.86	3.81	3.95	2.87	2.60

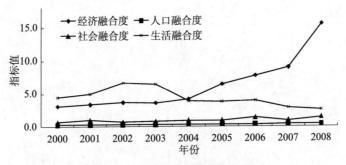

图8-4　合作市城乡融合度变化趋势

（2）人口融合度缓慢提升

人口融合度指数由 0.32 逐渐提升到 0.42。合作市建市以来，城镇人口和城镇化水平逐年稳定提高，城镇人口和城镇化率从 2000 年的 5.15 万人和 46.36%，提高到了 2013 年的 19.11 万人和 52.09%，城乡就业人数比由 2000 年的 0.14 提高到 2013 年的 0.89，城镇化率和城乡就业人数比年均提高 0.41% 和 5.36%，但与甘肃省及全国相比，城镇化进程缓慢，城乡人口融合度急需进一步提高。

（3）社会融合度提高幅度较大

合作市社会融合度由 0.70 提升到 1.46，社会融合度较好，城乡每万人拥有床位数比和城乡生人均拥有的教师数比分别从 2000 年的 0.64、0.54 扩大到 2008 年的 1.35、1.12，城乡教育资源与医疗卫生资源差距明显缩小。教育方面，通过"二期义务教育"、"援藏"项目，"寄校建设工程"等项目，使得办学条件得到了较大改善，有限的教育资源得到有效配置；医疗卫生方面，现已形成市妇幼保健站、市疾控中心、乡卫生院、社区卫生服务中心为骨架的医疗体系。但与甘肃省及全国相比，该区城乡社会事业发展水平仍较低，急需加大投资力度。

（4）生活融合度下降

合作市生活融合度由 4.49 下降到 2.60。其中，城乡恩格尔系数比由 2000 年的 0.65 缩小到 2008 年的 0.78，城乡每百户拥有信息工具数比由 2000 年的 1.39 扩大到 2008 年的 1.54，城乡安全饮用水普及率比由 2000 年的 6.33 缩小为 2008 年的 2.39，城乡人均居住面积比由 2000 年的 1.6 缩小到 2008 年的 1.5。其中，变化较大的为城乡安全饮用水普及率比、城乡每百户拥有信息工具数比。究其原因，在于随着游牧民定居工程、农牧村特困群众危房改造工程、灾后重建（住房）工程、扶贫搬迁试点工程、廉租住房建设工程、棚户区改造工程、"家电下乡"、农牧村饮水安全等项目实施，合作市农村居民生活条件得到了极大改善。

三、城乡系统空间相互作用评价

（一）评价模型

引力模型是空间相互作用理论的基础模型。根据该模型，城镇间的相互作用与城镇规模成正比，与城镇间的距离成反比。其中，城镇规模常用城镇人口来表示，距离为两城镇中心之间的直线距离，由于影响城镇规模的因素很多，仅用人口表示城镇规模过于简单，同时，城镇间的作用与交通状况具有密切关系。因此，用乡（镇）综合实力来代表其规模，用空间摩擦指数来矫正城镇间的直线距离，改进后的引力模型如下：

$$I_{ij} = P_i P_j / D_{ij}^b \qquad (8\text{-}10)$$

式中，I_{ij} 分别为第 i、j 乡（镇）间的相互作用量；P_i、P_j 分别为第 i、j 乡（镇）的综合实力；b 为空间摩擦指数。相互作用力的强弱反映了城镇间联系的疏密程度。空间摩擦指数 b 可反映乡（镇）间的交通类型与实际运输能力。一般情况下，道路等级越高，距离摩擦指数越低，针对合作市不同等级公路的实际组合情况，分段计算城镇间不同路段的距离摩擦指数，其计算公式如下：

$$\bar{b} = \sum_{i=1}^{n} b_i d_i / \sum_{i=1}^{n} d_i \qquad (8\text{-}11)$$

式中，$\bar{b}$ 为平均距离摩擦指数；d_i、b_i 分别为 i 段公路的长度和距离摩擦指数；n 为路段总数。

（二）合作市城乡系统空间相互作用

1. 乡镇间引力

利用合作市 1：100 000 交通图，测算出各乡镇间的平均距离摩擦指数和实际空间距离，利用上述引力模型，可得到各乡（镇）间的引力及引力和（表 8-9）。

表8-9 合作市乡（镇）间的引力

乡镇	城区	卡加道乡	卡加曼乡	佐盖多玛乡	佐盖曼玛乡	那吾乡	勒秀乡
城区	—	0.175	1.833	0.130	0.258	53.259	0.023
卡加道乡	0.175	—	0.897	0.157	0.112	0.122	0.005

乡镇	城区	卡加道乡	卡加曼乡	佐盖多玛乡	佐盖曼玛乡	那吾乡	勒秀乡
卡加曼乡	1.471	0.720	—	0.215	0.211	0.246	0.011
佐盖多玛乡	0.083	0.100	0.142	—	0.185	0.055	0.005
佐盖曼玛乡	0.258	0.112	0.311	0.289	—	0.178	0.008
那吾乡	53.259	0.122	0.306	0.087	0.178	—	0.014
勒秀乡	0.023	0.005	0.018	0.008	0.008	0.014	—
引力和	55.269	1.234	3.507	0.886	0.952	53.874	0.066

从整个城乡网络来看，合作市乡（镇）引力和由大到小分别是城区、那吾乡、卡加曼乡、卡加道乡、佐盖曼玛乡、佐盖多玛乡、勒秀乡。其中，引力 > 0.2 的乡镇为城区－卡加曼乡、城区－佐盖曼玛乡、城区－那吾乡、卡加道乡－卡加曼乡、卡加曼乡－佐盖曼玛乡、卡加曼乡－那吾乡、佐盖多玛乡－佐盖曼玛乡；0.05 <引力≤ 0.2 的乡镇为城区－卡加道乡、城区－佐盖多玛乡、卡加道乡－佐盖多玛乡、卡加道乡－佐盖曼玛乡、卡加道乡－那吾乡、卡加曼乡－佐盖多玛乡、佐盖多玛乡－那吾乡、佐盖曼玛乡－那吾乡；其余乡镇间的引力均小于 0.2。

引力值越大表明该乡镇的吸引力越强，与周边联系越紧密。从引力等值线来看（图 8-5），除了城区外，佐盖曼玛乡与周边乡镇的联系比较紧密，可见佐盖曼玛乡是北部诸乡的中心；勒秀乡与城乡系统其他乡（镇）间引力较弱，南部广大区域需要一个中心乡（镇）来带动。

2. 城乡系统空间组合分析

在实际情况下，乡（镇）的辐射会因河流、山脉、行政边界等障碍快速衰减，甚至阻断，也会因高速公路等快速通道的建设而沿某方向迅速增强。城镇对区域内任意点的辐射并不随着空间直线距离简单平滑递减，而是选择阻力最小的方向和路径传播。因此，利用成本加权距离（根据不同坡度、不同河流、不同等级道路对辐射阻力的贡献值进行重新分类，来计算乡（镇）的辐射距离），取代空间直线距离，以改进理论场强模型，计算任意点上所接受的来自各个乡（镇）的辐射量。然后，选择任意点上辐射量最大的乡（镇）作为该点的归属乡（镇），即可由此划分各乡（镇）的影响区范围。场强计算公式为

$$S_{ik} = F / C_{ik} \tag{8-12}$$

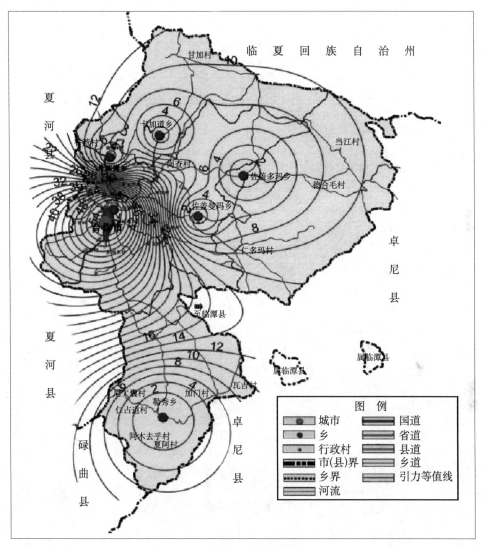

图8-5 合作市城乡引力和等值线图

式中，S_{ik} 为 i 乡（镇）在 k 点上的场强；C_{ik} 为 i 乡（镇）到 k 点的成本加权距离；F 为 i 乡（镇）的综合实力。

从各乡（镇）的影响区范围来看，合作市整个城乡系统可分为三个区，即西部中央经济区（包括城区、那吾乡、卡加曼乡）、东北高山经济区（包括卡加道乡、佐盖多玛乡、佐盖曼玛乡）、南部山地丘陵区（勒秀乡）（图8-6）。

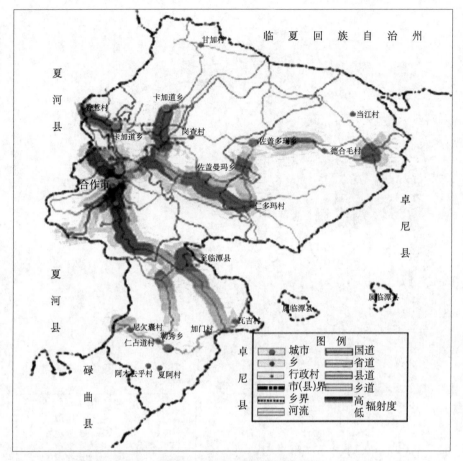

图8-6 合作市城乡辐射范围

（三）碌曲县城乡系统空间相互作用

1.相互作用力

利用碌曲县 1 ∶ 100 000 交通图，测算出各乡（镇）间的平均距离摩擦指数和实际空间距离，利用上述引力模型，可得到各乡（镇）间的引力（表8-10）。

根据表8-10的数据，可利用乡（镇）间引力大于 0.05 和 0.01～0.05 的数据绘制出乡（镇）间引力作用图（图8-7）。其中，引力大于 0.05 的为一级引力线，在 0.01～0.05 的为二级引力线。由图8-7可知，碌曲县较强的空间联系主要出现在县城及双岔乡周围，这些区域是碌曲县经济活动相对活跃，人员、信息、物质交流最为频繁的地区；此外，由于南部的尕海乡、郎木寺镇距其他乡（镇）较远，与县域其他城镇的相互作用力均很弱，未对区域中心城镇形成较强的向心力。

表8-10 碌曲县各乡（镇）间的引力

乡镇	县城	郎木寺镇	尕海乡	西仓乡	拉仁关乡	双岔乡	阿拉乡
县城	—	0.0368	0.0295	0.3171	0.0676	0.0611	0.0148
郎木寺镇	0.0368	—	0.0077	0.0031	0.0027	0.0059	0.0016
尕海乡	0.0295	0.0077	—	0.0022	0.0015	0.0025	0.0006
西仓乡	0.3027	0.0029	0.0021	—	0.0167	0.0077	0.0016
拉仁关乡	0.0676	0.0027	0.0015	0.0175	—	0.011	0.0018
双岔乡	0.0194	0.0019	0.0008	0.0026	0.0035	—	0.0114
阿拉乡	0.0148	0.0016	0.0006	0.0017	0.0018	0.0358	—

图8-7 碌曲县乡（镇）间的引力

2.城乡系统空间组合分析

利用场强模型,可计算出碌曲县城乡系统内任意点上所接受的来自各个乡（镇）的辐射量,选择任意点上辐射量最大的乡（镇）作为该点的归属乡（镇）,并由此划分各乡（镇）的影响区范围（图8-8）。

从城乡系统空间组合分析来看,碌曲县整个城乡系统可分为两个区,即北部综合经济区（包括玛艾镇、西仓乡、双岔乡、阿拉乡）、南部高原牧业-旅游经济区（郎木寺镇、拉仁关乡、尕海乡）。

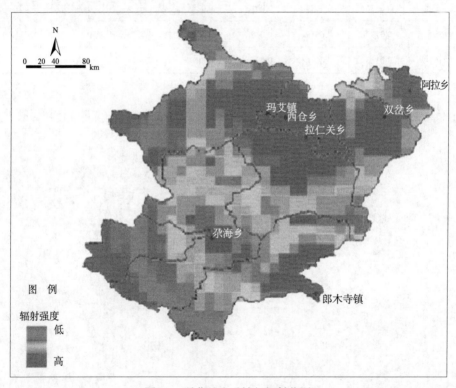

图8-8　碌曲县乡（镇）辐射范围

第二节　城乡一体化路径与模式

一、城乡一体化路径

甘南藏族自治州地处青藏高原东北缘,是以藏族为主的多民族聚居区,特殊的高寒地理环境和特定的多元民族文化深刻影响着城乡经济社会发展;加之,该区城镇发展实力较弱,工业经济比较落后,支持和带动周边乡村发展的能力不强。因此，甘南藏族自治州城乡一体化路径具有一定的独特性，应在脆弱的生态环境和以藏文化为主的多元文化约束下，实现城市与乡村在经济、社会、生态环境、空间布局上的整体协调发展。

（一）城乡空间布局一体化

城乡发展的现实载体是不同等级、不同职能和不同规模的城乡居民点。城乡空间一体化，就是要解决城乡发展过程中点（聚落）—线（发展轴线）—面（经济区）之间的科学组织问题。

甘南藏族自治州应遵循"科学规划、因地制宜、突出特色、梯次推进"的原则，构建"多层次、多中心、适度聚集"的城乡一体化空间格局。其中，"多层次"就是要根据生态环境基底、经济分布格局、人口和居民点态势，形成不同层次的中心城市、县城、一级镇、二级镇及生态文明村格局；"多中心"就是要强化州级中心城市和县城，提升各县（市）节点乡镇；"适度聚集"包括人口要素与经济要素的适度聚集，就是要逐级推进，减少人口少的自然村，促进人口从游牧向定居转变，定居点向交通条件好、社会服务设施较好的地区（如交通走廊）聚集，逐渐从游牧走向定居，进而走向聚居，最终实现人口向城镇的集中。

应依托一个主廊道。即国道213、兰（州）郎（木寺）高速公路、兰（州）渝（重庆）铁路发展两个联系束，即西向联系束与东向联系束，其中，西向联系束为合（作）同（仁）高速（规划）、西（宁）合（作）铁路，东向联系束为岷（县）合（作）公路、岷（县）合（作）高速（规划）、合（作）九（寨沟）铁路（规划）、合（作）冶（力关）公路；组建三大经济区，即合作经济区、玛曲经济区和舟迭经济区；最终服务于一个总功能，即生态服务功能。

应强化游牧民定居工程建设。根据《甘南黄河重要水源补给生态功能区生态保护与建设规划》中确定的游牧民定居规模，规划新建定居点182处，解决14 619户、75 234人的游牧民定居问题。其中，城镇定居型895户、4552人，村社定居型12 180户、62 397人，分散定居型1544户、8285人。

应建立"五位一体"的城乡一体化空间格局。把州府合作市建设成安多藏区民族特色浓郁、辐聚力量明显、功能完善、人居环境优良的城市；把七县县城建成地方特色鲜明、民族风情浓郁、基础设施完善、功能配套、生活环境优美的中心城镇；把15个一级乡镇建成以旅游、商贸等为主的节点城镇；把25个二级乡镇建成特色明显、布局合理的小城镇，带动周边乡村发展，促进城乡一体化进程。按照"村改居"、"发展村"和"撤并村"模式，对现有2949个村庄进行整合，逐步增大村落规模和密度。

（二）城乡产业布局一体化

依托资源优势和产业发展基础，调整优化经济结构，促进城乡产业融合发展。首先，要促进城乡间在畜牧业上的协同发展。在农区建立饲草料种植基地和牛羊育肥基地，在牧区建立饲草料需求市场和活畜销售代理机构，在城镇建立畜产品交易市场和饲草料加工、仓储、经营市场，从而形成农区－牧区－城镇双赢的互补循环生态经济体系。把高原特色生态畜牧产业培育成战略性主导产业，重点发展牦牛、藏羊、奶牛和草产业 4 个产业带。建立健全畜牧业技术、生产资料供应、产品销售等服务体系，集中发展各类专业化养殖小区、联户牧场和专业养殖户，培育一批辐射带动力强的农畜产品加工龙头企业，推动草地畜牧业向现代畜牧业转型。

其次，要以旅游、商贸为重点，大力发展新兴服务业，培育区域经济新的增长点。旅游业应坚持"整合资源、集中开发和重点突破"的原则，加快景区（点）整合，科学规划旅游线路，强化旅游道路、交通、供水和供电等配套设施建设。根据城乡旅游资源分布格局，将农牧区的旅游目的地与城镇的旅游中转地和旅游服务地很好地协同起来；商贸流通业应以企业为龙头，重点抓好日用品、畜产品、饲草料和农产品流通网络建设，全面提升商贸流通产业发展水平，初步形成市场体系完整、功能齐备、网络畅通的商贸流通新格局。

（三）城乡基础设施一体化

以提高城乡经济组织程度为核心，强化城乡空间联系，加快区域交通、水、电及通信等基础设施建设。围绕"六纵六横四重"的骨架网络，加快铁路、高速公路、机场和县乡村主干道路网络系统建设，进一步完善交通运输网络结构，提高路网通畅水平和通达度，提升交通运输支撑经济发展的能力。加快建设覆盖县乡村级的供电网络和电力输送网络，按照"保护环境、多能互补"的原则，建立稳定、充足、高效的能源系统，加强电力、天然气、农牧村沼气、太阳能、风能和电能等清洁能源建设。提升改造现有电网，不断提高电网覆盖率、供电质量和供电可靠性。以建设生态节水型社会为重点，从根本上改善水利基础设施和城乡居民安全饮水条件，实现全社会用水安全、高效、合理。基本形成农村饮水自流化、城镇供水城市化、城市供水网络化的骨架，加快实现城乡供水一体化。全面加快城镇市政设施、商贸流通、市场体系等建设，全面提升城镇综合服务功能。加快建设覆盖全州的通信、邮政、广播和电视等现代化信息系统，加大基础电信网络、宽带通信、网络信息安全、无线电监测系统建设，完善应急通信系统，提高信息化保障能力。完善、优化、扩展数据网和多媒体通信网，扩大电话、有线电视、互联网在城乡的覆盖率，推动电信、有线电视、互联网"三网合一"，构筑高速度、大容量、智能化的现代通信平台，提高信息化保障能力，消除制约城乡一体化发展的瓶颈因素。

（四）城乡公共服务一体化

把推进农村经济增长与推进农村社会全面进步结合起来。鼓励和引导城市社会事业向农村延伸，缩小城乡之间在社会事业方面存在的差距。实现城乡社会事业资源共享、协调发展，形成较为完善的国民教育体系、科技文化创新体系、全民健身和医疗卫生体系。提高城乡居民精神文化生活，实现城乡社会事业一体化。按照"一体系、多层次、广覆盖"的原则，围绕劳动就业、最低生活保障、养老保险、医疗保险等热点问题，积极探索，大胆改革，初步形成城乡一体化的社会保障体系。优化整合教育资源，加快教育布局调整，按照"相对集中、扩大规模、方便入学、改善条件、提高效益"的原则，调整学校布局，逐步形成中学向城区集中，小学向乡镇集中、幼儿教育向中心村集中的学校建设布局框架。完善市、乡、村三级公共卫生及基本医疗服务体系，增强基本医疗服务和急救能力。重点建设农村卫生服务体系和城市社区卫生服务体系。

（五）城乡市场体系一体化

建立比较完善的市场体系。以培育大市场、促进大流通、活跃城乡商贸为目标，采取灵活多样的形式，加快农畜产品交易、藏药材交易、建材、原材料、特色商品批发等市场建设，基本建立"统一开放、公平竞争、规范有序"的城乡市场体系。完善现有的 16 个综合性市场和 1 个专业性市场，到 2020 年建成 56 个综合性集贸市场和 3 个上亿元的专业性市场。

积极构建农村现代流通服务网络。在全州建设和改造"万村千乡市场工程"农家店 700 个左右，县乡物流配送中心 35 个左右，覆盖全州 95% 的县、乡（镇）、行政村。扶持和培育 4 个大型农产品流通、5 个大型农产品批发市场，扶持和培育 6 个特色农产品生产基地。完成 664 个行政村级信息服务站。搭建"统一标识、统一配送、统一管理"的基本框架，构建"城乡协调、以城带乡、城乡互动、动能完善、信息共享、诚信和谐、安全放心"的消费经营网络和农产品流通服务网络（图 8-9）。

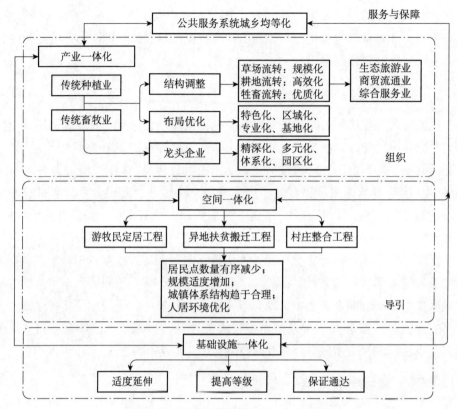

图8-9 甘南藏族自治州城乡一体化机制

二、城乡一体化模式

（一）城镇发展带动模式

增强城市（镇）的辐射力、吸引力、集聚力和综合服务能力，使之成为带动甘南藏族自治州城乡经济社会发展的龙头。同时要积极培育中心城镇及一级乡镇，使之成为产业优势明显、经济强劲、辐射力强、能带动周边地区发展的中心。加强城镇基础设施建设，重点做好道路、给排水、供电、通信、污水及垃圾处理等基础设施。

不断提高城镇管理水平，营造健康、文明、安定、有序的人居环境。积极发展第三产业，大力改造提升商贸餐饮、交通运输等传统服务业，加快发展旅游、物流、文化、金融、保险、信息等现代服务业，强化城镇的产业支撑，引导人口和生产要素向城镇聚集，增强城镇的辐射带动作用。

（二）产业开发带动模式

1.特色农牧业产业化带动模式

充分发挥特色农牧业资源优势，以市场为导向，依靠现代科学技术，加强农牧业基地建设，不断优化农牧村经济结构，加快特色农牧业产业化步伐。积极支持"晟羚"等肉类加工企业和"燎原"、"科瑞"、"华羚"等乳品加工企业与牦牛、奶牛、草产业专业化养殖村（基地）建立紧密的利益联结体，培育养殖户＋基地（专业村）＋公司的产业链，逐步建立"公司＋基地＋农户"或"公司＋农户"的利益共同体。加强中介组织及社会服务机构建设，建立畜产品市场信息服务中心，培育农牧民专业合作社、商会、行会、畜牧业经纪人等组织和各种类型的专业大户，提高农牧业的产业化水平，带动城乡一体化发展。

2.工业带动模式

扶持发展壮大一批有优势、有潜力、有前景的工业企业，通过工业园区的集聚、技术改造及高新技术的带动和集中投入，不断扩大生产规模，提高技术水平和产品档次，延伸产业链，提高经济效益，重点扶持畜牧、绿色食品加工业、藏医药、旅游产品加工业等产业，增加产品的科技含量，提高附加值和科技含量。加大招商引资力度，通过开放把外部的资金、技术、人才与本地的农牧产品、劳动力等资源要素结合起来，变潜在优势为经济优势，增强经济发展活力。结合实际，科学规划和建设一批基础设施完善、服务功能齐全的工业园区，引导各类企业向园区集中，不断提高产业集中度，使园区成为经济发展的重要支撑点和增长极。

3.旅游业带动模式

甘南藏族自治州旅游资源丰富，围绕旅游产业内部七大需求要素（行、住、食、游、购、娱、学），发挥旅游业关联带动性较强的优势，实行旅游产业与其他产业之间的配套联动，培育城乡旅游大产业体系，以宗教寺院、民俗文化、草原风情等旅游产品为主导，将城镇打造成游客的集散中心，形成外界的旅游流进入城镇，城镇的旅游流进入边缘区的城乡旅游核心－边缘互动格局，不断提高甘南藏族自治州旅游整体形象和市场竞争力，充分发挥旅游业对城乡一体化的带动作用。

4.服务业带动模式

服务业是甘南藏族自治州经济发展的重要动力，同时也是扩大城镇就业，提高城镇吸引力和生活质量的重要途径。因此，应引导人口、资金等生产要素集聚，拓展服务业发展领域，壮大服务业经济规模，用新技术、新方式改造传统服务业，培育发展新兴服务业，构建以休闲旅游为先导，商贸流通、劳务输出、科研教育、信息服务、社区服务、农业服务等为支撑的功能完善的现代服务业体系，引导城市服务业向乡村渗透，通过服务业的发展带动城乡一体化发展。

（三）农牧村整合提升模式

受传统部落体系、寺院体系和生产生活方式的深刻影响，目前甘南藏族自治州人口和居民点高度分散，致使建设成本和管理成本昂贵。当前急需按照"数量有序减少、规模适度增加、结构趋于合理、人居环境优化"的原则对现有人口和村庄进行整合。一方面，应通过异地扶贫搬迁工程、游牧民定居工程、生态移民工程等项目，将各类自然保护区核心区的人口和居民搬迁出来，向生产条件与生活条件较好的城区和乡镇集中，压缩一批规模小、位置偏僻、服务不便的自然村，实现村落规模的适度扩大和数量有序减少。同时，配套建设必要的生产、生活设施，优化人居环境，达到"核心区保护、缓冲区生产、居住区服务"的功能组织状态。另一方面，应加快户籍制度的改革，降低农牧民进城门槛，加大城区廉租房、经济适用房、农民工宿舍建设力度，为进城农民创造安居乐业的家园。同时，积极发展城市综合服务业，扩大就业机会，为进城农民创造就业机会。

（四）政策推动模式

甘南藏族自治州是国家重要生态功能区，承担着重要的生态服务功能。为了实现民族地区的跨越式发展和可持续发展，国家、省、州出台了一系列的优惠政策，对甘南藏族自治州实现城乡统筹发展提供了强有力的政策保障。因此，甘南藏族自治州要围绕城乡一体化发展，一方面要用足用活政策，积极向上级政府或部门争取项目；另一方面要对各个渠道争取来的项目进行整合，根据国家战略导向和地方需求，统筹安排，有重点地选择项目内容和实施地点，强化项目的整体性，在实施地点的选择上，要向人口集中的重点区域倾斜，以提高项目的实施效果。

第三节　城乡一体化发展格局重构

一、城乡空间一体化格局重构

（一）基本思路与原则

1. 基本思路

基于甘南藏族自治州在国家主体功能区划中的定位，按照"科学规划、因地制宜、突出特色、梯次推进"的指导思想，以促进牧区人口城镇化转移为主线，以基础设施建设为重点，走特色化、集约化的城镇化道路；有重点、有选择、有次序地发展现有城镇，强化一个中心城市，扶持节点乡镇，完善重点乡镇，培育重点村，强化对游牧民定居点的培育，构建和谐、有序的城乡体系。在空间结构上，要依托一个"主廊道"，发展两个"联系束"，组建三个"经济区"，服务于一个"总功能"（生态服务功能）。

2. 原则

（1）城乡整体有机协调发展原则

城镇与乡村是具有整体性、关联性的区域，要使一个城乡混杂发展的综合体逐步演变为城乡有机结合的整体，必须强调区域经济、社会、生态及城乡空间发展的整体性，同时要处理好发展时序关系。在城乡空间组织优化中，首先要强调区域整体协调原则，尽可能地避免城乡发展不平衡，将城镇建设与外围地区建设协调一致，实现城乡空间调控的有序、高效、优化，取得城乡建设的整体效果。

（2）突出重点、分层次推进原则

必须从甘南藏族自治州实际情况出发，按照效率优先的原则，在不同发展阶段，集中优势资源有选择、有重点地发展一批区位优势明显、经济实力强、要素聚集力强的乡镇和重点村，在此基础上依次推进，最终形成城区——一般建制镇—集镇—重点村的空间格局。

（3）集约式与分散式发展的有机结合原则

城乡空间发展应体现集约式与分散式的有机结合。乡镇空间应高度集约发展，提高乡镇的规模经济效益；乡村空间应适度归并过于分散的居民点，降低生活服务设施、基础设施的建设成本，但鉴于该区生产空间分散，居民点在集中的同时需保持适度分散。

（4）突出地域特色原则

城乡空间发展应充分考虑经济发展水平、自然资源禀赋、历史文化基础、景观建筑等，突出地域特色。

（5）可持续发展原则

城乡一体化格局应充分考虑资源供给和环境容量的有限性，采取集约化的空间增长模式，合理控制城乡发展速度和规模，优化产业结构，切实提升城乡综合实力。

（二）村庄发展格局重构

1. 思路与目标

（1）思路

以改善农牧村的生产生活条件、逐步达到城乡一体化为出发点，以社会稳定为基础，以优化空间布局为方向，以提升经济支撑能力为核心，以农牧民自愿为原则，采取整体规划、分类指导、循序渐进的办法，把长期渐进式调整与短期跃进式调整结合起来，把全面性的环境整治与重点性的配套建设结合起来，把布局调整、牧民定居点建设、异地扶贫搬迁、新农牧村建设与改善村民生产生活条件结合起来，以改造和建设促调整，以调整带改造和建设，建立新型村庄发展格局。

（2）目标

通过城乡空间统筹规划、产业结构调整和土地整治，建设与市域城镇体系规划相衔接的村镇体系—乡村聚落体系（包括城镇、集镇、集中居住区或点），构筑以"中心城区—城镇—乡集镇—中心村—基层村"为骨架，层次分明、布局合理、各具特色、功能互补的现代村镇聚落体系，有效地促进农牧民向城镇、中心村、牧民定居点集中，建立合理的新型城乡关系，实现城乡统筹发展，提升区域城镇化水平，从而促进区域城乡空间一体化发展。

2. 战略途径

1）统筹规划，以镇域中心和交通干道为依托，尊重各村庄的发展现状，并根据整体发展趋势与发展战略，以发展经济为突破口，以农村基础设施为依托，结合牧民定居工程、异地搬迁工程，促进村庄体系合理布局，形成"中心城区—城镇—乡集镇—中心村—基层村"的城乡居民点体系。

2）通过牧民定居工程、异地搬迁工程，引导牧民由游牧走向定居，由散居转向适度集聚，将生产生活落后地区的农牧民整体搬迁到条件较好的地方集中居住。定居点和迁入点要尽可能靠近市郊、乡镇、中心村，以及公路、水源、电力便利、生产生活基础设施相对完善、对周边区域具有较大辐射带动作用的地区。

3）通过发展草原围栏化、住房定居化、牲畜良种化、圈舍暖棚化、饲草料基地化、防疫规范化"六化"家庭牧场，彻底改善牧区畜牧业生产条件；通过产业结构调整引导村庄各种要素和资源在更大范围内重组和优化配置，带动就业结构转变，从而促进农民居住空间转变，最终实现村庄经济、人口和居住的空间集聚。

4）结合土地整理，开展"迁村并点"、"中心村建设"等工程，整合村庄建设用地，改善农牧地生产条件，促进村庄集聚。

5）实施村庄分类发展策略。可将该区行政村分为村改居、发展村、控制村、撤并村四种类型，不同类型的村庄应采取不同的发展战略（表8-11）。

表8-11 村庄分类

村庄类型		含义	发展战略
城镇地区	村改居	指各城镇总规确立的城市规划建成区内的村庄	在尊重农民意愿的前提下，实行转制式、建制式或改造式调整，逐步将农村居民纳入城市社会服务体系，实现人口户籍、土地权属、社区管理等要素相互协调地从农村体制向新体制转型
农村地区	发展村	指规划中心村、牧民定居点	指现状具有一定发展规模和基础，并具有较大发展前景的村庄。应依据村庄体系规划、建设规划和产业规划等专项规划，围绕社会主义新农（牧）村建设的要求分期辅导进行全面建设
	控制村	指规划基层村	指以中心村的优先发展、培育区域发展中心为重点，对基层村的发展规模进行一定的控制。此类村庄为适量发展
	撤并村	特定控制区域的村庄、规模太小的村庄	对这类地区的村庄建设加以严格控制，逐步引导减少原地就业并居住的人口

注：特定控制区域指地质灾害易发区、水源保护地、风景旅游区、生态敏感地区等涉及的村庄

3. 村庄发展导引

仅以合作市为例，根据村庄发展条件综合评价及村庄分类发展策略，可确定未来村庄的发展方向。到2030年，合作市将形成由1个市区、2个建制镇、4个乡、7个居委会、21个发展村，13个控制村组成的城乡体系。

（1）村改居

村改居指各城镇总规确立的城市规划建成区内的村庄。这类村庄应在尊重农民意愿的前提下，实行转制式、建制式或改造式调整，逐步将农村居民纳入城市社会服务体系，实现人口户籍、土地权属、社区管理等要素相互协调地从农村体制向新体制转型，合作市村改居涉及的村庄共7个。

（2）发展村

发展村指规划中心村、牧民定居点。这类村庄目前具有一定的发展规模和基础，并具有较大的发展前景。应依据村庄体系规划、建设规划和产业规划等专项规划，围绕社会主义新农（牧）村建设的要求分期辅导进行全面建设。合作市发展村涉及的村庄共 21 个。

（3）控制村

控制村指规划基层村。这类村庄应以中心村的优先发展、培育区域发展中心为重点，对基层村的发展规模进行一定控制，此类村庄为适量发展。合作市控制村涉及的村庄共 13 个。

（4）撤并村

撤并村指特定控制区域的村庄（地质灾害易发区、水源保护地、风景旅游区、生态敏感地区等涉及的村庄）和规模太小的村庄。对这类地区的村庄建设应加以严格控制，逐步引导减少原地就业并居住的人口，使这些自然村的人口向中心村集中（表 8-12）。

表8-12　合作市村庄发展导引

乡（镇）	村改居	发展村	控制村	撤并村	合计
通钦街道办事处	1				1
伊合昂街道办事处	1				1
当周街道办事处	1				1
坚木克尔街道办事处	1				1
那吾乡	3	3	3		9
卡加道乡		2	2		4
卡加曼乡		3	1		4
佐盖多玛乡		4			4
佐盖曼玛乡		3	3		6
勒秀乡		6	4		10

（三）合作市城乡空间一体化格局重构

仅以合作市为例，阐释城乡空间一体化格局重构的具体内涵。合作市城乡空间一体化格局重构的核心思想可表述为"一心两极三轴三区"，中心带动，以点带轴，以轴带面，两翼互补，整体推进，最终形成点、线、面有机组织的城乡体系空间结构格局。

1. 一心

"一心"为合作市区。合作市区是甘南藏族自治州的中心，也是市域政治经济文化中心。未来，通过完善市政设施、服务设施、市场体系建设，不断改善投资环境，全面提升城镇综合服务功能，促进人口及各种生产要素等向城区聚集。通过商贸流通业、旅游服务业、农畜产品加工业等产业的发展，将其建成甘川青接壤区的综合交通枢纽、商贸物流中心、旅游服务中心，全州重要的绿色畜产品基地、循环经济示范基地、文化科技创新基地，提高其集聚能力和辐射带动能力，从而带动合作市城乡一体化发展。

2. 两极

"两极"为佐盖曼玛乡与勒秀乡。

（1）佐盖曼玛乡

位于合作市东部，东连佐盖多玛乡，南邻卓尼县，西南接那吾乡，西接卡加曼乡，北依卡加道乡，乡政府驻地在美武行政村加科村。镇区应重点发展以牧产品交易及果蔬、粮油、服装等生活用品零售为主的商贸业，将其建成合作市东部的区域发展中心与畜产品集散地，以商贸、旅游等第三产业为主的产业重镇。

（2）勒秀乡

位于合作市南部30余公里处，东连卓尼县完冒乡，南靠卓尼扎古录镇，西接碌曲县阿拉乡、夏河县博拉乡、吉仓乡，北依那吾乡，是一个以藏族为主的半农半牧乡，乡政府驻地在仁占道行政村安果村。应不断完善镇区基础设施，重点发展以农畜产品交易和生活用品销售为主的商贸业、以农畜产品加工为主的绿色加工业，将其建成合作市南部的区域中心和农畜产品集散地，以农畜产品加工、旅游等为主的产业重镇。

3. 三轴

"三轴"为以 G213 为主的一级发展轴（主廊道）、以 X406 为主的东北次轴线（联系束1）、以 S306、X409 及 X402 为主的南部次轴线（联系束2）

（1）以 G213 为主的一级发展轴（主廊道）

以 G213 为主的一级发展轴贯通南北，是甘南藏族自治州和合作市的主要经济联系方向，包括主线 G213（现状）、兰州－郎木寺高速公路（规划）、兰州－重庆铁路（在建）、机场高速等公路。这条廊道南北串联了合作市区（含那吾乡）、卡加曼乡，向北可与兰州－白银都市圈（甘肃省区域发展战略格局中的中心）及西陇海兰新廊道重点经济带发生联系，向南可接受成渝都市经济区的综合辐射，并通过成渝，进而与长三角发生联系，参与国际经济交流与合作。

（2）以 X406 为主的东北次轴线（联系束 1）

该轴线沿 X406，向东横贯市域，是市域向东联系 S311、G211 的主通道区域，也是东北部城镇发展的经济区域。沿线主要乡镇有卡加道乡、佐盖曼玛乡、佐盖多玛乡，重点村有木道村、扎代村、德合茂村。沿 X406 可与卓尼县、临潭县相连，沿 G213、S312 可与夏河县发生联系，沿合和公路可与临夏和政县相连，随着 X406 和多条通村公路的建设，将会使东西向的联系更加紧密。该轴线穿行于合作市的主要牧业区，沿线有太子山风景区、美仁大草原、岗岔风景区，不仅是全市的畜产品输出廊道，也是以草原风情旅游为主的旅游廊道。

（3）以 S306、X409 及 X402 为主的南部次轴线（联系束 2）

该轴线是合作市东南向发展的经济区域。沿线主要乡镇有勒秀乡，以及麻拉村、吉利村、俄河村、西拉村四个重点村。沿 X409、X402 可与碌曲县联系，沿 X409、X412 可与卓尼县、临潭县相接，随着 X409、X402、X412 的改建，将会使东西向的联系更加紧密。该轴线穿行于合作市的主要农业区，是合作市东南向的生态廊道，沿线有广阔的森林、草场，也是合作市以水电输出为主的电力输出廊道，还是以河谷、森林、传统村落旅游为主的旅游廊道。

4. 三区

"三区"包括中部综合经济区、北部牧业经济区、南部牧–林–农业经济区。

（1）中部综合经济区

该区包括市区、那吾乡、卡加曼乡，是甘南藏族自治州的中心，也是合作市的政治、经济、文化、教育中心。合作市地势南北高、中间低，市区处于合作盆地中央，该区集中了合作市 70% 的人口，市政基础设施完备，商贸发达，旅游资源丰富，有 AA 级景区两处及南山森林公园，人文自然风光为一体。未来，城区应进一步完善基础设施和服务设施，重点发展旅游业、商贸业等第三产业，工业在条件成熟时，都应迁入循环经济工业园区；在郊区应发展蔬菜、花卉等现代农业，加强对市区生活必需品的补给，远郊区应发展牦牛繁育、奶牛产业，推进"一特四化"工程。

（2）南部牧–林–农业经济区

该区包括勒秀乡。区内平均海拔在 3000m 左右，既有广阔的高山草场，也有河谷耕地（耕地面积为 35.4km^2）和森林；洮河自西向东贯穿全境，年径流量为 $28.9 \times 10^8 m^3$，河道平均比降为 3.12%，水电发展条件良好；是全市人口和居民点密度最大的区域。该区以农业为主，农林牧业发展条件均较好，河谷在发展优质粮食和油料种植的同时，应积极调整结构，扩大豆类、药材和蔬菜种植面积；坡地以种植青稞、饲草为主，应培育青稞种植基地、草产业基地；镇区应建设小型工业园，进行青稞、草料及藏中药加工；应依托勒秀洮河风景区，大力发展生态旅游业。同时，应加强对洮河流域水资源的保护，防治水土流失。

（3）北部牧业经济区

该区包括卡加道乡、佐盖曼玛乡、佐盖多玛乡三乡。该区海拔多在3200 m以上，最高的太子山海拔在4332 m，集中了合作市大部分的草场，可利用草场面积达933.3 km²（佐盖多玛乡为全市唯一的纯牧业乡，全国的18个纯牧业乡之一），不仅是合作市重要的天然牧场区，也是合作市最重要的矿藏区，已发现的矿藏有21处，已开发利用的优势矿种有金、铜、锑、花岗岩、黏土等。区内有太子山风景区、美仁大草原、岗岔风景区。未来，应提高畜牧业产业化水平，发展草产业带、牦牛繁育带、奶牛产业带，进行乳制品及其他畜产品深加工，并通过组织创新、管理创新和社会化服务体系建设，构建现代畜牧业产业体系。依托太子山风景区、美仁大草原、岗岔风景区，加强旅游基础设施和服务设施建设，进行综合开发，大力发展生态旅游业。在不破坏生态环境的前提下，有步骤、有计划、科学合理地对矿产资源进行开发和加工。同时，应限制发展严重污染及破坏生态环境的产业（表8-13，图8-10）。

表8-13 合作市城乡空间一体化发展格局重构

发展格局	区域	发展方向
一心	市区	商贸流通、信息和市场中心，金融中心 文化科技创新基地 农畜产品龙头企业聚集区 循环经济示范区 旅游综合服务中心
两极	佐盖曼玛乡	合作市东部的畜产品交易中心 合作市东部的旅游服务中心 合作市东部的商贸中心
	勒秀乡	合作市南部的农产品交易中心 合作市南部的农产品加工基地 合作市南部的旅游服务中心 合作市南部的商贸中心
三区	中部综合经济区	以暖棚蔬菜、花卉等为主的现代农业示范区 现代畜牧业示范区 城市旅游示范区
	南部牧-林-农业经济区	以青稞、饲草为主的种植基地 以勒秀洮河风景区为主的生态旅游业区 水电基地
	北部牧业经济区	现代畜牧业生产基地 以太子山风景区、美仁大草原等为主的生态旅游区 绿色矿业开发区

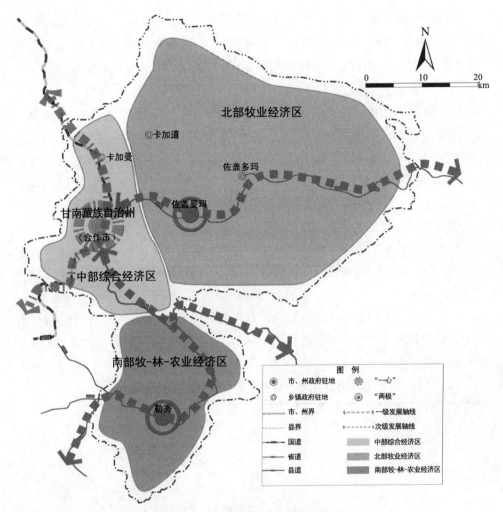

图8-10　合作市城乡一体化空间格局

二、城乡产业一体化格局重构

（一）基本思路与发展目标

1. 基本思路

以科学发展观为指导，以富民强区为目标，立足资源优势和比较优势，以产业结构优化为主线，以构建城乡产业互动发展通道为核心，以打破城乡间要素、产品自由流动的障碍为关键，建立完善的城乡产业一体化发展推进机制，逐步形成三次产业联动、功能互补、布局合理、分工协作紧密的城乡产业一体化发展格局，逐步消除城乡二元结构，促进城乡居民收入稳定增长。

2.发展目标

城乡产业一体化是一个逐步推进的长期过程，根据合作市城乡产业发展的现状和趋势，该区城乡产业一体化发展将经历城乡产业联系、融合、一体化发展三个阶段，在每个发展阶段都有相应的主发展目标。

（1）城乡产业联系阶段的发展目标

该阶段的主要任务是打造城乡产业联系的要素、产品、市场和政策通道，依托交通、通信、水利、能源等基础设施建设，加快完善城乡间商贸网点建设，增强城乡间的产业联系，逐步打破城乡产业孤立发展局面，初步形成城乡产业联系发展格局。

（2）城乡产业融合阶段的发展目标

该阶段应在城乡产业联系不断增强的基础上，重点加强城乡在畜产品加工、旅游业、商贸流通产业间的分工协作，通过城乡间的垂直、水平分工，实现城乡产业发展中要素、技术、设备、产品的共享互用，形成较为融合的城乡产业发展格局。

（3）城乡产业一体化阶段的发展目标

该阶段应通过科学配置城乡资源，调整优化产业结构，推动城市资源"下乡"、农村资源"进城"，进一步强化城乡三次产业之间的内在联系，通过发展加工业提升农业产业化水平，以高原特色畜牧业的发展促进第二、第三产业升级，以现代服务业的发展推动三次产业的融合，形成三次产业相互促进、联动一体化发展的格局。

（二）重点产业选择

根据自然、经济、社会诸要素组合的特点，结合市场需求分析，确立以现代畜牧业、畜牧产品加工业、商贸流通业、水电业、中藏医药产业和采矿业为合作市重点优先发展的产业。

1.现代畜牧业

要充分挖掘资源优势，大力推进专业化布局、产业化经营、标准化生产、技能化培训，加快农牧业结构战略性调整，要积极转变农户"全而杂"的养殖业和种植业结构，依托奶牛和牦牛繁育产业的发展需求，集中连片大面积种植多年生优质牧草，利用三年左右的时间初步实现种植业结构战略性调整。要加大牲畜交换、草畜互换的协调力度，促进专业化布局和种养结构调整。通过全力推进"一特四化"进程，真正实现"牧区繁育、农区育肥、农区种草、牧区补饲"的基本目标，使以鲜奶和牦牛为主导的高原特色生态畜牧业成为合作市农牧业发展的主体。有效带动农牧民增收，进一步提高畜牧业对农牧民增收的贡献率。

2. 畜牧产品加工业

以可持续发展思想和科学发展观为指导，以草畜产业开发为主线，以促进农牧民增收、畜牧业增效、城乡一体化发展为中心，以建设甘肃省畜产强市为目标，实施农牧互补、城乡互补的"一特四化"战略，按照"广种草、改畜种、调结构、规模化、产业化"的思路，通过抓种草、夯基础，抓龙头、建基地，抓科技，不断改善合作市畜牧业发展的整体环境，通过城乡间的优势互补，建设以草地生态畜牧业、城郊育肥业、城市奶牛业为核心的三大产业基地，建立布局合理、分工明确、协作紧密的城乡畜产品加工格局，通过对畜牧资源、产品的生产技术改造、深度加工，提升产业层次，延长畜牧加工业产业链条，不断增加畜牧产品的附加值和技术含量，推动全市畜牧加工业的持续、快速、健康发展。

3. 商贸流通业

从满足人民生活、产业发展的需求出发，以完善市场体系、发展大商贸流通业为方向，以建立统一开放、竞争有序、布局合理、结构优化、功能齐备、制度完善、现代化水平较高的商品流通体系为目标，从扩大商贸市场规模、优化商业网点布局入手，以建设专业市场、培育商贸流通龙头企业为核心，以合作城区为中心，以各乡商业网点为基点，优化商业设施配置，完善城乡一体化的物流网络体系，提升合作城区流通产业的服务功能和集聚辐射能力，发挥流通对生产的服务和引导作用，促进城乡商贸资源合理流动，探索出一条具有地域特色的城乡商贸统筹发展道路。

4. 水电业

立足洮河和博拉河流域水力资源丰富的优势，坚持"生态优先、适度开发"的理念，合理开发利用水力资源，充分发挥小水电"就地发电、就地供电、就地成网"的优越性，推进小水电建设，就近消化电力，对原有的农牧村水电站及其配套电网全部进行改造升级，减少重复建设，降低损耗和成本，优化供电网络，逐步实现农牧村电气化，并带动库区产业结构调整和市区相关产业的发展。

5. 中藏医药产业

立足藏医药资源优势，坚持"公司＋基地＋农户"的发展策略，依托甘南佛阁藏药有限公司、甘南藏药制药有限公司、甘南藏族自治州藏医药研究院等藏医药企业和研究机构，强化藏药材人工栽培技术的研发与推广，加强藏药材生产基地建设，扩大藏药材种植规模，实施名牌战略，培育拳头产品，增加产品品种，通过科学规划、合理布局，逐步形成合理化、产业化、规模化、标准化生产的藏中药产业体系，促进藏药材资源优势向产品优势和经济优势转变。

6. 采矿业

坚持生态保护优先于矿产资源开发的理念，坚持环保从严、合理布局、综合利用、有序开发的原则，推进矿产资源开发和综合利用，重点加大以稀有金属为重点的矿产业技术、机制与体制创新和招商引资力度，整合矿产资源，关闭或禁止对生态环境破坏较大、生产成本较高的资源开发点，优化产业布局，延伸产业链，不断提高矿产资源的利用效率，逐步建立集矿产资源开采、加工、产品制造为一体的矿产资源加工业，实现矿产资源开发和生态环境的协调发展。

（三）城乡产业一体化发展格局

以构筑"一心两轴三区"经济发展格局为目标，按照梯度推进和城市向农村延伸的城乡产业融合思路，遵循城乡要素自由流动、功能协调互动、产业相对集聚、生态环境和谐的布局原则，强化三次产业的内在联系，优化三次产业布局，形成以市域城区为主体，各乡（镇）为节点，农牧民定居点为基点的城乡产业一体化发展格局（图8-11）。

1. 第一产业

立足于合作市农业资源、气候条件，依托城区技术、资本、人才等优势，按照"城乡结合、优势互补、城乡一体、综合发展"的城乡第一产业一体化发展思路，以农畜产品加工业为枢纽，大力发展农畜产品加工业，提高农畜产品的附加值，不断推进农业的专业化布局、产业化经营、标准化生产、技能化培训，实现种养加、产供销、贸工农一体化经营，逐步形成"一心、三带、五基地"的城乡第一产业一体化发展格局。其中，"一心"包括合作城区和那吾乡，重点发展农牧产品交易、加工及农资供应等产业；"三带"分别为奶牛产业带、牦牛产业带和草产业带；"五基地"分别为蔬菜基地、青稞基地、牛羊育肥基地、优质牧草基地和藏药材种植基地。

2. 第二产业

构筑"一心、两带、两园"的工业空间布局体系，通过工业合理布局带动城乡协调发展。其中，"一心"为合作城区，重点发展农牧产品加工、藏医药加工、矿产品加工和房地产等产业，将城区建设成为合作市的工业生产中心；"两带"

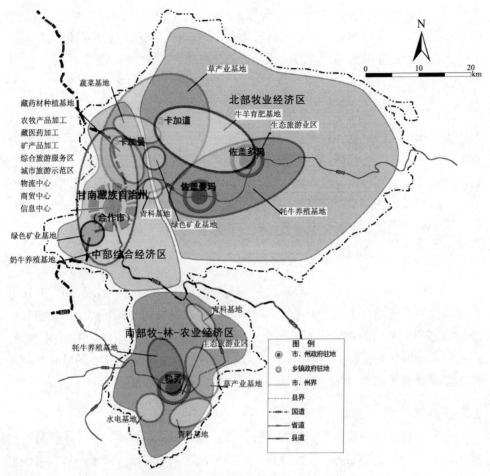

图8-11　合作市城乡产业一体化格局重构

为水电开发带和畜牧产品加工带，按照"流域、梯级、滚动、综合"的原则加快洮河流域小水电开发，打造洮河水电产业带。以县道406线为发展轴，以沿线佐盖曼玛、佐盖多玛等地畜牧养殖基地为依托，打造县道406沿线畜牧产品加工产业带；"两园"分别为洮河水电工业园和合作循环经济产业园区。

3. 第三产业

改造传统服务业，培育发展新兴服务业，构建以休闲旅游为先导，以商贸流通、劳务输出、科研教育、信息服务、社区服务、农业服务等为支撑的现代服务业体系，引导城市服务业向乡村渗透，形成以城区第三产业为龙头，以乡政府驻地公共服务业为支撑的第三产业发展格局。

（四）城乡产业一体化发展的支撑体系

1. 强化经济中心

未来，合作市将建设成高原生态旅游商贸城。因此，应逐步消除城乡户籍管理分割状况，放宽农牧民进城落户条件，逐步实现与城市居民享有同等公共服务的待遇；积极利用市场机制，多渠道筹措资金，加快各种专业市场建设步伐，做大做强中心城市（合作市区）的辐射带动能力，更好地发挥其经济、政治、文化、科技中心的作用。

2. 打造发展平台

（1）信息物流平台

打造产业信息物流发展平台，促进城乡间要素、产品的自由流动。加强中介组织及社会服务机构建设，建立产业发展综合信息中心，及时发布产品、技术、资本等相关信息，科学引导产业健康发展。发展现代物流业，完善城乡一体化物流网络，健全农业生产资料流通服务体系，加快农产品物流配送中心建设，提高农村商业网点配送率，将农资销售与物流服务紧密结合起来，开展配送、加工、采购、农机具租赁等多样化服务。

（2）产业发展平台

全力打造城乡产业发展平台，推进水、电、热、路、通信、气等基础设施建设。加强软环境建设，切实提高项目服务水平，优化办事流程，加快项目报批，打造一站式服务平台，强化项目的跟踪服务。加大土地、投融资等改革力度，为城乡产业一体化发展搭建新平台。因合作市地处国家重点生态功能区内，未来应重点发展以旅游业为主体的文化产业、以农畜产品加工及生物制药为主的加工产业、以物资集散为主的商贸业，通过农畜产品加工和生物制药产业、文化产业、商贸流通产业的发展，推进合作市城乡产业一体化进程。

3. 打通协调通道

（1）城乡要素产品流通通道

创新城乡要素自由双向流动的制度框架，逐步完善包括土地流转、人口流动、劳动力就业、社会保障、投融资、物资流通、产品交易等在内的要素、产品流通制度，从体制上消除要素、产品合理流动的城乡壁垒，盘活城乡资源和产品，以国道312线等交通干线为骨架，以城乡商业网点为节点，促进土地、劳动力、资本等要素和产品在城乡间合理流动和转移，打造城乡间要素、产品通畅、协调的网状通道。

（2）城乡产业协作发展通道

着眼于城乡经济、社会、自然和人的协调发展，结合《合作市土地利用总体规划（2011—2020年）》和《合作市城市总体规划（2010—2030年）》，明确经济分区及产业发展重点，根据合作市三次产业布局、生产工艺、流程之间的联系，培育城乡产业链，加强产业间的水平、垂直分工协作，打通城乡产业分工协作通道。

（3）城乡产业利益协调通道

改变重城轻乡、重工轻农的政策偏向，坚持价值判断中立性和保护公共利益的城乡基本价值取向，完善城乡产业发展过程的利益诉求机制，依托政府、工会、农会、行会和商会等部门，打通城乡产业发展过程中的阶层利益、城乡利益、区域利益、行业利益、劳资利益等利益协商通道，为城乡产业发展提供均等的机会或利益补偿，建立起协调的城乡产业利益关系。

4. 构筑完善的服务体系

（1）政府配套服务体系

按照"服务产业发展，推动社会进步"的思路，围绕推动城乡产业协调发展，建立包括财政、税务、工商、环保等部门在内的大产业发展配套服务体系，建立完善的产业发展政策体系，制定科学的产业发展规划，利用优惠政策、资金支持和后续跟踪服务等机制对企业进行扶持，推动城乡产业快速、协调发展。

（2）行业组织服务体系

以社会化中介服务机构为主体，以市场运行机制为动力，以政府推动支撑为指导，重点引进培育一批功能强劲、特色鲜明的产业服务中介机构，构建组织网络化、功能社会化、服务产业化的中介服务体系，并不断完善市场化服务体系，构筑创新创业平台，为产业持续发展提供支撑。

（3）科技支撑服务体系

加强企业生产的核心技术研发支持力度，制定企业技术创新的优惠政策，将支持技术创新作为推动合作市经济社会发展的重要手段，强化各类科技服务工作对产业发展的支持力度，开展畜牧、动物疫控、草原等单位包村、科技人员包户的科技承包服务活动，全面开展农牧民培训、政策宣传、饲草种植、畜群畜种结构调整、良种繁育等科技服务及有机畜牧业环境监督等工作，不断完善农牧业技术推广服务网络。

（4）人才培训服务体系

瞄准国民经济和社会发展的现实需求，在深入调研、广泛论证的基础上，做好人才培养规划，对产业发展重点领域的紧缺人才进行优先重点培养，突出培养创新型人才。同时，通过整合农牧村劳动力培训资源，加大农牧户的培训力度，积极开展饲草料种植、畜群结构调整、牲畜疫病防控、奶牛养殖、冬春季补饲、品种选育、棚圈种草、特色种植业等农牧业实用技术的培训。

5. 加快市场建设

（1）资本市场

放宽投资领域，积极引导和鼓励非公有制经济资本进入更多的发展领域，开辟多元化、多类型的投融资渠道，积极推进民间资本市场建设，加大直接融资力度，广泛筹集社会闲散资金，参与经济建设。改善金融服务，积极探索发行企业债券，培育有发展潜力的企业到区外市场募集资金，逐步建立产业投资基金和风险投资基金，促进产业结构调整和科技成果转让。

（2）劳动力市场

建立城乡劳动力自由流动的市场体系，打破城镇劳动力与农村劳动力在制度、政策上的界限，构建相互协调的新型城乡关系，以劳动者自身素质作为就业的主要依据，建立城乡统一的劳动就业制度、社会保障制度、教育培训制度和市场监督调控制度，使城乡劳动力能够享受相同的就业服务待遇，形成统一开放、规范完善、竞争有序的劳动力市场；同时，加强劳动力市场的信息管理和统计工作，建立跨区域、实时联网的城乡劳动力市场信息网络，发展多种形式的劳动就业中介组织，构建城乡劳动力自由流动就业、人力资源合理配置的网络化、信息化就业促进体系。

（3）技术市场

在城区建立技术交易市场，加快技术市场服务体系建设，积极开展技术成果转让、技术咨询、技术交易服务，发挥技术市场在配置科技资源方面的基础性作用；加强对技术市场的监管，促进区域、城乡技术市场协调发展。

（4）土地交易市场

在合作市建立土地交易所，完善农牧村土地流转制度，实行土地使用权有偿、有限期的出让制度，规范土地使用权转让行为，凡经营性用地者，无论城乡，一律进入有形市场，进行市场交易，不列入"公共利益"范围，允许农村建设用地在符合城乡规划、城市规划、土地利用总体规划等土地用途管治原则下进行土地市场交易与开发，允许农村集体建设用地开发的市场化行为。

（5）产品市场

依托交通网络，逐步形成以合作市城区为中心，以多元化的流通组织、规范化的商品交易市场及强连通的商品流通网络为纽带，以高效运行的物流系统为支撑的产品市场体系。在合作市城区新建一处集牲畜养殖用具、兽药、网围栏、饲草料、种子和农机配件等农牧业生产资料和酥油、曲拉、皮、毛、绒等畜产品为一体、功能先进的综合性交易市场。

三、城乡交通与公共服务一体化格局重构

（一）城乡交通一体化格局重构

1. 发展目标

合作市域城乡交通发展应以国道、省道、即将建设的高速公路和规划建设的铁路为骨架，以提高城乡网络化水平和公路技术等级为核心，逐步完善公路网、公路运输枢纽及站场布局。构建以市区为中心、连接各乡镇、主要景区、特产基地、农牧民定居点的便捷交通线路；在城区、各乡镇、主要景区、特产基地、农牧民定居点之间形成便捷的交通通道；最终形成以市区为核心、以公路为主导的城乡交通运输体系，使城乡客、货流集散和运输更加安全迅速，市区与乡村之间的联系更加方便快捷。到 2030 年，基本实现客运快速化、货运物流化、运营智能化、安全与环境最优化，使综合交通运输发展基本满足合作市全面建设小康社会的需要。

2. 基本思路

（1）打通周边出口通道

为了将合作市建设成甘青川交界处藏区经济增长极，必须加强其与周边地区的一体化发展。为此，合作市需加强与邻近重要节点城市的交通联系，建设兰成高速公路、岷县至合作至青海同仁高速、兰（州）渝（重庆）铁路、西（宁）合（作）铁路，改建国道 213、省道 306，同时建成拉卜楞寺机场，通过与周边区域的出口通道建设，实现区域交通一体化，带动合作市城乡统筹发展。

（2）统筹发展城乡交通运输

为了改变乡镇之间、城乡之间要素流通不畅的现状，应统筹发展城乡交通运输，构建以合作市区为中心，连接主要乡镇、主要景区、特产基地、农牧民定居点的便捷交通线路，在市区、主要城镇、主要景区、重要特产基地、农牧民定居点相互之间形成便捷的交通通道，实现各节点之间的运输协调。应将合作市境内的国道和岷县至合作市至夏河至同仁公路全段高速化；使"二纵二横"骨架网中县乡公路达到二级标准，其余路线均达到三级公路标准。应打通德吾鲁－佐盖曼玛－麻木索那－勒秀公路、勒秀－卓尼公路，改建扎古录－勒秀－阿拉（Y580）、

合作－扎油（Y575）。

（3）发展农牧村交通运输

农牧村的交通基础设施及运输服务要实现与城镇的主动对接，农牧村之间要实现横向网络联系。同时，要加强农畜产品特色物流，实现第一产业对农村的拉动。提高农牧村农畜产品运输的组织化程度，以专门的计划组织模式逐步取代当前农畜产品外运的自然组织模式，保障农牧民的经济利益，并以此推动农牧村发展。同时，以交通运输发展引导农牧村聚落重建。

（二）城乡教育一体化格局重构

1. 发展目标

大力加强农村基础教育设施建设，结合村镇建设，优化整合农村教育资源；改善农村教职工生活待遇和工作环境，吸引优秀教师到农村任教，提高农村学校师资水平；发展农村幼儿教育和学前教育；全面提高农村中小学办学效益和办学水平。加大城市对农村教育的支持和服务，缩小城乡教育差距，实现城乡教育均衡发展。加大对农村劳动力的培训力度，提高农村劳动力素质，为经济、社会发展提供人才支撑。

2. 基本思路

（1）加快城乡学前教育发展

要坚持实施幼儿教育向乡镇和中心村集聚的发展战略，以政府办园为骨干，以社会力量办园为主体，公办与民办相结合，加快城区南片的小学、初中建设和北片的幼儿园建设，逐步实现农村学龄儿童普及学前1～2年教育、市区学前儿童普及学前三年教育，为城乡少年儿童提供方便、优质的教育服务，提高城市的教育服务功能。到2030年，基本形成园舍标准、师资合格、管理规范、质量保证的城乡幼教体系，城镇幼儿入园率达到96%以上，牧区幼儿入园率达到86%以上。

（2）优化城乡中小学布局及教育资源

通过国家对藏区政策的扶持和相关工程的实施，重新分配和合理布局教育资源，按照"相对集中，扩大规模，方便入学，改善条件，提高效益"的原则，进一步调整中小学布局，实现市直学校创教育品牌、乡中心学校树示范、村级小学保普及的格局；把高中优质教育资源集中在市区，切实改变办学过于分散、效益不高的状况。

（3）提高农村学校师资力量

应加强对农村学校教师业务的培训力度，加快农村学校的教育观念转变和知识更新速度。坚持集中培训和分散培训、集体培训与个别指导相结合的原则，一方面继续教育和学科教师培训要适当对农村学校教师倾斜，并有针对性地开展工作；另一方面要有计划、有组织、经常性地安排农村教师到城镇学校观摩学习，安排城镇学校优秀教师深入到农村学校具体指导和交流。同时，应制定优惠政策，吸引优秀教师到农村学校任教；建立青年教师乡村学校锻炼、骨干教师流动等相关制度，激励和引导教师积极到农村学校支教、帮教。

（4）推进城市教育向农村延伸

以甘肃民族师范学院为依托，积极培训农村师资。依托甘南藏族综合专业学校、甘南藏族自治州卫生学校、甘南藏族自治州畜牧学校、甘南藏族自治州师范学校等学校，大力发展职业教育；建立远程教育网络，实现远程教育村级独立站点全覆盖和市、乡、村三级信息网络连通，形成市有中心站，乡有信息服务站，村有独立站点的现代远程教育模式。

（三）城乡医疗一体化格局重构

1. 发展目标

以提高城乡居民健康水平和生命质量为宗旨，以促进农村卫生事业与经济社会协调发展为主题，紧密结合城乡医疗卫生现状，通过新型农村合作医疗制度建设、城乡医疗卫生服务网络和公共卫生服务体系建设，合理配置城乡医疗卫生资源，积极推进城市医疗卫生资源向农村延伸，缩小城乡医疗卫生服务差别，实现城乡医疗卫生发展一体化。

2. 基本思路

（1）完善城乡一体化的医疗卫生服务网络

应加强市区医疗卫生网络建设，强化市级医疗卫生机构在农村医疗卫生中的龙头作用，加强市级医疗卫生机构的硬件与软件建设，全面和快速提升市级医疗卫生机构的服务水平，不断满足城乡居民的高层次医疗保健需求，基本达到大病不出市；应加快社区卫生服务站和乡镇卫生院建设步伐，使就医环境明显改善、服务能力和诊疗水平不断提高，不断满足城乡居民的基本医疗保健需求；应加快村级卫生所(室)建设，在占地面积、内部布局、设备与药品配置等方面制定统一标准和规范。同时，应大力提升村卫生室的服务能力和服务水平，确保农村居民不出村就可得到方便、有效、价廉的初级卫生(医疗)保健服务。最终形成以市级医院为中心，以各乡医院为次中心，以各行政村卫生所为基本单元的覆盖市域的医疗服务网络体系。

（2）推进城市医疗卫生资源向农村延伸

合理调整和配置医疗卫生资源，免费培养农村医生，制定优惠政策，鼓励优秀卫生人才到农村、城市社区服务；应坚决推行城市医疗卫生机构人员晋职前到农村服务的制度，促进城市医疗卫生人才向农村延伸；采取城乡医疗卫生机构联合、联办、对口支持、重点专科扶持、人才培养等形式，促进城市医疗卫生管理与技术资源向农村延伸。同时，积极开展卫生下乡支农活动，促进城市医疗卫生信息资源向农村延伸；应在床位、设备配置、人员流动等方面向农村倾斜，提高农村医疗卫生资源的占有量，缩小城乡医疗卫生服务的差距。

（3）提高农村医疗卫生服务质量

采取多种培训方式，不断提高农村卫生技术人员的业务水平。从医疗救治能力、传染病防治能力、突发公共卫生事件处置能力、慢性疾病防治能力、妇幼保健能力等入手，加强对农村卫生技术人员的培训力度，特别是对乡镇卫生院技术人员的培训，从而提升农村医疗卫生服务水平，确保农村居民的身心健康。

（4）提高城乡疾病预防控制能力

应健全城乡一体化的疾病预防控制体系，完善疾病预防控制功能，提高农村应对和处置突发公共卫生事件的能力；应进一步完善疫情报告网络体系，建立和完善市、乡、村三级疫情报告网络体系，实现乡镇卫生院以上综合医院疫情信息网络的全覆盖；应进一步加大计划免疫工作力度，完善程序，加强管理，提升水平，提高效率，提升农牧民健康水平。

（5）建立覆盖城乡居民的基本医疗保障体系

建立由城镇职工基本医疗保险、城镇居民基本医疗保险、新型农村合作医疗和城乡医疗救助共同组成的基本医疗保障体系，覆盖城镇就业人口、城镇非就业人口、农村人口和城乡困难人群。坚持广覆盖、保基本、可持续的原则，从重点保障大病起步，逐步向门诊小病延伸，提高保障水平，逐步缩小直至消灭医疗保险的城乡差别，大幅度提高特殊疾病的结报比例，明显缩小城乡差距。

（四）城乡文体一体化格局重构

1. 发展目标

合理布局各类文化和体育设施，形成城乡一体、上下贯通的群众文化网络；加强公共文体设施建设，做好乡村文化、社区文化、企业文化、校园文化等群众性文化建设，不断丰富和活跃群众的精神文化生活。市"两馆"及文化站应建立具备综合服务功能的现代化设施，文化站覆盖率达100%，村级农牧民书屋纵向延伸至各自然村、社区，覆盖率达100%。初步形成具有较高专业素质的文化工作队伍，改善乡（街道）公共文化服务能力，不断缩小城乡文体差距，实现城乡文体发展一体化。

2. 基本思路

（1）形成城乡全覆盖的公共文体服务网络

城乡文体服务设施应通盘考虑、合理布点，形成城乡全覆盖的公共文体服务网络。农村文体服务网点既可以行政村为单位建设，也可在牧民定居点、乡村工业集中区建设，应与人口居住的疏密程度相匹配，与其他公共服务、社会事业设施相配套，做到符合需求、规模适度、使用方便，提高文体服务网络的使用效率和社会效益。

（2）加强城乡文体人才队伍建设

应建立一支高素质的专职干部队伍，加强对文体干部业务培训和爱岗敬业教育，造就一支爱岗敬业、乐于奉献、专长突出、素质全面的农村文体干部队伍；应大力培养城乡文体骨干，引导他们发挥各自专长，组织发动群众开展各类活动；应建立具有特色的农村业余文体团队，帮助他们加强制度建设和活动管理，为其提供活动场所、业务指导、经费补助和展示才艺的机会。

（3）积极开展城乡文化体育活动

应努力缩小城乡文体活动差距，提高乡村开展活动的能力；应积极开展"一村一品"、"一乡一特"等农村特色文化创建活动；应围绕重大主题，经常举办大型群众文艺（体育）竞赛、汇演、展示活动；应组织开展城乡文化交流活动，将"送文化下乡"与"送文化进城"有机结合起来，充分展示农村传统特色文化的风采和魅力。

第九章 空间管治

空间管治作为一种有效而适宜的资源配置调节方式，日益成为区域规划尤其是城镇体系规划的重要内容。高寒民族地区生态环境脆弱、城镇发展的资源承载力与环境容量有限。当前，急需完善空间管治机制，划定区域内不同建设发展特性的类型区，制定分区开发标准和控制引导措施，引导区域内不同地域的合理建设与发展，有效地促进高寒民族地区可持续发展。

第一节 城镇发展的空间管治

一、城镇土地利用的空间形态

基于城镇的土地利用状况，可将甘南藏族自治州城镇土地利用的空间形态分为沿等高线立体型土地利用形态、带状土地利用形态、集中块状土地利用形态及团状土地利用形态4种类型。

（一）沿等高线立体型土地利用形态

在山地区，城镇建筑在布局上结合地形，建筑群一般平行等高线布局或垂直等高线分层筑台，这样可减少填挖土方量，提高土地使用效率，从而形成沿等高线立体型土地利用的空间形态，舟曲县城关镇和碌曲县郎木寺镇的建设用地形态即属此类。

舟曲县城关镇地处白龙江北岸的山前洪积扇上，地势坡度起伏较大，城镇建设用地紧张，城镇建设从白龙江北岸沿等高线向北扩张，形成了扇形立体状的城镇土地利用空间格局［图9-1（a）］。

碌曲县郎木寺镇地处西倾山支脉郭尔莽梁北麓的白龙江畔，白龙江的源头藏曲河及源自纳摩峡谷的格尔底河在区内汇合穿境而过，整体呈"河谷地形"，南北两侧为坡地，中间为河谷，城镇建设由北向南，垂直于藏曲河方向，沿高差递降序列，依次形成了宗教寺院建设区、居民区和商贸区层次分明的立体建设空间结构，城镇建成区轮廓沿河呈南北拉伸状态［图9-1（b）］。

(a) 舟曲县城关镇　　　　　　　　　(b) 碌曲县郎木寺镇

图9-1　甘南藏族自治州沿等高线立体型城镇土地利用形态

（二）带状土地利用形态

带状城镇是在河谷、交通线等轴向力的作用下，城镇建设主要沿河谷、交通线方向延伸，其他方向上土地利用扩张不显著的一种城镇土地利用形态。夏河县拉卜楞镇，卓尼县柳林镇、扎古录镇，临潭县新城镇、城关镇、冶力关镇，合作市和碌曲县玛艾镇均属此类用地形态。

夏河县拉卜楞镇坐落于大夏河河谷阶地上，地势西高东低，大夏河自西向东纵贯城区，南北诸山屏围，城镇建成区沿河呈带状分布在大夏河北岸［图9-2（a）］。

卓尼县柳林镇位于卓尼县中部，地处丘陵河谷地带，洮河穿城而过，城镇建成区主要分布在洮河东北侧卓沟口的冲积扇和西南侧的河谷滩地上，建成区轮廓呈狭长的倒三角形［图9-2(b)］。

卓尼县扎古录镇位于卓尼县西部，地处洮河与其支流车巴河交汇的河谷地带，城镇建城区主要分布在车巴沟河和洮河交汇西岸，建成区轮廓沿车巴河和洮河呈倾斜"丫"字形［图9-2 (c)］。

临潭县新城镇位于临潭县中部，距离县城35km，西临流顺乡，东接店子乡，南连洮滨乡，北与石门乡、卓尼县恰盖乡接壤，属洮河流域的高原丘陵山地区，建成区分布在南门河东侧，轮廓沿南门河和纬一路呈西北－东南走向的带状［图9-2 (d)］。

临潭县城关镇位于临潭县西部，地处干戈河河谷地带，建成区主要分布在干戈河的东侧，呈南北拉伸的带状分布［图9-2 (e)］。

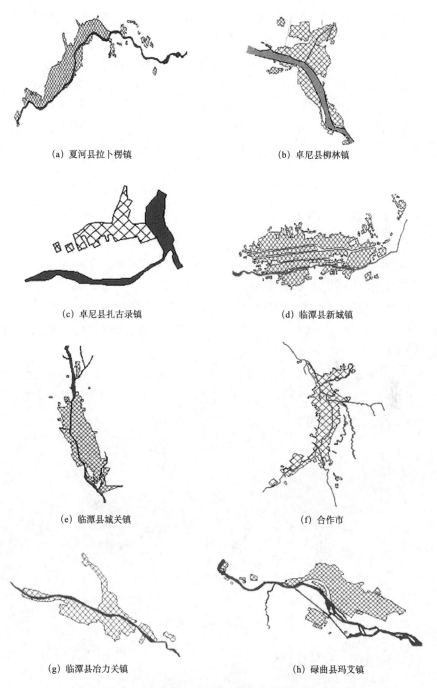

(a) 夏河县拉卜楞镇

(b) 卓尼县柳林镇

(c) 卓尼县扎古录镇

(d) 临潭县新城镇

(e) 临潭县城关镇

(f) 合作市

(g) 临潭县冶力关镇

(h) 碌曲县玛艾镇

图9-2 甘南藏族自治州城镇带状土地利用形态

合作市位于甘南藏族自治州北部，市区地处椭圆形的山间盆地，四周环列低浅山丘，合作河（又称格河或强曲）自南向北纵贯市区，建成区沿合作河和国道213（兰郎公路）呈南北带状分布［图9-2 (f)］。

临潭县冶力关镇位于临潭县北部，距县城约90km，西与卓尼县康多、恰盖二乡接壤，东、南、北三面与本县八角、羊沙二乡毗连。冶木河自西向东流经本镇，建成区沿河流自西向东呈带状分布［图9-2 (g)］。

碌曲县玛艾镇位于碌曲县东北部，地处洮河河谷地带，洮河自西向东穿城而过，建成区主要分布在洮河北侧的谷地，轮廓呈带状［图9-2 (h)］。

（三）集中块状土地利用形态

在山原、河谷区较平坦开阔的地形条件下，城镇的生产和生活活动在向心力作用下向中心区集中，城镇新增功能用地围绕着原有核心区，向周围较为紧凑、均衡地呈圈层扩展，城镇土地利用呈现"摊大饼"式蔓延扩张态势，玛曲县尼玛镇和迭部县电尕镇均属此类用地形态。

玛曲县尼玛镇位于黄河冲积平原与山洪冲积扇的重叠地带，地势平坦，面积广阔，城镇土地利用以市政广场为中心，以团结路和尕玛路为扩展轴向四周均衡扩展［图9-3(a)］。

迭部县电尕镇位于迭部县西部，地处白龙江河谷地带，河谷平均宽度800~1000m，地势平坦面积较大，城镇建成区呈块状形态，主要分布在白龙江北岸的阶地上［图9-3(b)］。

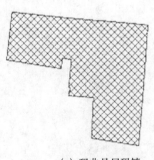

(a) 玛曲县尼玛镇　　　　　　　　　(b) 迭部县电尕镇

图9-3　甘南藏族自治州城镇集中块状土地利用形态

（四）团状土地利用形态

团状土地利用形态是城镇在河流、地形、规划等条件的约束下，建成区在空间上跳跃、分离所形成的团状组合形态，卓尼县木耳镇、舟曲县大川镇、夏河县王格尔塘镇和阿木去乎镇均属此类用地形态。

卓尼县木耳镇位于卓尼县东部，距县城 13km，北与临潭县新堡镇隔河相望，南以迭山与迭部县为界，东、西两端分别与纳浪乡、大旗乡接壤。木耳镇地处洮河河谷地带，境内地势较平坦，城镇建成区沿洮河两岸呈团块状对称分布 [图 9-4(a)]。

舟曲县大川镇位于舟曲县东北部，距县城 12km，东临宕昌县，南靠三角坪，西连江盘南峪，北依弓子石、中牌。大川镇地处白龙江河谷和冲积扇地带，建成区呈组团状分布在白龙江两岸 [图 9-4 (b)]。

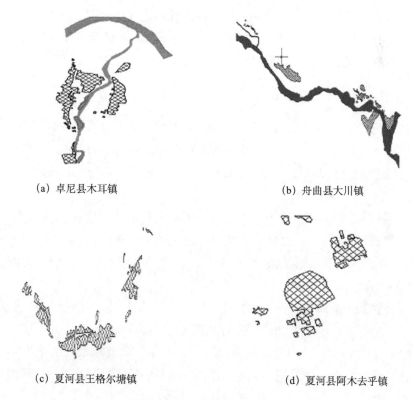

(a) 卓尼县木耳镇   (b) 舟曲县大川镇

(c) 夏河县王格尔塘镇   (d) 夏河县阿木去乎镇

图9-4　甘南藏族自治州城镇团状土地利用形态

夏河县王格尔塘镇位于夏河县东北部，距县城 35km，大夏河与格河在镇区南端交汇后，自南向北穿镇而过，城镇建成区分布在两山夹一河的狭长河谷地带，地形复杂，用地狭窄，不利于大面积成片建设利用，城镇沿河谷地带呈小组团状分布 [图 9-4 (c)]。现状建成区北起隆瓦林场，南至兰郎公路与王夏公路交汇处三叉口地段，南北长约 4km，东面以麻尕山为界，西面以大夏河为界，宽度在几十米至几百米，建成区总面积为 33.07hm^2。

夏河县阿木去乎镇位于夏河县南部，距县城 105km，"德台曲"河自西穿越该镇南部，镇政府所在地为山间谷地，地势由西北向东南倾斜，城镇建设因势利导，形成了西北部宗教寺院区和西南部行政、居民住宅区两大组团状的土地空间利用形态［图 9-4 (d)］。

二、城镇建设用地需求预测

（一）人口对城镇建设用地的需求

城镇建设用地随人口的增加而增加，建成区的人口密度反映了人口在建成区的聚居情况，故可通过城镇建成区人口密度系数来分析人口增加对城镇建设用地的需求情况。建成区人口密度系数的计算公式如下：

$$S_i = \frac{K_i}{u} \qquad (i=1, 2, \cdots, 16) \qquad (9\text{-}1)$$

式中，i 表示第 i 个城镇；K_i 为第 i 个城镇建成区的人口密度；u 为甘南藏族自治州城镇建成区的平均人口密度；S_i 为第 i 个城镇建成区的人口密度系数。

利用建成区人口密度系数，可将甘南藏族自治州人口对城镇建设用地的需求分为三类：

1）强需求型城镇（$S_i > 1.2$）：此类城镇有 3 个，包括夏河县拉卜楞镇（44.75）、卓尼县柳林镇（23.35）、临潭县城关镇（5.29）。

2）需求一般型城镇（$0.8 \leqslant S_i \leqslant 1.2$）：此类城镇有 2 个，包括舟曲县城关镇（1.09）和临潭县新城镇（0.98）。

3）弱需求型城镇（$S_i < 0.8$）：此类城镇有 11 个，包括舟曲县大川镇（0.77）、临潭县冶力关镇（0.37）、合作市（0.19）、迭部县电尕镇（0.17）、夏河县王格尔塘镇（0.16）、卓尼县扎古录镇（0.14）、夏河县阿木去乎镇（0.10）、玛曲县尼玛镇（0.08）、卓尼县木耳镇（0.05）、碌曲县玛艾镇（0.05）、碌曲县郎木寺镇（0.04）。

从人口增长对城镇建设用地的需求来看，半农半牧区的城镇建设用地需求普遍大于牧区。

（二）城镇建成区的人口弹性

城镇建成区随人口的增加而扩张，但城镇建成区扩展和人口增长的比例往往不一致，故可通过计算分析建成区的人口弹性系数，来揭示建成区扩展和人口增加的关系。建成区人口弹性系数的计算公式如下：

$$E_i = \frac{U_i}{P_i} \qquad (i=1, 2, \cdots, 16) \qquad (9\text{-}2)$$

式中，i 表示第 i 个城镇；E_i 为第 i 个城镇建成区的人口弹性系数；U_i 为第 i 个城镇建成区的面积增长速度；P_i 为第 i 个城镇建成区的人口增长速度。

基于城镇建成区的人口弹性系数，可将甘南藏族自治州城镇分为三类：

1）建设超前型城镇（$E_i > 1.1$）：此类城镇有 6 个，包括玛曲县尼玛镇（2.33）、碌曲县郎木寺镇（1.96）及玛艾镇（1.83）、临潭县冶力关镇（1.64）、卓尼县木耳镇（1.38）和扎古录镇（1.26）。

2）建设同步型城镇（$0.9 \leqslant E_i \leqslant 1.1$）：此类城镇有 4 个，包括迭部县电尕镇（1.08）、夏河县拉卜楞镇（1.03）、王格尔塘镇（0.94）和合作市（0.91）。

3）建设滞后型城镇（$E_i < 0.9$）：此类城镇有 6 个，包括夏河县阿木去乎镇（0.86）、卓尼县柳林镇（0.81）、临潭县城关镇（0.78）、舟曲县城关镇（0.73）、临潭县新城镇（0.71）和舟曲县大川镇（0.46）。

从城镇建成区的人口弹性系数来看，半农半牧区由于建成区人口多，城镇用地较紧张，从而多为建设滞后型或同步型城镇；而纯牧区由于建成区人口密度较小，城镇建设用地较为充足，多为建设超前型城镇。

（三）城镇建设用地对人口增长的响应类型

根据建成区人口密度和建成区的人口弹性系数，可将甘南藏族自治州城镇建设用地对人口增长的响应分为以下六类：

1）强需求建设同步型城镇（$S_i > 1.2$，$0.9 \leqslant E_i \leqslant 1.1$）：此类城镇仅有 1 个，为夏河县拉卜楞镇（$S_i = 44.75$，$E_i = 1.03$）。

2）强需求建设滞后型城镇（$S_i > 1.2$，$E_i < 0.9$）：此类城镇有 2 个，包括卓尼县柳林镇（$S_i = 23.35$，$E_i = 0.81$）、临潭县城关镇（$S_i = 5.29$，$E_i = 0.78$）。

3）需求一般建设滞后型城镇（$0.8 \leqslant S_i \leqslant 1.2$，$E_i < 0.9$）：此类城镇有 2 个，包括舟曲县城关镇（$S_i = 1.09$，$E_i = 0.73$）和临潭县新城镇（$S_i = 0.98$，$E_i = 0.71$）。

4）弱需求建设超前型城镇（$S_i < 0.8$，$E_i > 1.1$）：此类城镇有 6 个，包括临潭县冶力关镇（$S_i = 0.37$，$E_i = 1.64$）、卓尼县扎古录镇（$S_i = 0.14$，$E_i = 1.26$）、玛曲县尼玛镇（$S_i = 0.05$，$E_i = 2.33$）及玛艾镇（$S_i = 0.05$，$E_i = 1.83$）、卓尼县木耳镇（$S_i = 0.05$，$E_i = 1.38$）和碌曲县郎木寺镇（$S_i = 0.04$，$E_i = 1.96$）。

5）弱需求建设同步型城镇（$S_i < 0.8$，$0.9 \leqslant E_i \leqslant 1.1$）：此类城镇有 3 个，包括迭部县电尕镇（$S_i = 0.17$，$E_i = 1.08$）、夏河县王格尔塘镇（$S_i = 0.16$，$E_i = 0.94$）和合作市（$S_i = 0.19$，$E_i = 0.91$）。

6）弱需求建设滞后型城镇（$S_i < 0.8$，$E_i < 0.9$）：此类城镇有 2 个，包括舟曲县大川镇（S_i=0.77，E_i=0.46）和夏河县阿木去乎镇（S_i=0.10，E_i=0.71）。

（四）城镇建设用地规模预测

基于城镇空间形态和城镇建设对人口增加的响应，可确定甘南藏族自治州重点镇的空间分布状况与城镇人口弹性系数，并以此为依据确定各建制镇未来的土地利用指标。由于县城所在建制镇人口相对密集，居民的活动方式和居住方式与其他建制镇存在显著差异，因此，确定城镇建设用地规划指标时，应将县城和一般镇区分开。

1. 国家规定的城市建设用地指标

根据建设部（现住房和城乡建设部）1991 年颁布的《城市用地分类与规划建设用地标准》（表9-1），参照甘南藏族自治州已有的建设用地指标方案，确定各县（市）建制镇的建设用地指标。

表9-1 《城市用地分类与规划建设用地标准》人均用地指标分级表

指标级别	用地指标/（m²/人）
Ⅰ	60.1～75.0
Ⅱ	75.1～90.0
Ⅲ	90.1～105.0
Ⅳ	105.1～120.0

根据规定，新建城市的规划人均建设用地指标宜在第Ⅲ级内确定，当城市的发展用地偏紧时，可在第Ⅱ级内确定；现有城市的规划人均建设用地指标，应根据现状人均建设用地水平，按表 9-2 的标准确定。所采用的规划人均建设用地指标应同时符合该表中指标级别和允许调整幅度双因子的限制要求（调整幅度是指规划人均建设用地比现状人均建设用地增加或减少的数值）。边远地区和少数民族地区中地多人少的城市，可根据实际情况确定规划人均建设用地指标，但不得大于 150m²/人。因此，甘南藏族自治州城镇建设用地可根据经济发展水平和人口发展要求酌情放宽指标限制。

表9-2 现有城市规划人均建设用地指标 （单位：m²/人）

现状人均建设用地水平	允许采用的规划指标		允许调整幅度
	指标级别	规划人均建设用地指标	
≤60.0	Ⅰ	60.1～75.0	+0.1～+25.0
60.1～75.0	Ⅰ	60.1～75.0	>0
	Ⅱ	75.1～90.0	+0.1～+20.0

续表

现状人均建设用地水平	允许采用的规划指标		允许调整幅度
	指标级别	规划人均建设用地指标	
75.1～90.0	Ⅱ	75.1～90.0	不限
	Ⅲ	90.1～105.0	+0.1～+15.0
90.1～105.0	Ⅱ	75.1～90.0	−15.0～0
	Ⅲ	90.1～105.0	不限
	Ⅳ	105.1～120.0	+0.1～+15.0
105.1～120.0	Ⅲ	90.1～105.0	−20.0～0
	Ⅳ	105.1～120.0	不限
>120.0	Ⅲ	90.1～105.0	<0
	Ⅳ	105.1～120.0	<0

+指在规划人均建设用地标准的基础上可增加的幅度；−指可减小的幅度

2. 各县（市）的建设用地指标

1998 年编制的甘南藏族自治州土地利用规划与 2000 年各县（市）编制的县城总体规划均确定了城镇建设用地指标，但这两种指标的差距较大。根据 1991 年建设部颁发的《城市用地分类与规划建设用地标准》，甘南藏族自治州土地利用规划确定的城市建设用地标准明显超出了国家规定指标的最高上限，这不符合土地资源可持续发展原则。因此，以 2000 年各县（市）总体规划为基础，确定各县（市）的建设用地指标（表 9-3）。

表9-3　**甘南藏族自治州城镇建设用地指标**　（单位：m^2/人）

县（市）名	现状建设用地	指标分级	2030年建设用地
合作市	118.73	Ⅳ	118
临潭县	79.60	Ⅲ	97
卓尼县	90.16	Ⅱ～Ⅲ	95
舟曲县	92.30	Ⅱ	90
迭部县	125.20	Ⅳ	120
玛曲县	245.12	Ⅳ	150
碌曲县	150.40	Ⅳ	150
夏河县	141.40	Ⅲ	105

合作市作为甘南藏族自治州的首府驻地，是甘南藏族自治州的政治、经济、文化中心和人口集聚度最高的地区。该区地处甘南高原北侧，平均海拔 2000 多米，地势平坦开阔，土地资源相对丰富，城镇发展的空间自由度较大，因此可适当放宽人均用地指标。2000 年编制的《合作市城市总体规划（2011—2030 年）》

中，现状用地指标为 118.73m^2/人，规划 2005 年的城镇建设用地指标为 100m^2/人、2020 年为 102.38 m^2/人。为了进一步增强合作市的空间集聚能力，将 2030 年该市的城镇年建设用地指标确定为 118m^2/人。

玛曲县、碌曲县均处于高原面上，地多人少，为了给两县经济发展留足空间，结合国家标准中关于少数民族地区用地指标的规定，将 2030 年两县的城镇建设用地指标确定为 150m^2/人。

夏河县城镇人口数量较多，常年流动人口规模较大。但受地形限制，夏河县城镇主要分布在大夏河谷地，城市拓展空间有限。1999 年编制完成的《夏河县城市总体规划（1999—2020）》中，规划 2005 年城市建设用地指标为 127.75m^2/人、2020 年该指标下降为 96.43m^2/人。但是，夏河县拉卜楞镇人口密度系数为 44.75，城镇建设用地呈现强需求性，因此，将 2030 年夏河县城镇建设用地指标确定为 105m^2/人。

甘南藏族自治州临潭县、卓尼县、迭部县、舟曲县地处河谷地带，可利用土地资源有限，受河谷地形的影响，城镇建设向外拓展潜力不大，尤其地处白龙江河谷的舟曲县城，城镇拓展几乎无空间。

根据临潭县城总体规划，1999 年县城人均建设用地为 79.6m^2，2020 年人均用地为 93 m^2。通过合理地向外扩展和内部挖潜，该县城的城镇建设用地还可扩展。因此，将 2030 年临潭县城建设用地指标确定为 97m^2/人。

卓尼县城柳林镇地处洮河北岸冲积扇上，地势北高南低，土地资源潜力不足，1999 年县城人均用地为 90.16m^2，县城总体规划确定 2020 年人均建设用地指标为 87.47m^2。人口密度系数显示，柳林镇属于强需求性城镇。因此，将 2030 年柳林镇的城镇建设用地指标确定为 95m^2/人。

舟曲县受河谷地形限制，城镇建设用地极其有限，2000 年人均用地为 92.3m^2，县城总体规划确定的 2020 年建设用地指标为 100m^2/人。鉴于该县土地资源紧张，因此，按照国家标准 II 级指标确定舟曲县城建设用地指标，通过内部挖潜和"飞地型"拓展，2030 年该县县城的城镇建设用地指标达到 90m^2/人。

迭部县境内沟壑纵横，地形复杂。虽然人口密度较低，但城镇建设用地受限，城镇空间拓展潜力不足。县城位于该县东部，地处白龙江河谷地带，城镇建成区呈块状形态，主要分布在白龙江北岸阶地上，2000 年编制县城总体规划确定 2020 年的建设用地指标为 98m^2/人。未来，通过向外围拓展可解决城镇建设用地需求，因此将 2030 年的城镇建设用地指标确定为 120m^2/人。

3. 重点建制镇的城镇建设用地指标

重点镇用地指标依据县城用地指标和各镇实际用地状况而确定（表 9-4）。

表9-4 甘南藏族自治州建制镇居民点用地控制指标 （单位：m²/人）

城镇	现状用地指标	指标分级	2030年用地指标
临潭县新城镇	83.61	Ⅳ	115
临潭县冶力关镇	160.40	Ⅳ	130
卓尼县木耳镇	112.17	Ⅳ	115
卓尼县扎古录镇		Ⅲ	105
舟曲县大川镇		Ⅱ	90
碌曲县郎木寺镇		Ⅳ	130
夏河县阿木去乎镇	250.06	Ⅳ	125
夏河县王格尔塘镇	172.15	Ⅳ	140

4.城镇建设用地规模预测

（1）县域城镇建设用地规模预测

根据确定的城镇建设用地指标，可测算出各县（市）不同阶段的城镇建设用地规模。其中，合作市作为首位城市，其用地规模远远大于其他各县；东部四县（临潭县、舟曲县、迭部县、卓尼县）受地形限制，至2030年人均城镇建设用地规模较小；而玛曲、碌曲两县的人均城镇建设用地规模较大（表9-5）。

表9-5 2030年甘南藏族自治州县域城镇建设用地规模

县（市）名	人口规模/人	用地规模/hm²	县（市）名	人口规模/人	用地规模/hm²
合作市	113 457	1 338.79	迭部县	57 984	695.81
临潭县	185 111	1 795.58	玛曲县	74 412	1 116.18
卓尼县	122 120	1 160.14	碌曲县	36 976	554.64
舟曲县	170 111	1 531.00	夏河县	108 276	1 136.90

（2）重点镇城镇建设用地规模预测

根据确定的重点镇城镇建设用地指标，可测算出甘南藏族自治州重点镇的城镇建设用地规模（表9-6）。

表9-6 2030年甘南藏族自治州重点镇城镇建设用地规模

重点城镇	人口规模/人	用地规模/hm²	重点城镇	人口规模/人	用地规模/hm²
临潭县新城镇	9220	106.04	舟曲县大川镇	828	7.45
临潭县冶力关镇	3707	48.19	碌曲县郎木寺镇	1953	25.39
卓尼县木耳镇	3174	36.50	夏河县阿木去乎镇	928	11.59
卓尼县扎古录镇	3218	33.79	夏河县王格尔塘镇	1547	21.66

三、城镇土地利用拓展模式

城镇建设用地扩张是城镇化最为显著的特征之一，对城镇建设用地的优化与整合是"城镇—经济—社会—生态"系统可持续发展的重要保证。在城镇规划中应针对城镇特征及其城镇化阶段采用适宜的城镇建设用地空间拓展模式。在城镇化初期，可采用收敛型与扩张型相结合的方式拓展城镇建设用地及其发展空间；在城镇化中期，应以收敛型拓展模式为主，必要时结合扩张型拓展模式确定城镇建设用地的容量与规模；在城镇化后期，则应注重城镇建设用地的内部增长，以城镇建设用地规模控制为主，减少不必要的扩张，降低城镇建设用地对耕地及生态用地的破坏。

从当前城镇人口增加对城镇建设用地的需求看，虽然甘南藏族自治州大多数城镇的人口建设用地需求都较弱，但随着城镇化水平的不断提高，城镇建设用地空间拓展的需求将有所加强，因此，确定合理的城镇建设用地规模和空间扩展方向对城镇发展具有重要的指导意义。基于各城镇的土地利用空间形态及其土地利用潜力，未来甘南藏族自治州城镇建设用地空间拓展可采取收敛型（填充型）和扩张型（外延型）两种模式，其中，收敛型（填充型）拓展包括点状填充、块状填充、带状填充三种模式，扩张型（外延型）拓展包括单中心外延、多中心外延、飞地式外延三种模式（图9-5）。

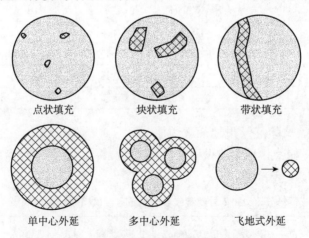

点状填充　　　　块状填充　　　　带状填充

单中心外延　　　　多中心外延　　　　飞地式外延

图 例　▭ 现状建设用地　▨ 新增建设用地

图9-5　城镇建设用地空间拓展模式

（一）收敛型（填充型）拓展模式

收敛型（填充型）拓展模式是指在已经形成的城镇实体区域内进行空隙填

充，主要适用于城镇发展受地形、道路、河流等因素限制或城镇化发展阶段较高的城镇。如果城镇建设中出现建成区空间上分离，建成区之间存在部分低效率用地或闲置地，在规划未来土地利用时应采用填充的方式，通过充分开发利用建成区之间的低效率用地和闲置地，逐步形成较为紧凑的土地利用模式。

1. 点状填充拓展模式

夏河县城建设用地主要沿大夏河呈东西向延伸，现状建设用地布局东部集中西部分散，在整体上城镇建设用地的紧凑度较差。未来，可充分利用城镇建设用地各地块之间的零散地，以点状填充的方式对城镇建设用地进行空间拓展，使城镇建设用地更为紧凑，表现出整片开发和带形发展的城镇建设用地空间拓展策略（图9-6）。

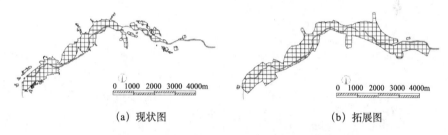

(a) 现状图   (b) 拓展图

图9-6 夏河县城建设用地现状图与拓展图

2. 块状填充拓展模式

碌曲县城地处洮河谷地，洮河南北两岸地势平坦，城镇建设用地依托山河骨架分布在河谷两岸，目前建设用地主要集中在河流北岸，南岸仅有很小的几块建设用地，且南北两岸建设用地分离，缺少应有的联系。未来，可在河流南岸增加一块建设用地，形成与南北两岸组团协调发展的用地格局（图9-7）。

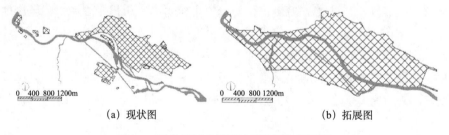

(a) 现状图   (b) 拓展图

图9-7 碌曲县城建设用地现状图与拓展图

3. 带状填充拓展模式

大川镇和王格尔塘镇受地形条件的制约用地较为散乱，目前建设用地呈小组团分散状布局，建成区之间联系较为松散。未来，可充分利用城镇建设用地沿河流布局的有利条件，采用带状填充的方式拓展城镇建设用地空间，把现有建成区之间的零散用地通过新增的条带状建设用地连成一片，形成沿河流呈带状延伸发展的紧凑型城镇空间形态（图9-8，图9-9）。

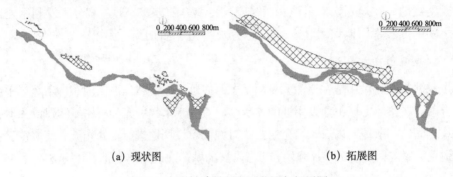

(a) 现状图　　　　　　　　　　　　　　(b) 拓展图

图9-8　大川镇建设用地现状图与拓展图

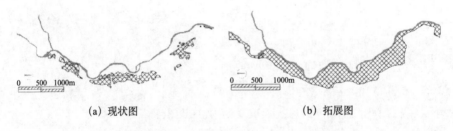

(a) 现状图　　　　　　　　　　　　　　(b) 拓展图

图9-9　王格尔塘镇建设用地现状图与拓展图

（二）扩张型（外延型）拓展模式

扩张型（外延型）拓展模式是指各类城镇设施和建筑物在城镇化地域的外围区域进行开发建设，因而造成建成区的圈层式扩张。主要适用于城镇现有建成区外部存在适宜建设的土地，城镇化初期和中小城镇可采用扩张型城镇建设用地空间拓展模式，城镇建设用地从建成区边缘沿道路和河流呈指状或带状由内向外扩展。但采用该模式时，应按照"适度控制，逐步推移，功能互补，结构优化"的原则，采取适当的措施以防止城镇建设用地无序蔓延，将外延拓展和填充扩展有机结合起来，通过提高容积率和土地利用效率，实现集约型土地利用的适度扩展。

1.单中心外延拓展模式

玛曲县城和郎木寺镇都是在商业点的基础上逐渐发展起来的城镇，城镇建设用地空间形态表现为以商业用地为中心，以河流和道路交通为发展轴，由内呈单中心向外推移。未来，可在城镇现状建设用地的基础上采用外延式逐步拓展的方式增加城镇建设用地，形成用地结构较为紧凑的整体发展格局（图9-10，图9-11）。

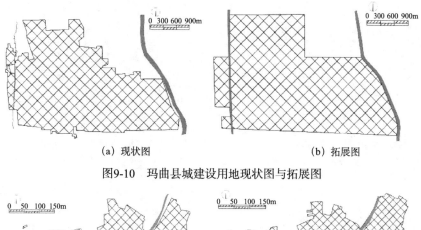

(a) 现状图　　　　　　　　　(b) 拓展图

图9-10　玛曲县城建设用地现状图与拓展图

(a) 现状图　　　　　　　　　(b) 拓展图

图9-11　郎木寺镇建设用地现状图与拓展图

2. 多中心外延拓展模式

　　阿木去乎镇和木耳镇的现状建设用地呈多中心分散式布局，城镇土地利用分散，利用效率较低。在城镇建设用地拓展中，应对城镇现状建设用地进行整合，通过多中心外延的方式对城镇现状建设用地进行拓展，最终形成相对紧凑的城镇建设用地空间布局形态（图 9-12，图 9-13 ）。

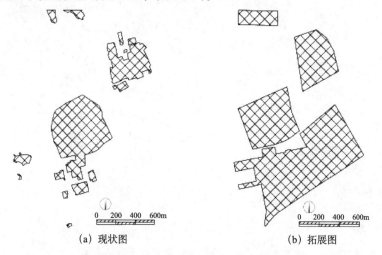

(a) 现状图　　　　　　　　　(b) 拓展图

图9-12　阿木去乎镇建设用地现状图与拓展图

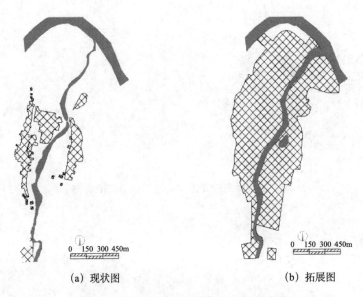

(a) 现状图　　　　　　　　　　(b) 拓展图

图9-13　木耳镇建设用地现状图与拓展图

3. 飞地式外延拓展模式

合作市区和冶力关镇都位于河谷盆地，地势较为平坦且地域面积相对开阔，城镇建设用地扩展的空间较大，同时也都是城镇化和旅游业发展较快的地区，城镇建设用地的空间扩展方向受优势资源和旅游资源分布的影响较大。为了吸收周边的优势资源为城镇发展所服务，未来，可将其优势资源地区纳入到城镇建设用地范围之内，形成独立于原有城镇建设用地之外的飞地（图9-14，图9-15）。

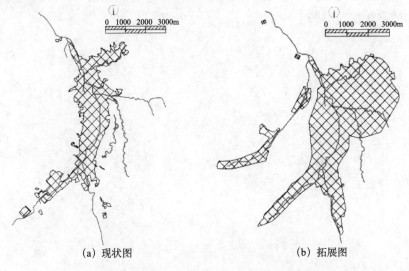

(a) 现状图　　　　　　　　　　(b) 拓展图

图9-14　合作市区建设用地现状图与拓展图

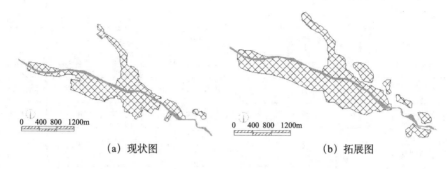

（a）现状图　　　　　　　　　　（b）拓展图

图9-15　冶力关镇建设用地现状图与拓展图

四、城镇发展的空间管治

城镇发展的空间管治以跨行政、行业界限的空间资源环境保护与发展协调为主要对象，对跨行政界限的空间资源进行统一保护与权益分配，协调中央、地方、非政府组织等多组织利益，促进资本、土地、劳动力、技术、信息、知识等生产要素综合相融。基于甘南藏族自治州在国土开发主体功能区中的限制开发区定位与城镇体系重构思路，可将区域开发管治分为严格保护区、控制开发区和规划引导区。

（一）严格保护区

1. 国家和省级自然保护区

（1）管治区与管治依据

甘南藏族自治州有2个国家自然保护区，分别为尕海-则岔自然保护区与莲花山自然保护区；有8个省级自然保护区，分别为洮河自然保护区、白龙江阿夏自然保护区、多儿自然保护区、黄河首曲自然保护区、青藏高原土著鱼类自然保护区、郭扎沟紫果云杉自然保护区、迭部县大鲵自然保护区及插岗梁自然保护区（表9-7）。

表9-7　甘南藏族自治州自然保护区名录

名称	所属市县	主要保护对象	类型	级别	始建时间
尕海-则岔自然保护区	碌曲县	珍稀动植物种及森林和湿地生态系统	野生动物	国家级	1995年10月
莲花山自然保护区	卓尼县	森林生态系统	森林生态	国家级	1982年12月
洮河自然保护区	卓尼县	天然林	森林生态	省级	2004年1月

名称	所属市县	主要保护对象	类型	级别	始建时间
白龙江阿夏自然保护区	迭部县	大熊猫及其生境	野生动物	省级	2003年1月
多儿自然保护区	迭部县	大熊猫及其生境	野生动物	省级	2003年1月
黄河首曲自然保护区	玛曲县	珍稀鸟类及其生境	野生动物	省级	1992年1月
青藏高原土著鱼类自然保护区	玛曲县	土著鱼类	野生动物	省级	2005年1月
郭扎沟紫果云杉自然保护区	卓尼县	紫果云杉	森林生态	省级	1982年7月
迭部县大鲵自然保护区	迭部县	大鲵及其生境	野生动物	省级	2003年1月
插岗梁自然保护区	舟曲县	大熊猫及其生境	野生动物	省级	

自然保护区的管治主要依据《中华人民共和国自然保护区条例》执行，环境保护、林业、农业、地质矿产、水利、海洋等有关行政部门在各自职责范围内主管相关的自然保护区。

（2）管治内容

对划定的自然保护区实施严格的保护措施，确保实现生态保护和资源保护目标。严格保障各类自然保护区空间地理界限不受侵蚀。各自然保护区与居民稠密区、重大基础设施之间应建立隔离防护带。其内部管治应以生态保护为主、生态修复为辅，严格控制旅游、休闲、观光等设施建设，严格防止各类污染和生态污染。

在自然保护区的核心区和缓冲区内，不得建设任何生产设施。禁止任何人进入自然保护区的核心区，科学研究需经过严格的审批手续。禁止在自然保护区的缓冲区开展旅游和生产经营活动。在自然保护区的实验区内，不得建设污染环境、破坏资源或者景观的生产设施；建设其他项目，其污染物排放不得超过国家和地方规定的污染物排放标准，超过的应限期治理，已造成损害的应采取补救措施。在自然保护区的实验区和缓冲区进行参观、旅游必须经过相关自然保护区行政主管部门批准。

因发生事故或者其他突然性事件，造成或者可能造成自然保护区污染或者破坏的单位和个人，必须立即采取措施处理，及时通报可能受到危害的单位和居民，并向自然保护区管理机构、当地环境保护行政主管部门和自然保护区行政主管部门报告，接受调查处理。

2. 国家和省级森林公园

（1）管治区与管治依据

甘南藏族自治州有 5 个国家级森林公园和 2 个省级森林公园（表 9-8）。主要依据《中华人民共和国森林法》、林业部《国家级森林公园管理条例》等法规和森林公园规划开展保护和合理利用。

表9-8　甘南藏族自治州森林公园名录

名称	所属市县	级别
冶力关国家森林公园	卓尼县、临潭县	国家级
沙滩国家森林公园	舟曲县	国家级
腊子口国家森林公园	迭部县	国家级
大峪国家森林公园	卓尼县	国家级
大峡沟国家森林公园	舟曲县	国家级
则岔森林公园	碌曲县	省级
合作森林公园	合作市	省级

（2）管治内容

禁止在森林公园毁林开垦和毁林采石、采砂、采土及其他毁林行为；禁止采伐森林公园的林木，必须遵守有关林业法规、经营方案和技术规程的规定。严禁破坏森林公园的森林和野生动植物资源；禁止随意占用、征用或者转让森林公园经营范围内的林地。

做好植树造林、森林防火、森林病虫害防治、林木林地和野生动植物资源保护等工作。

3. 重点农田和草场保护区

（1）管治区与管治依据

重点农田和草场保护区是指对基本农田和重点草场实行特殊保护而依据土地利用总体规划和依照法定程序确定的特定保护区域。

甘南藏族自治州人均耕地有限，土地生产力水平低，粮食生产长期不能自给，严重影响国民经济的发展，为此应按照《甘肃省基本农田保护条例》，划定重点农田保护区，实行耕地用途管治。甘南藏族自治州基本农田保护面积达 574km^2，应将全州的水浇地、城镇郊区菜地，作为一级保护区，保护率达 97% 以上；川旱地、梯田作为二级保护区，保护率达到 97% 以上；山旱地为三级保护区，保护率要达到65%以上。同时，应通过设立重点草场保护区，制定重点草场管理办法，实行牧草地的用途管制制度，加强重点草场保护。

主要依据《基本农田保护条例》、《中华人民共和国草原法》、《甘南藏族自治州草原管理办法》进行严格管治。

（2）管治内容

a. 重点农田管治内容

切实采取措施，保证基本农田保护区的基本农田数量不减少。任何单位和个人不得改变或者占用。国家能源、交通、水利、军事设施等重点建设项目选址确实无法避开基本农田保护区，需要占用基本农田、涉及农用地转用或者征用土地的，必须经国务院批准。经国务院批准占用基本农田建国家重点建设项目的，必须遵守国家有关建设项目环境保护管理的规定，在建设项目环境影响报告书中，应当有基本农田环境保护方案。

必须占用基本农田的单位，应当按照占多少、垦多少的原则，负责开垦与所占用基本农田的数量与质量相当的耕地；没条件开垦或者开垦的耕地不符合要求的，应当按照省、自治区、直辖市的规定缴纳耕地开垦费，专款用于开垦新的耕地。

严格限制或禁止在基本农田保护区进行非农建设，严禁进行可能导致农业污染、破坏土地环境的经营活动。禁止任何单位和个人闲置、荒芜基本农田。鼓励本地区的非农土地、闲置土地等转为农业用地。

b. 重点草场管治内容

合理利用草地，恢复和提高草地生态－生产效能。摒弃掠夺式草地资源利用模式，实行以保护草原生态环境和资源为基础的现代草畜业；分区实施禁牧、轮牧、休牧等制度；实施补播、除莠、施肥、灌溉、划草皮、鼠害防治等措施，培育改良草原，加快草原更新；建设人工草场，提高饲草饲料生产水平；开展草原资源与生态环境的监测，建立草原生态预警体系（图9-16）。

建立放牧－舍饲制度，发展现代草地生态养殖业。退耕还草，实现草产品生产专业化；建立粗放管理的繁育和集约经营的育肥生产系统；实行划区轮牧，完善棚圈配套设施建设；优化畜群结构，提高繁殖率；利用杂种优势，加快畜群周转，发展特种养殖业。

控制载畜量，建立草畜平衡制度。大力推行草原围栏，加强草原水利建设，控制载畜量，提高出栏率；建立异地育肥制度，实施牧区繁育、农区育肥，减轻对草原的压力；依靠科技进步，保障草畜平衡的顺利实施。

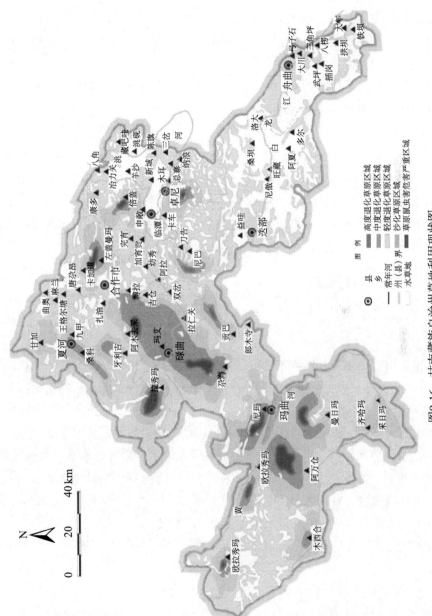

图9-16 甘南藏族自治州草地利用现状图

4. 城镇水源地保护区

（1）管治区与管治依据

水源地保护区是指为城镇发展和人民生活提供水资源的水源地保护区，主要分布在城镇周围的水库、泉水、地下水汇集和赋存地带等地区。具体以各城镇规划确定的水源保护区为准。

水源地保护区的保护严格按照《中华人民共和国水法》和各城镇规划水源保护规划进行严格保护。

（2）管治内容

禁止各类污染源进入城镇水源地及其保护区，禁止受污染的水流向水源地保护区，不得向水源地保护区排放环境污染物；鼓励在水源地保护区进行植树种草，以净化环境、涵养水源；严禁在水源地及其附近地区进行矿产开采、搞地下建筑和大型建筑，防止水源地保护区的地质构造和植被遭到破坏；水源地保护区的土地不得作为与水源保护无关的建筑用地使用（图9-17）。

（二）控制开发区

1. 甘南黄河重要水源补给生态功能区

（1）管治区与管治依据

甘南黄河重要水源补给生态功能区位于甘南藏族自治州西北部，包括该州的玛曲、碌曲、夏河、卓尼、临潭和合作5县1市，属黄河流域（长江支流白龙江亦发源于该区西倾山东北端），总面积为3.057万km²，占甘南藏族自治州土地总面积的67.9%。由于该区生态环境日趋恶化，致使水资源涵养功能急剧减弱，补给黄河的水资源大幅减少，导致黄河中下游广大地区旱涝灾害频繁、河水断流，直接威胁到整个黄河流域的生态安全。国家"十一五"规划纲要将该区列入限制开发类主体功能区，甘肃省也将甘南黄河重要水源补给生态功能区的生态保护和建设项目列为全省"十一五"规划的十大重点工程之一。

根据已经编制完成的《甘肃甘南黄河重要水源补给生态功能区生态保护与建设规划》实施管治。

（2）管治内容

该区的功能定位为黄河上游重要生态功能区和全国生态重点治理区。该区实施管治的基本思路为立足本区域，面向全流域，紧紧围绕"增强黄河水资源补给功能、稳定黄河水资源补给"的目标，适度扩大封禁范围、强化保护力度、扩大治理规模。通过从区内退出不合理的生产经营活动，妥善安排好牧民群众的生活

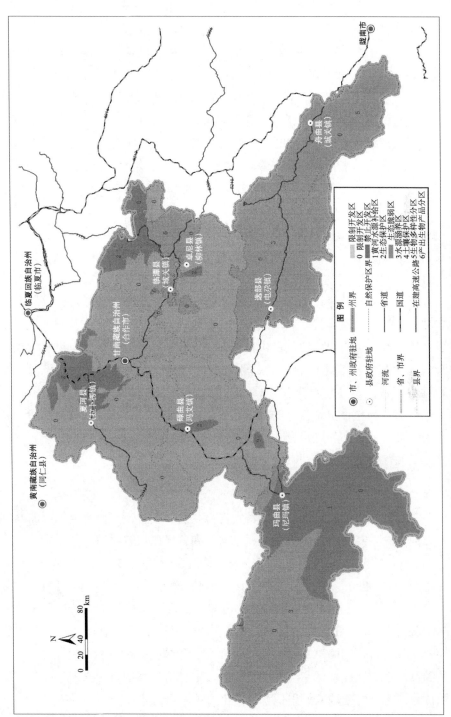

图9-17 甘南藏族自治州城镇发展的空间管治图

生产，逐步减轻天然草原的生态负荷，使畜牧业生产与自然生态相适应，实现生态良好、水源补给能力提高、经济可持续发展、群众生活富裕。

管治内容包括：通过实施退牧还草、退耕还林、已垦草原修复与建设、游牧民定居等工程，采取禁牧、减畜和定居等退出措施，使生态环境得到有效恢复；通过建立自然保护区、开展围栏建设、禁牧休牧、草原防火、封山育林、森林防火、湿地植被恢复等保护措施，保护湿地、天然草原、生物多样性集中区等生态功能区，使该区域的生态功能得到有效发挥；通过沙化草原及流动沙丘综合治理、草原鼠害防治、盐渍化草原综合治理、黑土滩综合治理和小流域治理等工程，对部分生态退化较严重，难以自然恢复的地段，辅以人工措施，加速生态恢复。

结合新农村建设，加强游牧民定居点建设，引导农牧民逐步改变生活方式。在牧民自愿的前提下，使藏族牧民从游牧转变为定居、半定居，为发展村镇经济创造条件。同时，实施牧民新村建设、人畜饮水及农村能源建设工程，改善农牧民的生活环境；建设暖棚、生态农牧业等生产设施，开展暖棚养殖，发展高效生态农牧业，提高牲畜出栏率和商品率，降低牲畜存栏数，改变农牧民的生产方式，发展特色产业，为民族地区新农村建设和农牧区小康建设奠定基础；牧民定居点建设、生态农牧业建设等对生态环境干扰较大的人工措施，要先试点、示范，再逐步实施；通过开展技术培训和技术服务，提高农牧民的科技文化素质，为开展生态保护与建设奠定良好的基础；建立健全有关法律法规，加强监管能力建设，塑造良好的生态环境建设软环境。

2. 白龙江流域甘南段生态功能保护区

（1）管治区与管治依据

白龙江属长江水系嘉陵江的一级最大支流，发源于甘南藏族自治州碌曲县郎木寺镇以西的郭尔莽梁北麓，流向由西北向东南，经四川若尔盖、甘肃碌曲、迭部、舟曲、武都、文县后，再入四川，东南流至昭化汇入嘉陵江，全长 576km，流域面积为 31 808km²。其中，在甘南藏族自治州境内流程达 191.5km，占总流程的 33.25%，流域面积达 8059km²，占总流域面积的 25.34%，年径流量为 $27.44 \times 10^8 m^3$，是白龙江的源头区域。该区域是甘肃省的主要林区，现有森林面积 769 km²，草原面积 1096.3 km²，江河、湖泊、湿地水域面积 268.4 km²，是长江上游的重点水源涵养林区和重要生态屏障，生态功能和生态地位十分重要。然而，因白龙江流域甘南段大量采伐森林，生态环境遭到严重破坏，导致水土流失严重、地质灾害加剧、自然灾害频发、水源涵养能力下降、径流量减少。

主要依据《长江上游白龙江流域甘南段（碌曲、迭部、舟曲三县）生态功能修复与水土流失及地质灾害综合整治项目规划》实施管治。

（2）管治内容

甘肃省主体功能区规划将白龙江流域甘南段列为限制开发区中的"白龙江流域水土保持与生物多样性生态功能区"，功能定位为"长江上游生态屏障、全国性的生态功能区、水源涵养和生物多样性保护地带，全省绿色产业示范基地"。主要管治内容包括：

以保护生态为前提，以做好白龙江流域水源涵养林草保护为重点，实施天保工程、重点公益林建设工程、退耕还林（草）工程、封山育林工程、荒山造林工程、苗木基地建设、森林防火体系建设、林业病虫害防治项目、林区群众住房防火及榻板房改造、退牧还草工程、草原综合治理工程、草原防火工程、湖泊沼泽湿地保护等生态修复工程，切实增强长江上游水源涵养能力和生态屏障功能。

以工程措施为主，在地质灾害频发的舟曲县、迭部县重点实施坡耕地治理、小型水利水保工程、植物防护工程、白龙江流域水土流失治理及泥石流滑坡整治工程、地质灾害避险搬迁工程等综合治理项目，切实提高该流域水土流失治理和地质灾害防治能力。

依托"白龙江流域水土保持与生物多样性生态功能区"的自然资源，以改善民生为核心，以发展地方经济为基础，按照因地制宜的原则，重点实施特色种植业基地建设（青稞、油菜、小杂粮）、林果业（花椒、苹果、核桃、油橄榄）基地建设、舍饲畜牧业及人工饲草料基地建设、日光节能温棚建设（高原夏菜）、白龙江沿岸土地开发整理（包括中低产田改造、土地复垦、农田灌溉等配套设施建设）、农牧村能源建设（包括农牧村小水电、太阳能、沼气等能源建设）、旅游业基础设施建设、水电站建设、优势矿产资源开发加工等项目，促进县域经济发展，稳步提高农牧民生产生活水平。

（三）规划引导区

1. 城镇规划建设区

（1）管治区与管治依据

城镇规划建设区指各级城镇的规划区，具体包括合作市市区、7 个县城建成区、15 个重点镇和 15 个一般建制镇镇区。

主要依据各个城镇的总体规划和土地利用规划实施管治。

（2）管治内容

改善体制环境，努力克服城镇发展的制约因素，提升城镇综合实力，继续强化极化效应，将其建成全州人口和产业集聚的主要载体；优化城镇的管理和服务职能，扩大对周边农牧区的辐射和带动作用。

要明确划定城镇规划区范围和城镇建设用地范围，建设和用地方向不能违背其所在区域的主要生态功能定位。对于城镇商业中心、城镇公共设施用地及高密集、中密集和低密集城镇生活区，要按照相应的技术规范配备完善相应设施，容积率、绿地率和停车位都应符合技术规范要求。

城镇新兴产业区要配置必要的产业服务功能；城镇传统产业区要提高环境标准，通过改造逐步完成产业升级；城镇绿地禁止被占用进行建设和开发；城市规划区的乡镇企业应在工业区集中建设。

2. 历史文化遗产保护区

（1）管治区与管治依据

甘南藏族自治州境内有拉卜楞寺、甘加八角城城址、俄界会议会址 3 处国家级重点文物保护单位（表9-9）；有明代洮州卫城、牛头城遗址、磨沟遗址、李家坟墓群，苏维埃旧址等17处省级重点文物保护单位（图9-18）。主要参照《中华人民共和国文物保护法》等相关法规进行管治。

表9-9　甘南藏族自治州国家级重点文物保护单位名录

名称	概况
拉卜楞寺	位于甘肃省夏河县城西北，建于清代康熙四十八年（1709年），是全国重点文物保护单位，国家4A级旅游景区，藏传佛教格鲁派六大宗主寺院之一，是西藏以外，藏传佛教格鲁派的又一中心和西北地区藏传佛教最高学府之一。拉卜楞寺内还存有大量历史文物与古经卷，其中包括清朝政府、北洋政府及达赖、班禅多次颁赐的封诰、册文、印鉴等。寺内存有大量的壁画等历史古籍文物，是少数民族原始的生产、生活遗存和藏族宗教文化发展的各阶段的重要见证，也是我国文化遗产的重要组成部分
甘加八角城城址	位于夏河县城北35km大夏河（古称漓水）支流央曲河上游且隆沟内台地上，海拔在2886.6m。出且隆沟经达怀羌城（即麻当古城）、土门关，直通临夏。西边是广阔的大草原，其西北通过达力加山隘口，可直通青海。1981年甘肃省人民政府公布八角城城址为省级文物保护单位，2006年5月被列入第六批全国重点文物保护单位。八角城在历史上沟通汉人与其他民族关系、疏通贸易渠道及和平友好往来起到了积极的作用
俄界会议会址	主要包括次日那毛泽东旧居、腊子口战役遗址，国务院于2006年将俄界会议旧址、次日那毛泽东旧居及腊子口战役旧址合三为一，列入第七批全国重点文物保护单位。腊子口也被列入全国红色旅游精品线和全国青少年爱国主义教育基地

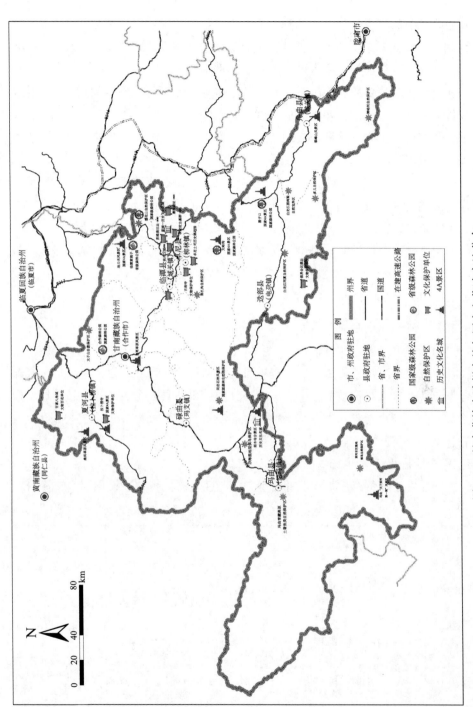

图9-18 甘南藏族自治州自然与历史文化遗产地分布

（2）管治内容

必须分类编制保护规划，达到相应级别的保护要求。按照文化遗产保护优先的原则，做好城镇文化遗产保护，特别应加强濒临破坏的历史实物遗存抢救和保护工作；对已不存在的文物古迹一般不提倡重建。

文物保护单位要遵循不改变文物原状的原则，保存历史原貌和真迹；历史文化保护区要保存历史的真实性和完善性，合理确定规模；对于历史文化名城，不仅要保护城市的文物古迹和历史地段，还要保护和延续古城历史格局和风貌，继承和发扬城市传统文化。

注重与周围环境的关系，应在历史文化与其他建设区之间划出一定的空间区域作为隔离、保护及过渡性地带。对尚未列入保护的文物及历史文化地段，应参照有关规定进行保护，并及时进行鉴定，对有价值者申请相应保护级别。

历史文化遗产保护区同时也是甘南藏族自治州重要特色旅游资源富集区，按照旅游业发展规划，合理处理历史文化遗产保护与旅游业发展的关系；旅游开发项目要注意区域完整性和特色延续性。

3. 农牧民定居工程项目区

（1）管治区与管治依据

甘南藏族自治州游牧民定居工程项目区包括玛曲、碌曲、夏河、卓尼、临潭和合作5县1市，共建设182个定居点。其中：玛曲县8个乡（镇、站、场）建41个定居点；碌曲县7个乡镇建22个定居点；夏河县10个乡镇建32个定居点；卓尼县12个乡镇建25个定居点；临潭县7个乡镇建36个定居点；合作市6个乡建26个定居点（表9-10）。

依据甘肃甘南黄河重要水源补给生态功能区生态保护与建设规划实施管治。

表9-10 甘南藏族自治州农牧民定居工程项目区

县（市）名	城镇型居民点	村舍型居民点	分散型居民点
合作市	那吾乡早子村1个	那吾乡大绍玛、录豆昂、安毛、仁子拉玛、尕绍玛、江卡拉、旦子昂、安高娄、阿木去乎昂村，佐盖多玛乡德合茂、新寺村，佐盖曼玛乡加禾村，卡加道乡乃合村，勒秀乡南木娄、知合么村、参木道村、安果儿村，卡加曼乡麻岗、加拉、格来村、牙娄，共21个	卡加道乡木道村，勒秀乡仁子村、咱洒村，佐盖多玛乡当江村，共4个
玛曲县	采日玛乡采日玛村、欧拉乡、欧拉秀玛乡、尼玛镇萨合新村、阿万仓乡、曼日玛乡、河曲马场场部，共7个	尼玛镇秀玛村、完玛村、贡% 村，阿万仓乡曲麦洒桑、红原村、红旗村、沃特村，欧拉乡哇尔合村、达尔庆村、曲河村，木西合乡西合强村、木拉村，齐哈玛乡郭擦村、哇尔义村、吉勒合村、国庆村、塔瓦村，采日玛乡上乃日玛村、麦科村、阿孜村、下乃日玛村、秀昌村、采日玛村，曼日玛乡夏休、耀达尔村、智合桃村、河曲马场一队、河曲马场五队、尕加村、欧拉秀玛乡当庆村，共30个	阿万仓乡、欧拉秀玛乡、采日玛乡、欧拉乡、齐哈玛乡，共5个

续表

县（市）名	城镇型居民点	村舍型居民点	分散型居民点
碌曲县		尕海乡加仓村、秀哇村、郎木寺镇贡巴村、仁尕玛村、双岔乡洛措村、二地村、青禾村、毛日村、尕海乡加仓村、尕秀村、玛艾镇玛艾村三组、西仓乡土方则岔村、加科村、贡去乎村、拉仁关乡则岔村、唐科村、阿拉乡田多村，共17个	郎木寺镇波海村、尕尔娘村，阿拉乡博拉村，玛艾镇加格村，尕海乡尕海，共5个
夏河县		桑科乡齐乃合其卡村、王府村，甘加乡哇代村、卡加村、仁青村、哇塔村，阿木去乎镇加科二组、加科村、完垦村，麻当乡格尔仓村、甫黄村、牙乃村、麻当村、亚休村、夏格岛村、东山村、达麦乡洒乙昂村、周曲山村、黄茨滩村、扎油乡怀洒村、娄么村，唐尕昂乡知合么村、水龙村，科才乡赞布宁村、科才村、曲奥乡上桦林村、大草滩村、中桦林村、太阳沟村、石拐村，吉仓乡尕口村、木道村，共32个	
卓尼县		申藏乡上古巴村、小沟村、西当村，完冒乡康木车村，木耳镇石灰窑村、多坝村、麻地湾村、柳林镇下所藏村、奤盖川村、上所藏村、扎古录镇麻路村、牙地村、强岔村、地利多村、玉古村、迭当什村，喀尔钦乡沙地村、康多乡白土咀、纳浪乡小板子村、朝勿村、大乍村、藏巴哇乡石达滩村、恰盖乡脑索村、刀告乡尕贡巴村，河子滩乡宁古村，共25个	
临潭县		石门乡三旦口、梁家坡、大桥关、占旗河、大河桥，冶力关镇池沟新村、蕙家、洪家、庙滩、关街、岗沟，洮滨乡上堡、秦关、上川、郑旗、常旗、新堡、巴杰、总寨，术布乡术布、牙关、扎乍、鹿儿台、古战山、亦子多，王旗乡冏家寺、斜路、立新、陈庄、马旗，羊沙乡大草滩、羊沙、新庄、下河、干沟，新城镇后池村，共36个	

（2）管治内容

生态优先，减轻草场压力，实现草畜平衡。游牧民定居工程首先是一项生态保护工程，应通过定居尽可能地减少对生态环境的不利影响，把游牧民定居与退牧还草等项目结合起来，科学合理地确定草场载畜量，减轻草场压力，实现草畜平衡。

政府指导和群众意愿相结合。应按照生态保护与产业发展及新农牧村建设的要求，对游牧民定居工程进行科学规划，提出指导性意见。要广泛征求农牧民群众对定居点选择、住房结构户型选择、产业发展方向等方面的意见，提出政府倡导与群众意愿相结合的建设方案。

游牧民定居工程建设资金采取群众自筹为主、国家补助为辅的方式。其中，农牧民定居住房和暖棚等生产设施的建设采取群众自筹为主、国家补助为辅的方式；农牧民定居水、电、路、广播电视、通信、学校、卫生室、村委会等基础设施和公共服务设施由政府筹资建设。要采取多种措施，多方整合资金，提高建房补助标准，最大限度地减轻农牧民负担。

游牧民定居工程项目应实行统一规划、分类实施。住房建设采取政府统一规划，群众自建为主的方式，个别没有自建能力的由政府统一承建，群众参与监督管理；水、电、路、广播电视、通信、学校、卫生室、村委会等基础设施和公共服务设施，由州、县市行业主管部门筹措资金组织建设。

基础设施、公共服务设施和政府承建的部分农牧民住房项目，应按照国家基本建设有关规定，实行法人责任制、招投标制、合同管理制和监理制，确保工程质量。

第二节　区域发展的空间管治

一、区域发展空间管治的任务、目标与原则

（一）空间管治任务

甘南藏族自治州城乡空间管治应该从区域空间基础条件及主要问题出发，在强调政府掌握区域空间资源配置权的前提下，充分发挥公众参与及市场调节作用，针对高原生态系统保护、城乡用地和空间整合、动态技术管理方法创新等方面，明确市域内各类土地与空间资源的管治措施，在配置空间资源、调控规划建设行为过程中予以满足和应对。管治的重点是对州域内生态系统的保护、城镇和乡村空间布局重构及近期建设重点的控制。

（二）空间管治目标

通过明确区域城乡空间开发管治范围，制定严格的生态环境及资源保护措施，为各类开发建设行为规定必须遵守的行动纲领和行为准则。空间管治是为了协调城乡发展、资源综合利用、生态环境保护、风景名胜区保护与管理、历史文化遗产保护、重大基础设施建设、城市生命线系统安全等方面而制定的强制性内容，通过划定非城镇建设用地，避免城镇建设用地在空间上的盲目扩张，从而达到保护自然生态环境、保护物种多样性和历史文化遗产，建设自然生态和城市生态相交融的富有活力的城乡协调发展格局。

甘南藏族自治州城乡地区空间管治目标是按照科学发展观的要求和城乡统筹的思路，在全面保护高原生态系统、维护国家生态安全、促进民族团结、保持高质量环境基础上促进城乡空间有序、合理发展，促进少数民族区域的协调发展。

1. 促进城乡经济、社会可持续发展

统筹区域内城乡资源，促进城乡地区经济持续发展、社会全面进步、资源永续利用、环境不断改善、生态良性循环。

2. 保护高原生态环境，维护国家生态安全

保护区域内草地、森林资源、传统风貌资源、非物质文化资源，保护高原生态环境，维护国家生态安全，促进少数民族地区发展，保持并提高空间环境品质。

3. 统筹区内基础设施建设，保护战略性资源

协调与统筹区域内重大交通设施、重大基础设施的规划控制及共建共用，防止对战略性空间资源的破坏和低效使用。

4. 优化城镇空间结构

对区域内空间进行分类管理，打破原有行政分治界限，统筹城乡空间结构，统筹各乡镇、各村发展目标与策略，制定有差异的城镇发展目标、途径及发展政策并完善有特色的乡村发展诉求，促进少数民族地区社会经济全面发展。

（三）空间管治原则

1. 统筹协调发展原则

合理利用土地资源，保护草地、森林，以城乡统筹发展为目标，对区域内乡镇发展和土地利用进行综合控制和引导。对于跨行政界限的重大建设项目，组织不同区域的单位进行协调。在行政协调时，贯彻生态环境和基础设施建设相协调的原则，充分发挥市场机制的作用。

2. 可持续发展原则

综合考虑生态环境容量的差异性和土地开发的适宜性，进行空间管治区域划分。保护区域范围内的生态环境，合作建设和管理自然保护区、重要水源补给区、生态防护林及跨区域的整治工程；共同推进大型区域性基础设施建设，实现共建共享；共同开发和保护区域内草地资源、森林资源、旅游资源、生物资源和水土资源，协调乡镇边缘区的空间布局。

3. 分类指导、生态优先原则

根据区域内不同地域空间的现状条件、发展目标和功能定位，划分不同类型的空间并提出各自空间的发展策略。生态优先原则是指镇空间扩展必须以合理

的生态环境容量为前提，主要体现在空间分区的排序和管治模式方面，即城乡地区的空间分区应优先确定生态保护区，尤其自然保护区、森林保护区、水源补给区、山体及湖泊水系等地区，对这些地区的空间管治模式表现为对空间要素的监管与强制性内容规定。

4. 管治或社会参与原则

管治或社会参与是市场化及城镇建设利益主体多元化的必然要求。这一原则要求空间管治的实施措施应充分运用管治的理念与思维，在发挥政府整合核心竞争要素和配置公共、战略性资源的过程中，逐步建立管治或社会参与的具体内容和程序。

5. 引导与管治相结合的原则

引导和管治都是空间管治的必要手段。引导可达到优势资源的充分发挥，管治可保护空间资源、生态环境，在开发建设过程中引导与管治必须有机结合。

（四）空间管治体系

建立以用途分类管治、空间分区管治、行政分级管治相结合的空间管治体系。

1. 分类管治

空间规划要得到有效实施，须摆脱编制无序和管理混乱的局面。为了便于土地管理部门和城乡规划管理部门对同一个区域空间进行协调有序的管理，在土地利用总体规划的基础上，将区域空间分为自然生态保护区、城镇建设区、乡村建设区和区域基础设施廊道防护区四种用地类型，构造良好的空间发展形态。

2. 分区管治

为了贯彻落实《中华人民共和国城乡规划法》，按照《城市规划编制办法》，在分类管治的基础上，将跨行政界限的城乡空间划分为禁止建设区、限制建设区和适宜建设区三个管治区，对不同区域实施差别化政策与调控策略。

3. 分级管治

根据事权划分和管治力度的差异，建立三级空间管治体系。即监管型管治、控制型管治与引导型管治。其中，监管型管治主要指禁止建设区，其内涵是政府通过立法和行政手段进行强制性监督控制，并实施日常管理和建设；控制型管治主要指乡镇建设区，其内涵是由市、乡镇政府或管理机构以规划、指引、仲裁等控制型手段进行管治，由市、镇政府负责具体开发建设的地区；引导型管治主要指限制建设区和乡村建设区，其内涵是政府制定建设和管理的政策、法规及技术标准，从而提升该类地区的经济社会发展水平和乡村环境建设质量。

二、空间管治分区

空间分区划定是区域空间管治的技术基础，因为空间管治的不同目标和原则之间可能存在冲突，空间区划的综合方案形成也必然是一个社会博弈过程。根据相关规划经验，空间管治是将发展政策要求与规划管理体制相结合，针对不同管治对象（政策地区）的特点和管理要求，明确各级管理主体所承担的规划管理权限，建立上级与下级之间、不同区域之间在城乡开发建设领域的行动规则和协作机制，确保多元主体共同推动城乡整体发展目标的实现。

与相对稳定的法律法规、组织机构等制度基础相比较，城乡发展的各项政策、措施或手段具有较大的灵活性，对各项政策综合效果的评价基本构成了对城乡空间管治的实施评价，空间区划在某种意义上可以说是空间政策区划。

（一）分区方法与标准

甘南藏族自治州城乡空间管治必须确立一个科学合理的空间发展引导框架，即针对资源、生态环境、经济、社会、交通发展的要求，综合考虑区域内城市、乡镇各自地区的发展基础，进行空间比较和识别，划定不同的政策分区，确立其相应的管治策略。依据城乡空间管治目标和原则，可建立相应的分区方法和标准。

1. 空间分区顺序

综合考虑甘南藏族自治州的战略意义、功能定位和区域现实，空间分区应具有明显的逻辑顺序：禁止建设区、限制建设区、适宜建设区。即首先需要确定维护区域生态安全格局的生态空间，然后再确定城镇发展空间和乡村发展地区。

2. 空间分区的技术标准

空间分区标准因地制宜，考虑地域分区的相对完整性、独立性及对管治目标和政策的适应性等。从方便管理的角度，各空间分区的范围尽可能与自然边界（河流、山体）、主要交通设施、行政区界等要素相一致。

3. 空间分区的动态导向

不同类别地区的划分应以地域的主导功能、空间景观风貌为依据。但现实用地具有复杂性，存在功能相互交叉的地域。例如，生态保护地区内保留的草场和少部分农牧民居住用地、城镇发展地区内的农牧民居住点、城镇发展中出现的异化空间（偏离了原有规划目标，如城镇发展过程中的工业用地"退二进三"、农村建设用地性质转换）等，对类似功能复杂地域的管治，需制定更细分的类别，通过动态管治引导空间分区向地域主导功能演化。

（二）分区方案

以下仅以合作市为例，借鉴国内外空间管治中分区划定的经验，依据合作市城乡地区空间管治目标、原则和技术方法，从制定区域发展政策及其影响（鼓励、控制、振兴）的角度，将合作市城乡空间划分为禁止建设区、限制建设区、适宜建设区三个大区，在此基础上，按照大区内不同地域的主导功能和空间景观风貌，将三个大区细分为 15 个小区（表 9-11）。

表9-11　合作市城乡空间管治分区

大区	小区	主要区域范围
禁止建设区	生态功能区重点保护区	甘南黄河重要水源补给生态功能区重点保护区洮河森林生态系统保护小区（合作市部分）
	自然保护区	太子山天然林保护区
	风景名胜及森林公园	美仁大草原、当周草原、岗岔风景区、勒秀洮河风景区、南山森林公园
	水源地	引洮济合工程合作市博拉河上游水源地、合作市城南那吾乡高尔秦村格河水源地、合作市那吾乡达利村扎刹河水源地、勒秀洮河水源地、卡加道、卡加曼、佐盖多玛等乡镇格河水源地、佐盖曼玛乡水源地
	湖泊与水系	洮河合作段、大夏河合作段、格河、博拉河
	区域基础设施廊道防护区	重大交通设施、重大市政设施及设施周边一定范围内区域
	山体地区及地质灾害易发区	太子山、西倾山系北支山脉、合作市面山区域，因修建道路、建筑物、开采矿产而引起的地质灾害易发地区
	基本农田保护区	《合作市土地利用总体规划（2011—2020年）》所确定的基本农田保护区（14 651.26hm²）
	城镇绿化隔离带	合作市面山绿化区（2733.73hm²）、《合作市城市总体规划（2010—2030年）》所确定的绿地（490.21hm²）、各乡镇总体规划所确定的绿地
	历史文化遗迹保护区	米拉日巴佛阁、多和寺院、岗岔寺院、美武寺院等13处寺院
限制建设区	一般农地、林地、草地	未被划入基本农田保护区的农用地、林业用地、畜牧用草地和为其服务的道路、农田水利、农业建设用地等
	生态功能区生态恢复区	甘南黄河重要水源补给生态功能区恢复治理区加茂贡-洮砚生态恢复治理小区（合作市部分）、佐盖多玛湿地生态恢复治理小区（56 326hm²）、甘加-佐盖曼玛草原恢复治理小区（合作市部分）

续表

大区	小区	主要区域范围
适宜建设区	城镇建设区	合作市规划建成区（1864hm²）、合作市循环经济产业园区（259.5hm²）、勒秀小型工业园、卡加曼乡镇区规划建设用地（16.21hm²）、卡加道乡镇区规划建设用地（22.67hm²）、佐盖曼玛乡镇区规划建设用地（15.1hm²）、勒秀乡镇区规划建设用地（1480hm²）、佐盖多玛乡镇区规划建设用地
	乡村建设区	卡加曼乡、卡加道乡、佐盖曼玛乡、佐盖多玛乡、勒秀乡规划村庄建设用地
	生态功能区经济示范区	甘南黄河重要水源补给生态功能区经济示范区夏河-合作经济示范小区（合作市部分）

三、分区管治策略

（一）禁止建设区管治策略

1.地域范围

禁止建设区主要针对"生态空间"和"保护空间"，包括生态功能区重点保护区、自然生态保护区（生态林地、草地、湿地、生态绿化廊道及其他生态敏感地区等）、水源地（河流、湖泊、水库及重要水源补给区等）、风景名胜区及森林公园（公园、风景区、民俗风情保护区等）、历史文化遗址保护区（文化遗址、历史街区、特色城镇村落等）、基本农田保护区等。

该区是保障城乡生态安全的重要地带及生态建设的首选地，是严禁建设的用地，禁止具有城镇功能的用地开发，只允许少量必要设施或相关设施的建设。不同区域应相应严格遵守国家、省、州有关法律、法规和规章，逐步清退不符合规定的建设用地。就合作市而言，未来的主要任务和目标是高原生态系统的保护、水源涵养地功能的维持、生态环境保护和建设。

2.管治策略

（1）生态功能区重点保护区

例如，甘南黄河重要水源补给生态功能区重点保护区洮河森林生态系统保护小区（合作市部分）。该区的主要生态功能是涵养水源、汇集天然降水补给河流和保存生物多样性。该区生态保护应以封禁管护等自然恢复为主，主要开展禁牧、禁猎、禁伐和禁止一切开发利用活动，通过封禁管护等自然措施恢复林草植被，并按资源条件分类设立国家级或省级自然保护区，建立完善的管理体系和巡护制度。

（2）自然保护区

例如，太子山天然林保护区。本区域划定的各级、各类自然保护区主要以保护高原生态系统、涵养水源、维护国家生态安全、保护生物多样性为主要任务。禁止任何人进入自然保护区的核心区；禁止在自然保护区的缓冲区开展旅游和生产经营活动；在自然保护区的核心区和缓冲区内，不得建设任何生产设施；在自然保护区的实验区内，不得建设污染环境、破坏资源或者景观的生产设施。

（3）风景名胜区及森林公园

例如，美仁大草原、当周草原、岗岔风景区、勒秀洮河风景区、南山森林公园等。应禁止在风景名胜区、森林公园核心景区内建设宾馆、招待所、培训中心、疗养院及与风景名胜资源保护无关的其他建筑物。通过专项规划，划定自然保护区、风景名胜区、森林公园保护界线，并严格实施"绿线"管治。各类风景旅游保护区应严格保护区内的景点与旅游资源，坚决控制高强度的商业开发，尤其是房地产业的发展。各种以休闲、娱乐、度假等形式的商业开发，也必须在保证生态环境不受影响的前提下进行。

（4）水源地

例如，引洮济合工程合作市博拉河上游水源地、合作市城南那吾乡高尔奏村格河水源地、合作市那吾乡达刹村扎刹河水源地、勒秀洮河水源地、卡加道、卡加曼、佐盖多玛等乡镇格河水源地、佐盖曼玛乡水源地。应划定保护区范围，在保护区边界设置隔离栅栏；严格禁止与水源保护无关的人和建设活动，禁止建设与取水设施无关的建筑物；限制和监督农药、林药、化肥的使用，不得使用持久性强或剧毒农药；禁止倾倒村镇垃圾、粪便及其他有害废气物；禁止一切污染水源的人为活动。

（5）湖泊与水系

例如，洮河合作段、大夏河合作段、格河、博拉河。应严格保护河流、湖泊、水库及湿地等水资源的饮用与使用安全，保证其不受各类固体废弃物和液体排放物的污染，各类污染物必须进行处理，达到标准后方可排入水体。对于防洪大堤、河道及各类岸线必须指定明确保护整治措施，确保防洪大堤的稳固与河道的通畅。

（6）山体地区及地质灾害易发区

例如，太子山、西倾山系北支山脉、合作市面山区域及因修建道路、建筑物、开采矿产而引起的地质灾害易发地区。该区地质地貌复杂，为滑坡、崩塌地质灾害重点发生区之一，应严格禁止各类破坏生态环境稳定性的开发建设活动，积极开展生态重建工程，减轻水土流失，防止发生滑坡、崩塌等地质灾害威胁。

（7）基本农田保护区

主要指《合作市土地利用总体规划（2011—2020年）》所确定的基本农田保护区（14 651.26hm²）。应按照《甘肃省基本农田保护条例》进行管治，严格保护划定的基本农田保护区。严禁进行村镇建设、采矿、挖土挖沙等一切非农活动。在编制城镇总体规划时，选择城镇发展用地要避开基本农田保护区。要实施耕地占用补偿制度，实现占补平衡（表9-12）。

表9-12 合作市各乡镇（街道）基本农田保护区面积

乡镇	基本农田保护区/hm²
当周街道	500.51
伊合昂街道	0.00
坚木克尔街道	205.10
通钦街道	0.00
卡加曼	1 504.19
卡加道	639.76
佐盖多玛	0.00
佐盖曼玛	2 378.74
勒秀	5 355.42
那吾	4 067.54
合计	14 651.26

（8）历史文化遗迹保护区

例如，米拉日巴佛阁、多和寺院、岗岔寺院、美武寺院等。各类历史文化遗址、寺院、出土文物地址、文物保护单位等应根据相关法律和技术规定确定严格保护区、重点保护区和一般保护区。其中，严格保护区和重点保护区内可进行适当的保护性旅游开发，但禁止非保护性的开发建设，禁止进行大面积拆除、开发及破坏传统格局和风貌的大面积改建；在其建设控制地带内修建新建筑和构筑物，不得破坏文物保护单位及历史文化保护区的环境风貌。

（9）区域基础设施廊道防护区

例如，G213线、S306线、临夏－合作天然气输送工程管线、引洮济合工程管线、临夏－合作高速公路、合作－郎木寺高速公路、机场高速、合作－天水高速公路、兰州－重庆铁路、兰州－合作－川主寺铁路、西宁－合作铁路、合作－

天水铁路、格尔木－玛曲－成都铁路、临夏－合作330kV高压走廊、110kV高压走廊、合作－勒秀35kV高压走廊、合作－门浪35kV高压走廊、X402、X406、X409等县乡道路两侧绿化带。

应在公路两侧设立防护隔离带，公路防护隔离带内，不得新建、改建、扩建建筑物；在电力架空线路保护区范围内不得新建、改建、扩建建筑物；区域重大通信、燃气等基础设施和管道工程通道的用地控制和管理，必须执行国家法律、法令，必须遵守甘肃省政府有关规定、规范，沿线开发建设实行统一控制和协调，必须留出足够的通道用地，除保护性措施外，不得在通道内进行其他工程建设（表9-13）。

表9-13 合作市主要基础设施及管治

基础设施类型	基础设施名称	管治措施
交通干线	G213线	在市域内重要交通干线两侧20~50m范围内设立保护带，应实行交通干线管治，保证交通干线本身及其两侧的生态环境，建设绿色通道
	S306线	
	临夏－合作高速公路	
	合作－郎木寺高速公路	
	机场高速	
	合作－天水高速公路	
	兰州－重庆铁路	
	兰州－合作－川主寺铁路	
	西宁－合作铁路	
	合作－天水铁路	
	格尔木－玛曲－成都铁路	
基础设施防护廊道	临夏－合作天然气输送工程管线	110kV高压走廊防护距离不小于20m，220kV以上不小于30m。在防护范围内，禁止建设居住建筑及配套公共设施，禁止建设易燃易爆设施，禁止进行采矿或挖砂取土、爆破等活动
	引洮济合工程管线	
	临夏－合作330kV高压走廊	
	110kV高压走廊	
	合作－勒秀35kV高压走廊	
	合作－门浪35kV高压走廊	

（10）城镇绿化隔离带

例如，合作市山区绿化区（2733.73hm²）、合作市城市总体规划所确定的绿地（490.21hm²）、各乡镇总体规划所确定的绿地。应结合《合作市面山及城区生态环境建设工程规划》，保持合作市四面环山的城市形态，划出禁建线，防止城市无序蔓延，加强周围山体的绿化建设；制定科学合理的规章制度，对破坏林木及草坪，情节严重的要给予严厉警告和法律制裁。

（二）限制建设区

1. 地域范围

限制建设区是自然资源与自净能力相对较好的生态敏感区，根据资源环境条件进一步划分控制等级。限制建设区内允许农田水利设施的建设；鼓励在林地和园林扩大植树造林等维护生态环境的活动，适度发展林副产业；控制草地的载畜量，合理利用草原，恢复和提高草原生态－生产效能；控制进行村镇建设、采矿、建工业企业等非农活动，严格限制与区域发展总体目标不一致的粗放式开发建设行为。

此区域内生态环境质量一般，以第一产业为主，开发建设活动较少且发展缓慢，整体土地生产力价值较低，但仍需进行控制性开发，不可盲目圈地建设。

2. 管治策略

（1）一般农地、林地、草地

一般农地、林地、草地包括未被划入基本农田保护区的农用地，未被划入各级自然保护区、森林公园的林地，未被划入各级、各类保护区的具备生产功能的草地，以及为其服务的各类基础设施。

其中，对于一般农业用地，应严格保护耕地，城镇建设确需占用少量耕地的，经过充分论证及严格审批后，按"动一还一、占补平衡"的原则进行占用补偿，维护农业用地面积的总量动态平衡。

对于一般林地，应加强管护，禁止滥砍滥伐，继续实施天保工程、退耕还林、封山育林等森林系统保护工程和森林植被恢复与治理工程。加强生态环境建设，植树造林，鼓励扩大植树造林与维护生态环境的活动，加强重点公益林建设，采取封、飞、造、补、管并举，乔、灌、草结合，以自然更新为主，辅以人工促进自然更新，把重点公益林建设成多林种、多树种、多层次，结构合理、功能健全，生态效益、社会效益长期稳定的森林生态体系。加大森林火灾预防与扑救、林业病虫害预防与救治和森林资源的定期定点监测力度。

对于一般草地，应修复草原生态系统，恢复草原植被，重点实施退牧还草、草原鼠害防治、草原自然保护区建设和人草畜三配套等工程。采取围栏建设、补播改良、禁牧休牧和轮牧等措施，对退化草原进行保护和治理。

（2）生态功能区生态恢复区

包括甘南黄河重要水源补给生态功能区恢复治理区加茂贡－洮砚生态恢复治理小区（合作市部分）、佐盖多玛湿地生态恢复治理小区（56 326hm²）、甘加－佐盖曼玛草原恢复治理小区（合作市部分）。

该区以人工修复、治理为主，减缓人为活动对原生生态的破坏，控制过牧等不良因素对生态环境的影响，通过修复提高其涵养水源、补给河流水资源的功能；应全面实施以草定畜，休牧轮牧，重点实施退化草原治理、森林植被修复、湿地与野生动植物保护等措施；应实行牧民集中定居，减少草原承载压力，促进草原自我恢复。

（三）适宜建设区

1.地域范围

主要指"建设空间"，包括现状合作市区、城镇建成区与村庄建成区，合作市区、城镇引导建设区和村庄引导建设区、城镇发展建设备用区等，其中引导建设区主要依据合作市、各乡镇与村庄的总体规划来确定。这些空间地域内以高效益土地利用为主、鼓励按规划优先开发建设；鼓励在条件较好的区域建设生态经济示范区，在不破坏生态环境的前提下，适度发展经济，发展特色产业，保障农牧民的正常生活、生产需求。

适宜建设区是区域内今后一段时间（20年或更长）城镇化发展需要控制的地区。该区域是区域内城镇化进程的主要载体。对该地区的空间管治应实行鼓励、限制、引导相结合，在空间管治手段上要严格控制开发建设标准，积极引入社会参与、充分发挥市场调节的作用。根据不同地区的特点，制定多种政策予以鼓励、限制各类建设行为。统筹地区内的各类规划与建设，减少地区冲突，保障协调区域性重大基础设施，促进区域内部各乡镇基础设施和公共服务设施的共建共享，促进城镇建设风貌景观提升和协调。

2.管治策略

（1）城镇建设区

包括合作市规划建成区（1864hm²）、合作市循环经济产业园区（259.5hm²）、勒秀小型工业园、卡加曼乡镇区规划建设用地（16.21hm²）、卡加道乡镇区规划建设用地（22.67hm²）、佐盖曼玛乡镇区规划建设用地（15.1hm²）、勒秀乡镇区规划建设用地（1480hm²）、佐盖多玛乡镇区规划建设用地。

该区应以提高土地利用率和收益率为原则，建立完善的国有土地有偿使用制度，允许土地的出让、转让、拍卖和流通，最大限度地实现土地的价值。城镇与农村建设用地各项指标应严格按照国家的有关规定进行控制。建设区应严格按照总体规划的用地范围进行控制建设，不得随意占用禁止建设区与限制建设区，限制建设区确需纳入建设用地的，须经主管部门审批同意，并宜低强度开发。城镇建设密集区必须进行统一规划协调，按照设施共建共享、环境共建共保、空间协调统一的原则做好空间利用规划。打破行政壁垒和地方保护，按照市场化、一体化的原则协调发展。该区内需要保护的地段、文物、遗址等，可根据情况制定相应的专项保护规划，同时应避免在保护区范围内进行建设。城镇与乡村建设应因地制宜，根据当地的地质地貌和现状条件进行合理开发布局，保护各种生态资源、水资源和文化资源等，并逐渐形成地方特色。小城镇建筑应保持并形成藏区特有的风格，延续藏区建筑文化、民俗民风。

（2）乡村建设区

包括卡加曼乡、卡加道乡、佐盖曼玛乡、佐盖多玛乡、勒秀乡规划村庄建设用地。该区应防止非农业建设用地在农田开敞空间的无序分布，协调好农村耕地、林地与城镇建设用地和农村非农建设用地的关系。认真做好村庄规划，禁止在村庄规划区以外兴建居民点。严格控制农村建房乱占耕地与乱搭乱建，杜绝农民建房和乡村建设违章现象。积极开展并不断推进农村居民点用地整理，保证零星村、空心村搬迁后的旧宅基地得到及时复垦。加强农业用地管理，确保土地利用功能以农业生产为主，不断优化农业产业和用地结构，鼓励非农闲置土地转为农业用地。充分挖掘耕地后备资源，建立耕地后备资源开发机制。

（3）生态功能区经济示范区

包括甘南黄河重要水源补给生态功能区经济示范区夏河–合作经济示范小区（合作市部分）。该区应在恢复、保护好现有生态环境的基础上，大力发展产业经济。其目标是以重点保护区和恢复治理区为自然屏障，在实现生态系统良性循环的基础上，大力优化资源配置、调整产业结构，发展以畜产品加工为龙头的奶牛养殖、牛羊育肥、草产业和旅游业等特色产业，提高农牧民生活水平，促进社会进步。

参考文献

艾勇军，肖荣波．2011.从结构规划走向空间管治——非建设用地规划回顾与展望．现代城市规划，
（7）：64-66

敖红．1992.藏族部落的渊源及其文化初探．青海社会科学，（3）：92-100

白永平．2004.区域工业化与城市化的水资源保障研究．北京：科学出版社

边雪，陈昊宇，曹广忠．2013.基于人口、产业和用地结构关系的城镇化模式类型及演进特征——以长
三角地区为例．地理研究，32（12）：2281-2291

曹兵武．2004.聚落·城址·部落·古国——张学海谈海岱考古与中国文明起源．中原文物，（2）：9-17

陈波翀，郝寿义，杨兴宪．2004.中国城市化快速发展的动力机制．地理学报，59（6）：1068-1075

陈浩，陆林，郑嬗婷．2011.珠江三角洲城市群旅游空间格局演化．地理学报，66（10）：1427-1437

陈其霆．2003.甘肃省城镇体系现状分析．兰州大学学报（社会科学版），31（5）：97-99

陈世民．1990.解放前的拉卜楞民族商业贸易．甘肃民族研究，（2）：23-26

陈涛，刘继生．1994.城市体系分形特征的初步研究．人文地理，9（1）：26-30

陈涛．1995.城镇体系随机聚集的分形研究．科技通报，11（2）：98-101

陈兴鹏，庞丽，张艳秋．2005.甘肃城镇体系地域空间结构研究．人文地理，（3）：67-71

陈彦光，罗静．1997.城镇体系空间结构的信息维分析．信阳师范学院学报（自然科学版），10（1）：
64-68

陈彦光，周一星．2007.中国城市化过程的非线性动力学模型探讨．北京大学学报（自然科学版），
43（4）：542-549

陈甬军，陈爱民．2002.中国城市化——实证分析与对策研究．厦门：厦门大学出版社

楚建群，董黎明．2009.城市的发展与控制．城市规划，（6）：13-17

褚宏启．2010.教育制度改革与城乡教育一体化——打破城乡教育二元结构的制度瓶颈．教育研究，
（11）：3-11

崔博，李金卫，王冬冬．2006.广东省化州市城镇体系空间管治规划研究．小城镇建设，（2）：61-63

崔功豪，魏清泉，刘科伟．2009.区域分析与区域规划．北京：高等教育出版社

董晓峰，尹亚，刘理臣，等．2011.欠发达地区城乡一体化发展评价研究——以甘肃省为例．城市发展
研究，18（8）：31-36

段娟，鲁奇，文余源．2005.我国区域城乡互动与关联发展综合评价．中国人口·资源与环境，15（1）：
76-81

樊杰．2000.青藏地区特色经济系统构筑及与社会资源环境的协调发展．资源科学，22（4）：12-21

樊杰．2008.京津冀都市圈区域综合规划研究．北京：科学出版社

樊杰，王海．2005.西藏人口发展的空间解析与可持续城镇化探讨．地理科学，25（4）：385-392

范强，张何欣，李永化，等. 2014.基于空间相互作用模型的县域城镇体系结构定量化研究——以科尔沁左翼中旗为例. 地理科学，34（5）：601–607

方创琳. 2009.中国城市化进程资源环境保证报告. 北京：科学出版社

方创琳，李广东. 2015.西藏新型城镇化发展的特殊性与渐进模式及对策建议. 中国科学院院刊，30（3）：294–305

方创琳，等. 2014.中国新型城镇化发展报告. 北京：科学出版社

冯健，刘玉，王永梅. 2007.多层次城镇化：城乡发展的综合视角及实证分析. 地理研究，26（6）：1197–1208

傅小锋. 2000.青藏高原城镇化及其动力机制分析. 自然资源学报，15（4）：369–374

甘肃省年鉴编纂委员会. 2013.甘肃省年鉴（2013）. 北京：中国统计出版社

顾朝林. 1991.中国城市经济区划分的初步研究. 地理学报，46（2）：129–131

顾朝林. 2005.城镇体系规划——理论·方法·实例. 北京：中国建筑工业出版社

顾朝林，于涛方，李王鸣，等. 2008.中国城市化格局·过程·机理. 北京：科学出版社

韩晓莉，李志民，王军. 2007.河源干旱地区人居环境调查与研究——甘南藏族山地聚落的生态适应性浅析. 华中建筑，25（1）：165–168

何潇，李清，童殷，等. 2005.重庆城市可持续发展能力的综合评价. 资源开发与市场，21（4）：19–21

侯成成，赵雪雁，张丽，等. 2012 a.基于熵组合权重属性识别模型的草原生态安全评价——以甘南黄河水源补给区为例. 干旱区资源与环境，26（8）：44–51

侯成成，赵雪雁，张丽，等. 2012 b.生态补偿对区域发展的影响——以甘南黄河水源补给区为例. 自然资源学报，27（1）：50–61

胡小猛，陈敏，王杜涛. 2009.RS 技术支持下的城镇体系空间结构分形探析. 经济地理,29（4）：556–559

黄季焜，朱莉芬，邓祥征，等. 2007.中国建设用地扩张的区域差异及其影响因素. 中国科学 D 辑，37（9）：1235–1241

黄石依. 1994 . 中国少数民族地区城镇经济研究. 北京：民族出版社

江进德，赵雪雁，张丽，等. 2012.农户对替代生计的选择及其影响因素分析——以甘南黄河水源补给区为例. 自然资源学报，27（4）：552–564

蒋海兵，徐建刚，祁毅. 2010.京沪高铁对区域中心城市陆路可达性影响. 地理学报，65（10）：1287–1298

焦必方，林娣，彭婧妮. 2011.城乡一体化评价体系的全新构建及其应用——长三角地区城乡一体化评价. 复旦学报（社会科学版），（4）：75–79

靳诚，陆玉麒，张莉，等. 2009.基于路网结构的旅游景点可达性分析：以南京市区为例. 地理研究，28（1）：246–258

雷军，张雪艳，吴世新，等. 2005.新疆城乡建设用地动态变化的时空特征分析. 地理科学,25（2）：161–166

李粲. 2013.西藏特色区域城镇化路径模式探讨. 城市规划学刊，（6）：33–39

李洪波，张小林. 2012.国外乡村聚落地理研究进展及近今趋势. 人文地理，（4）：103–108

李加林，许继琴，李伟芳，等. 2007.长江三角洲地区城市用地增长的时空特征分析. 地理学报 ，62（4）：437–447

李康兴，王录仓，李巍. 2013.民族地区城乡一体化发展评价研究——以甘南藏族自治州为例. 资源开发与市场，29（1）：16–19

李明，邵挺，刘守英. 2014.城乡一体化的国际经验及其对中国的启示. 中国农村经济，（6）：83–96

李秋秋，王传胜. 2014.西藏城镇化及其环境效应研究. 中国软科学，（12）：70–78

李桃，索晓霞. 2014 . 民族地区公共文化服务城乡一体化初探. 贵州社会科学，（9）：158–161

李同升. 2000.城乡一体化发展的动力机制及其演变分析——以宝鸡市为例. 西北大学学报（自然科学版），30（3）：256–260

李巍, 冯斌. 2015. 基于宗教色系保护的藏区城镇建筑色彩生成及组合——以甘肃夏河老城区为例. 现代城市研究, (3): 93-97

李巍, 毛文梁. 2011. 青藏高原东北缘生态脆弱区城镇体系空间结构研究——以甘南藏族自治州为例. 冰川冻土, 33 (6): 1427-1434

李巍, 王祖静. 2014. 基于路网结构的甘南藏族自治州旅游资源可达性评价. 长江流域资源与环境, 23 (5): 644-651

李巍, 王祖静. 2015. 甘肃省城市旅游场强的空间格局演化分析. 干旱区资源与环境, 29 (2): 202-208

李巍, 李得发, 王录仓, 等. 2012 a. 城镇规划导向下城镇建设用地空间拓展研究. 现代城市研究, (12): 28-34

李巍, 刘润, 王录仓, 等. 2012 b. 基于交通与旅游发展关系研究下生态脆弱区风景道景观规划探讨——以国道213甘南藏族自治州段为例. 生态经济, (2): 161-164

李巍, 王生荣, 李得发, 等. 2012 c. 西北高寒民族地区城镇化进程与发展战略研究. 小城镇建设, (8): 37-41

李巍, 王录仓, 王生荣, 等. 2013. 游牧民定居视角下的村庄整合与发展战略研究——以甘南州合作市为例. 现代城市研究, (9): 70-74

李晓梅. 2012. 中国城镇化模式研究综述. 西北人口, 33 (2): 45-48

李怡靖, 李英超. 2010. 以基本公共服务均等化促进城乡一体化. 中国国情国力, (10): 37-39

李震, 顾朝林, 姚士媒. 2006. 当代中国城镇体系地域空间结构类型定量研究. 地理科学, 26 (5): 544-550

刘斌, 余兴厚, 罗二芳. 2010. 西部地区基本公共服务均等化状况研究. 民族语宗教, (2): 32-35

刘伯霞. 2006. 甘肃省城乡一体化发展的现状及其与全国的差距分析. 开发研究, (5): 61-65

刘海龙, 石培基, 杨勃, 等. 2015. 基于生态承载力的黄土高原地区城镇体系等级规模结构演化研究——以庆阳市为例. 干旱区地理, 38 (1): 173-181

刘红梅, 张忠杰, 王克强. 2012. 中国城乡一体化影响因素分析——基于省级面板数据的引力模型. 中国农村经济, (8): 4-15

刘继生, 陈涛. 1995. 东北地区城市体系空间结构的分形研究. 地理科学, 15 (2): 136-143

刘继生, 陈彦光. 1998. 城镇体系等级的分形维数及其测算方法. 地理研究, 17 (1): 82-89

刘继生, 陈彦光. 1999. 城镇体系空间结构的分形维数及其测算方法. 地理研究, 18 (2): 171-178

刘科伟. 1993. 城市空间影响范围划分与城市经济区问题探讨——以陕西省为例. 西北大学学报 (自然科学版), 25 (2): 129-134

刘生龙, 胡鞍钢. 2011. 交通基础设施与中国区域经济一体化. 经济研究, (3): 72-82

刘洋, 姜映芃. 2014. 民族地区新型城镇化模式选择与民族交融问题研究. 贵州师范学院学报, (11): 45-49

陆大道. 1995. 区域发展及其空间结构. 北京: 科学出版社

陆大道. 2007. 我国的城镇化进程与空间扩张. 城市规划学刊, (4): 47-52

陆大道, 姚世谋, 李国平, 等. 2007. 基于我国国情的城镇化过程综合分析. 经济地理, 27 (6): 883-887

陆学艺. 2009. 破除城乡二元结构 实现城乡经济社会一体化. 社会科学研究, (4): 104-108

罗来军, 罗雨泽, 罗涛. 2014. 中国双向城乡一体化验证性研究——基于北京市怀柔区的调查数据. 管理世界, (11): 60-79

洛桑·灵智多杰. 2005. 青藏高原甘南生态经济示范区研究. 兰州: 甘肃科学技术出版社

骆永民. 2010. 中国城乡基础设施差距的经济效应分析——基于空间面板计量模型. 中国农村经济, (3): 60-72

马航. 2006. 中国传统村落的延续与演变——传统聚落规划的再思考. 城市规划学刊, (1): 102-106

马荣华, 陈雯, 陈小卉, 等. 2004. 常熟市城镇用地扩展分析. 地理学报, 59 (3): 418-426

蒙小燕, 蒙小莺. 2009. 试论藏族部落组织与部落制度——以西仓十二部落调查为例. 甘肃社会科学, (5): 274-277

蒙小莺, 蒙小燕. 2010. 当代藏传佛教"部落寺院"与教众供养关系初探——以西仓寺院与西仓藏族调查分析为

例. 世界宗教研究, (2): 69-76

苗鸿. 2002. 甘肃省生态功能区划研究. 北京: 中国科学院生态环境研究中心博士学位论文

敏文清. 1994. 近代甘肃地区民族商业贸易. 甘肃民族研究, (1): 12-16

穆锋海, 武高林. 2005. 甘南高寒草地畜牧业的可持续发展. 草业科学, 22 (3): 59-64

倪鹏飞. 2001. 中国城市竞争力理论研究与实证分析. 北京: 中国经济出版社

牛叔文, 李永华, 马利邦, 等. 2009. 甘肃省主体功能区划中生态系统重要性评价. 中国人口·资源与环境, 19 (3): 119-124

牛叔文, 张馨, 董建梅. 2010. 基于主体功能分区的空间分析——以甘肃省为例. 经济地理, 30 (5): 732-737

帕夏古·阿不来提. 2012. 南疆城镇功能分类及分析. 乌鲁木齐: 新疆大学硕士学位论文

蒲欣东, 陈怀录, 魏立军. 2003. 河西走廊城镇群体的空间分形研究. 城市发展研究, 10 (1): 47-52

钱纳里 H, 塞尔昆 M. 1998. 发展型式 (1950-1970). 北京: 经济科学出版社

仇保兴. 2010. 中国的新型城镇化之路. 中国发展观察, (4): 56-58

饶会林, 郭鸿懋. 2001. 城市经济理论前沿课题研究. 大连: 东北财经大学出版社

任保平. 2009. 城乡发展一体化的新格局——制度激励组织和能力视角的分析. 西北大学学报 (哲学社会科学版), 39 (1): 14-21

任子炎, 仲照东. 2011. 城市建设用地规模预测研究——以新乡市为例. 城市勘测, (2): 36-39

师守祥, 周兴福, 张志良. 2005. 牧区移民定居的动力机制、效益分析与政策建议——甘南藏族自治州个例分析. 统计研究, (3): 49-52

石爱华, 范钟铭. 2011. 从"增量扩张"转向"存量挖潜"的建设用地规模调控. 城市规划, 35 (8): 88-90, 96

石培基, 王录仓. 2004. 甘青川交界区域民族经济发展研究. 北京: 科学出版社

石忆邵. 2003. 城乡一体化理论与实践回眸与评析. 城市规划汇刊, (1): 49-54

宋家泰, 顾朝林. 1988. 城镇体系规划的理论与方法初探. 地理学报, 43 (2): 97-107

宋小冬, 廖雄赳. 2003. 基于 GIS 的空间相互作用模型在城镇发展研究中的应用. 城市规划汇刊, (3): 46-51

孙秀锋, 刁承泰, 何丹, 等. 2005. 我国城市人口、建设用地规模预测. 现代城市研究, 20 (10): 48-51

孙勇. 1991. 西藏: 非典型二元结构下的发展改革——新视角讨论与报告. 北京: 中国藏学出版社

唐伟, 钟祥浩, 周伟. 2011. 西藏高原城镇化动力机制的演变与优化——以一江两河地区为例. 山地学报, 29 (3): 378-384

田文祝, 周一星. 1991. 中国城市体系的工业职能结构. 地理研究, 10 (1): 12-23

汪宇明, 刘高, 施加仓, 等. 2012. 中国城乡一体化水平的省区分异. 中国人口·资源与环境, 22 (4): 137-142

王发曾. 2014. 中原经济区主体区现代城镇体系研究. 北京: 科学出版社

王发曾, 刘静玉. 中原城市群整合研究. 北京: 科学出版社

王发曾, 吕金嵘. 2011. 中原城市群城市竞争力的评价与时空演变. 地理研究, 30 (1): 49-60

王富春, 孙海燕. 2009. 对改革开放以来中国城镇化发展问题的思考——基于城乡协调视角的考察. 人文地理, 24 (2): 12-15

王录仓, 李巍. 2013. 旅游影响下的城镇空间转向——以甘南州郎木寺为例. 旅游学刊, 28 (12): 34-45

王生荣, 李巍. 2014 a. 西北高寒民族地区农牧村城镇化发展研究——以甘南藏族自治州为例. 农业现代化研究, 35 (2): 146-150

王生荣, 李巍. 2014 b. 人地协调、中心城镇发展与甘南州新型城镇化研究. 西北师范大学学报 (自然科学版), 50 (4): 104-110

王录仓, 李巍. 2015. 藏族部落—寺院—村落"共生"效应研究——以甘南州碌曲县为例. 经济地理, 35 (4): 135-141

王录仓,陆凤英. 2005.青海城镇体系发展的历史轨迹与动力. 西北师范大学学报 (自然科学版), 41 (4)：67-72

王录仓, 石培基. 2000.甘川青交接民族区域城镇体系的基本特征及背景分析. 人文地理, 15 (6)：25-28

王录仓, 石培基. 2002.青藏高原东缘民族区域城镇可持续发展研究. 冰川冻土, 24 (4)：457-462

王录仓,李巍,刘海龙. 2012 a. 基于城乡一体化的生态功能分区与空间管治——以甘南州合作市为例. 生态经济, 02：35-38, 78

王录仓,李巍,王生荣. 2012 b. 高寒草地畜牧业产业化的障碍与实现路径. 草业科学, 29 (11)：1791-1997

王录仓, 王生荣,李巍. 2012 c. 高寒民族地区城乡融合度测评——以甘南州合作市为例. 草原与草坪, 32 (6)：31-36

王录仓, 李巍, 王生荣. 2013. 高寒民族地区城乡一体化面临的问题与实现路径——以甘南藏族自治州为例. 草业科学, 30 (4)：654-660

王生荣, 李巍, 王录仓. 2015. 西北高寒牧区草原型城镇人口空间分布特征——以甘肃省甘南州玛曲县为例. 宁夏大学学报 (自然科学版), 36 (2)：185-190

王涛, 刘承良, 段德忠, 等. 2014. 长江中游城市群城市竞争力的空间演化. 世界地理研究, 23 (3)：92-101

王韬. 2009.我国西部城乡基本公共服务均等化问题研究. 兰州：兰州大学硕士学位论文

王洋,方创琳,王振波. 2012.中国县域城镇化水平的综合评价及类型区划分. 地理研究, 31 (7)：1306-1316

王永莉. 2008.主体功能区划背景下青藏高原生态脆弱区的保护与重建. 西南民族大学学报 (人文社科版), 29 (4)：43-46

魏立华, 丛艳国. 2004.城际快速列车对大都市区通达性空间格局的影响机制分析——以京津塘大都市区为例. 经济地理, 24 (6)：834-837

魏诺, 雷会霞, 周在辉. 2014. 陕北地貌形态与城镇体系空间结构耦合方法. 西北大学学报 (自然科学版), 44 (6)：979-982

魏遐, 白梅, 鞠远江. 2007.基于景观评价的高速公路风景道旅游规划——以福宁高速风景道为例. 经济地理, 27 (1)：161-165

文玉钊, 钟业喜, 蒋梅鑫, 等. 2015.鄱阳湖生态经济区城镇体系空间结构演变. 地域研究与开发, 34 (2)：45-50

吴必虎, 李咪咪. 2001.小兴安岭风景道旅游景观评价. 地理学报, 52 (2)：214-222

吴必虎, 唐子颖. 2003.旅游吸引物空间结构分析——以中国首批国家4A级旅游区 (点) 为例. 人文地理, 18 (1)：607-615

吴吉远. 1994 . 清代打箭炉城的川藏贸易的产生和发展. 中国边疆史研究, (3)：56-61

吴先华, 王志燕, 雷刚. 2010.城乡统筹发展水平评价——以山东省为例. 经济地理, 30 (4)：596-601

吴志强, 史舸. 2006.城市发展战略规划研究中的空间拓展方向分析方法. 城市规划学刊, (1)：69-74

伍世代, 王强. 2007.福建省城镇体系分形研究. 地理科学, 27 (4)：1-6

夏保林, 康美寅, 乔建平, 等. 2003.西藏城镇发展环境分析. 人文地理, 18 (6)：58-61

修春亮, 许大明, 祝翔凌. 2004.东北地区城乡一体化进程评估. 地理科学, (3)：320-323

许学强, 程玉鸿. 2006.珠江三角洲城市群的城市竞争力时空演变. 地理科学, 26 (3)：257-265

许学强, 薛凤旋, 阎小培. 1998 . 中国乡村——城市转型与协调发展. 北京：科学出版社

许学强, 周一星, 宁越敏. 2003.城市地理学. 北京：高等教育出版社

薛晴, 霍有光. 2010.城乡一体化的理论渊源及其嬗变轨迹考察. 经济地理, 30 (11)：1779-1809

杨林平, 靳彩芳, 武高林, 等. 2008.黄河首曲湿地功能区草地畜牧业经营现状及发展对策. 草业科学, 25 (7)：126-129

杨培峰. 2004.城市空间拓展动力机制及生态模型. 重庆大学学报 (自然科学版), 27 (3)：138-142

杨荣南. 1999. 关于城乡一体化的几个问题. 城市规划, (7): 41-43

叶俊, 陈秉钊. 2001. 分形理论在城市研究中的应用. 城市规划汇刊, (4): 38-42

叶舜赞. 1994. 城市化与城市体系. 北京: 科学出版社

余青, 樊欣, 刘志敏, 等. 2006. 国外风景道的理论与实践. 旅游学刊, 21 (5): 91-95

余青, 胡晓冉, 刘志敏, 等. 2007. 风景道的规划设计: 以鄂尔多斯风景道为例. 旅游学刊, 22 (10): 61-66

岳文泽, 徐建华, 司有元, 等. 2001. 分形理论在人文地理学中的应用研究. 地理学与国土研究, 17 (2): 51-56

曾磊, 雷军, 鲁奇. 2002. 我国城乡关联度评价指标体系构建及区域比较分析. 地理研究, (6): 763-368

张瑾, 吴忠军. 2011. 新农村建设中桂黔湘边区侗族文化遗产旅游开发研究. 人文地理, (3): 83-88

张京祥, 庄林德. 2000. 管治及城市与区域管治———一种新制度性规划理念. 城市规划, (6): 40-42

张来成. 2006. 人口流动与推动甘南藏区社会转型. 甘南发展, (2): 34-36

张丽, 赵雪雁, 侯成成, 等. 2012. 生态补偿对农户生计资本的影响——以甘南黄河水源补给区为例. 冰川冻土, 34 (1): 186-195

张泉. 2015. 区域发展差别化——关于区域城镇体系规划方法的探讨. 城市规划, 39 (3): 34-41

张泉, 刘剑. 2014. 城镇体系规划改革创新与"三规合一"的关系——从"三结构一网络"谈起. 城市规划, 38 (10): 13-27

张锐, 赵雪雁, 赵海莉. 2008. 高寒牧区综合竞争力研究——以甘南牧区为例. 西北师范大学学报 (自然科学版), 44 (1): 92-97

张旺锋, 赵威. 2008. 甘肃省城乡互动与关联发展综合评价. 地域研究与开发, 27 (4): 26-30

张唯实. 2010. 甘南藏族自治州畜牧业收益与数量关系研究. 西北民族大学学报 (哲学社会科学版), (3): 89-94

张雪梅, 陈昌文. 2007. 藏族传统聚落形态与藏传佛教的世界观. 宗教学研究, (2): 201-206

张仲元. 2000. 基于 GIS 的中原城市群空间结构与布局研究. 郑州: 河南大学硕士学位论文

赵佩佩. 2009. 基于科学发展观的区域空间管治策略探讨——以广州从化市为例. 规划师, 25 (6): 62-67

赵雪雁. 2007 a. 甘南高寒牧区牧民参与合作经济组织的意愿及影响因素. 山地学报, 25 (4): 505-512

赵雪雁. 2007 b. 高寒牧区生态移民、牧民定居的调查与思考——以甘南牧区为例. 中国草地学报, 29 (2): 94-101

赵雪雁. 2007 c. 高寒牧区牧民亟需什么公共产品——以甘南牧区为例. 开发研究, (6): 18-21

赵雪雁. 2007 d. 黄河首曲地区草地退化的人文因素分析——以甘肃省玛曲县为例. 资源科学, 29 (5): 50-56

赵雪雁. 2009. 牧民对高寒牧区生态环境的感知研究——以甘南牧区为例. 生态学报, 29 (5): 2427-2436

赵雪雁. 2010. 甘南牧区人文因素对环境的影响. 地理学报, 65 (11): 1411-1420

赵雪雁. 2011. 生计资本对农牧民生活满意度的影响——以甘南高原为例. 地理研究, 30 (4): 687-698

赵雪雁. 2012. 不同生计方式农户的环境感知——以甘南高原为例. 生态学报, 32 (21): 6776-6787

赵雪雁. 2013. 不同生计方式农户的环境影响——以甘南高原为例. 地理科学, 33 (5): 545-552

赵雪雁, 巴建军. 2009 a. 高寒牧区牧民生产经营行为研究——以甘南牧区为例. 地域开发与研究, 28 (2): 15-20

赵雪雁, 巴建军. 2009 b. 牧民自我发展能力评价——以甘南牧区为例. 干旱区地理, 32 (1): 130-138

赵雪雁, 张锐. 2008. 高寒牧区产业竞争力——以甘南牧区为例. 山地学报, 26 (4): 425-432

赵雪雁, 董霞, 王飞, 等. 2009. 基于最小数据方法的甘南藏族自治州生态补偿标准. 应用生态学报, 20 (11): 2730-2735

赵雪雁, 董霞, 范君君, 等. 2010 a. 甘南黄河水源补给区生态补偿方式选择. 冰川冻土, 32 (1): 204-210

赵雪雁, 刘霜, 李巍. 2010 b. 基于人粮关系的土地资源承载力研究——以甘南藏族自治州为例. 西北师范大学学报 (自然科学版), 46 (6): 100-103

赵雪雁, 刘爱文, 李巍, 等. 2011. 甘南藏族自治州多模型的人口预测研究. 干旱区资源与环境, 25 (4): 1-8

赵雪雁, 郭芳, 张丽琼, 等. 2014. 甘南高原农户生计可持续性评价. 西北师范大学学报（自然科学版）, 50 (1): 104–109

甄峰. 1998. 城乡一体化理论及其规划探讨. 城市规划汇刊, (6): 28–31

钟祥浩, 李祥妹, 王小丹, 等. 2007. 西藏小城镇体系发展思路及其空间布局和功能分类. 山地学报, 25 (2): 129–135

钟业喜, 陆玉麒. 2012. 基于空间联系的城市腹地范围划分——以江苏省为例. 地理科学, 32 (5):536–543

周国华, 贺艳华. 2006. 长沙城市土地扩张特征及影响因素. 地理学, 61 (11): 1171–1180

周一星. 2006. 土地失控谁之过? 城市规划, (11): 65–72

周一星, 孙则昕. 1997. 再论中国城市的职能分类. 地理研究, 16 (1): 11–22

洲塔. 1996. 甘肃藏族部落的社会与历史研究. 兰州: 甘肃民族出版社

朱志萍. 2008. 城乡二元结构的制度变迁与城乡一体化. 软科学, 22 (6): 104–108

邹军, 张京祥, 胡丽娅. 2002. 城镇体系规划. 南京: 东南大学出版社

Abdel-Rahman H M. 2005.Trade, urban systems, and labor markets. Regiondl & Urban Modeling, 1–28

Albrechts L, Healey P, Kunzmann K R.2003.Strategic spatial planning and regional governance in Europe. Journal of the American Planning Association, 69 (2): 113–129

Begg I.1999.Cities and competitiveness. Urban Studies, 36 (5/6): 795–809

Benguigui L, Czamanski D, Marinov M, et al.2000.When and where is a city fractal? Environment and Planning, 27 (4): 507–519

Bradshaw Y W, Fraser E.1989.City size, economic development, and quality of life in China: new empirical evidence. American Sociological Review, 54 (6): 986–1003

Clark W A V, Kuijpers-Linde M.1994.Commuting in restructuring urban regions. Urban Studies, 31 (3): 465–483

Gaigne C, Thisse J F.2009.Aging nations and the future of cities.Journal of Regional Science, 49 (4): 663–688

García J H, Garmestani A S, Karunanithi A T.2011.Threshold transitions in a regional urban system. Journal of Economic Behavior and Organization, 78 (S 1-2): 152–159

Gilg A.1985.An Introduction to Rural Geography.London: Edward Amold

Giordano L D C, Riedel P S.2008.Multi-criteria spatial decision analysis for demarcation of greenway: a case study of the city of Rio Claro, São Paulo, Brazil.Landscape and Urban Planning, 84: 301–311

Gobster P H, Westphal L M. 2004.The human dimensions of urban greenways: planning for recreation and related experiences. Landscape and Urban Planning, 68: 147–165

Hall D R.1996.Rural development,migration and uncertainty.GeoJournal, 38 (2): 185–189

Hoover A P, Shannon M A.1995.Building greenway policies within a participatory democracy framework. Landscape and Urban Planning, 33: 433–459

Hyung K K.1982.Social factors of migration from rural to urban areas with special reference to developing countries: the case of Korea. Social Indicators Research, 10 (1): 29–74

Ioannides Y, Overman H G.2004.Spatial evolution of the US urban system. Journal of Economic, 4 (2): 131–156

Joe B.1991.Construction of three-dimensional Delaunay triangulations using local transformations. Computer Aided Geometric Des, (8): 123–142

Kanbur R, Rauniyar G. 2010.Conceptualizing inclusive development: with applications to rural infrastructure and development assistance. Journal of the Asia Pacific Economy, 15 (4): 437–454

Kaye B H.1989.A Random Walk through Fractal Dimensions. New York: Weinheim

Li C M, Chen J, Li Z L. 1993.A raster-based method for computing Voronoi Diagrams of spatial objects using dynamic distance Transformation. International Journal of Geographical Information Science, 13 (3): 209–225

Limtanakool N, Schwanen T, Dijst M.2009. Developments in the dutch urban system on the basis of flows. Regional Studies, 49（2）: 179–196

Linehan J, Grossa M, Finnb J.1995.Greenway planning: developing a landscape ecological network approach. Landscape and Urban Planning, 33: 179–193

Long H L, Zou J, Liu Y S.2009.Differentiation of rural development driven by industrialization and urbanization in eastern coastal China. Habitat International, 33（4）: 454–462

Mason1 J, Moorman C, Hess G, et al. 2007.Designing suburban greenways to provide habitat for forest-breeding birds. Landscape and Urban Planning, 80: 153–164

Morris J M, Dumble P L, Wigan M R.1978.Accessibility indicators for transport planning. Transportation Research, 13（2）: 91–109

Myint S W.2008.An exploration of spatial dispersion, pattern, and association of socioeconomic functional units in an urban system. Applied Geography, 28（3）: 168–188

Ndubisi F, DeMeo T, Ditto N D.1995.Environmentally sensitive areas: a template for developing greenway corridors. Landscape and Urban Planning, 33: 159–177

Northam R M.1975.Urban Geography. Now York: John Wiley

Okabe A, Boots B, Sugihara K.1994.Nearest neighborhood operation with generalized Voronoi Diagram. International Journal of Geographical Information Science, 8: 43–71

Redfearn C L.2009. Persistence in urban form: the long-run durability of employment centers in metropolitan areas. Regional Science and Urban Economics, 39（2）: 224–232

Ryder B A.1995.Greenway planning and growth management: partners in conservation?Landscape and Urban Planning, 33: 417–432

Schrader C C. 1995.Rural greenway planning: the role of streamland perception in landowner acceptance of land management strategies. Landscape and Urban Planning, 33: 375–390

Shafer C S, Leea B K, Turnerb S. 2000.A tale of three greenway trails: user perceptions related to quality of life. Landscape and Urban Planning, 49: 163–178

Shannon S, Smardon R, State M K.1995.Using visual assessment as a foundation for greenway planning in the St. Lawrence River Valley. Landscape and Urban Planning, 33: 357–371

Singhal S, McGreal S, Berry J.2013.An evaluative model for city competitivenes-s: application to UK cities.Land Use Policy,（30）: 214–222

Smallbone D, Kitching J. Athayde R.2010.Ethnic diversity, entrepreneurship and competitivenes-s in a global city. International Small Business Journal, 28（2）: 174–190

Turner T. 2006. Greenway planning in Britain: recent work and future plans. Landscape and Urban Planning, 76: 240–251

Webster D, Muller L.2000.Urban Competitiveness Assessment in Developing Country Urban Regions: The Road Forward. Washington D C: Paper Prepared for Urban Group, INFUD, the World Bank,1–47

Yahner T G, Korostoff N, Johnson T P, et al.1995.Cultural landscapes and landscape ecology in contemporary greenway planning, design and management: a case study. Landscape and Urban Planning, 33: 295–316

Zhang Y, Yu J, Fan W.2008. Fractal features of urban morphology and simulation of urban boundary. Geo-spatial Information Science, 11（2）: 121–126

Zhu B, Pei J H, Zhang Z W.2011.Law of Interaction between urban system and transport network. MASS -International Conference on Management and Service Science, 1–3

Zhu Y.1999. New Paths to Urbanization in China: Seeking More Balanced Patterns. New York: Nova Science Publishers